本书出版获得了国家自然科学基金青年项目资助

农村居民参与人居环境整治研究

——基于外出务工与村庄认同的视角

李芬妮　张俊飚　著

Rural Residents Participate in Research on the Improvement of

H U M A N SETTLEMENTS

——Based on the Perspective of Migrant Work and Village Identity

中国财经出版传媒集团

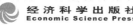

经济科学出版社
Economic Science Press

·北京·

图书在版编目（CIP）数据

农村居民参与人居环境整治研究：基于外出务工与村庄认同的视角／李芬妮，张俊飚著．－－北京：经济科学出版社，2024.5

ISBN 978 - 7 - 5218 - 5855 - 6

Ⅰ．①农… Ⅱ．①李… ②张… Ⅲ．①农村 - 居民 - 参与管理 - 居住环境 - 环境综合整治 - 研究 - 湖北 Ⅳ．①X21

中国国家版本馆 CIP 数据核字（2024）第 085949 号

责任编辑：卢玥丞
责任校对：李　建
责任印制：范　艳

农村居民参与人居环境整治研究

——基于外出务工与村庄认同的视角

李芬妮　张俊飚　著

经济科学出版社出版、发行　新华书店经销

社址：北京市海淀区阜成路甲 28 号　邮编：100142

总编部电话：010 - 88191217　发行部电话：010 - 88191522

网址：www. esp. com. cn

电子邮箱：esp@ esp. com. cn

天猫网店：经济科学出版社旗舰店

网址：http：//jjkxcbs. tmall. com

北京季蜂印刷有限公司印装

710×1000　16 开　15.75 印张　250000 字

2024 年 5 月第 1 版　2024 年 5 月第 1 次印刷

ISBN 978 - 7 - 5218 - 5855 - 6　定价：112.00 元

（图书出现印装问题，本社负责调换。电话：010 - 88191545）

（版权所有　侵权必究　打击盗版　举报热线：010 - 88191661

QQ：2242791300　营销中心电话：010 - 88191537

电子邮箱：dbts@ esp. com. cn）

P
r
e
f
a
c
e

前言

　　自 2004 年开始，我国已连续 19 年在中央一号文件中讨论治理村庄居住环境、建设美丽乡村等问题。"十四五"开局之年，我国更是进一步做出了农村人居环境整治提升五年行动这一重要安排。农村人居环境整治行动的主要执行者和受益者在于农村居民，只有农村居民主动投身其中，方能达成良好村庄人居环境治理效果和生态宜居的乡村振兴战略目标。

　　农村居民的环境治理行为决策受内外部因素的共同作用。就外部因素而言，农村劳动力外出务工表现得最为明显。研究指出，外出务工对农村居民参与人居环境整治而言是一把"双刃剑"，尤其是在村庄认同的作用下，外出务工能够发挥"扬长避短"的效果，且村庄认同作为深刻影响个体行为决策的内部因素，本身也能为农村居民参与人居环境整治提供直接驱动力。可见，在劳动力大规模外出务工背景下剖析农村居民参与人居环境整治问题需将村庄认同考虑在内。

　　然而，现有研究大多只关注生活垃圾集中处理这一项农村人居环境整治措施，且仅探讨农村居民是否愿意参与和实际参与等环节，未对农村居民参与人居环境整治认知、方式、意愿和行为悖离等内容进行系统全面的分析，从而未能充分阐明外出务工和村庄认同的作用机理，所得结论亦不足以有效指导农村人居环境整治实践。那么，外出务工对农村居民参与人居环境整治认知、方式、意愿和行为悖离的影响究竟如何？村庄认同能否直接影响农村居民参与人居环境整治认知、方式、意愿和行为悖离，并调节外出务工在其中的作用？上述问题的解答无疑对引领农村居民自发加入人居环境整治队伍、建设宜居宜业美丽乡村大有裨益。

本书按照"认知→意愿→行为"的研究主线，依据相关理论观点，利用湖北省 777 份调研数据和多种计量方法，聚焦 4 项农村人居环境整治措施，探讨了外出务工、村庄认同对农村居民参与人居环境整治认知、意愿、行为响应（决策和方式）及意愿和行为悖离的影响。结果发现：

（1）对于农村人居环境整治，农村居民不仅具备强烈的参与意愿，同时普遍做出了实际参与决策，但在不同环境整治措施中的参与意愿和决策有所差别；同时，农村居民在参与人居环境整治上存在一定程度的意愿和行为悖离，且在不同环境整治措施中的悖离情况存在差异；农村居民对参与人居环境整治持有较高的积极认知和消极认知，且存在一定认知冲突。

（2）外出务工强化农村居民对参与人居环境整治的积极认知和消极认知、引发认知冲突，村庄认同强化农村居民对参与人居环境整治的积极认知、降低消极认知和认知冲突。

（3）外出务工抑制农村居民的人居环境整治参与意愿，村庄认同激发农村居民参与人居环境整治意愿，同时，农村居民参与人居环境整治的积极认知在其中发挥了一定中介作用。进一步，村庄认同在外出务工影响农村居民参与人居环境整治意愿中起到显著的负向调节作用，当村庄认同增强至一定阈值时，外出务工的正向作用得以强化并显著激发农村居民参与人居环境整治意愿。

（4）外出务工阻碍农村居民参与人居环境整治决策的作出，村庄认同促使农村居民作出人居环境整治参与决策。外出务工推动农村居民以投资、建言方式参与人居环境整治，村庄认同促使农村居民以投资、投劳、建言、监督方式参与人居环境整治，同时，外出务工推动农村居民以投资、建言方式参与人居环境整治的作用会随着村庄认同的增强而增强。

（5）外出务工会引发农村居民出现参与人居环境整治意愿和行为的悖

离，村庄认同能抑制农村居民在参与人居环境整治上表现出悖离的意愿和行为，同时，村庄认同在外出务工影响农村居民参与人居环境整治意愿和行为悖离中起到显著的负向调节作用。

本书在一定程度上回应了"外出务工引发乡村事务治理困境""劳动力外流之殇"等观点，由此得出正视并科学把握农村劳动力外出务工现象、着重培育并不断增强农村居民的村庄认同、加大政府支持力度、制定并采取差异化的农村人居环境整治推广措施等政策启示。

本书获得了国家自然科学基金青年项目（72303169）的资助。同时，在数据收集、课题论证、人员支持等方面，本书获得了华中农业大学湖北农村发展研究中心、国家粮食安全与天府粮仓重点实验室、食物经济理论与政策研究团队的帮助，并得到了多位"三农"问题研究学者的指导。在此，笔者表示衷心的感谢！

由于时间仓促，笔者学识有限，书中难免存在疏漏与不足之处，恳请专家读者批评指正。

2024 年 5 月

目录
Contents

第1章

导 论

1.1 研究背景

"一个土坑两块砖，三尺土墙围四边，苍蝇蚊子嗡嗡叫，又骚又臭满庭院""垃圾靠风刮，污水靠蒸发"曾是我国部分农村的真实画风①。脏、乱、差的村庄人居环境不仅严重威胁着农村居民的生活和健康，同时与其对美好环境日益旺盛的需求相悖。为此，早在2004年，《中共中央 国务院关于促进农民增加收入若干政策的意见》（以下简称"中央一号文件"）便指出"有条件的地方，要加快推进村庄建设与环境整治"②，之后连续18年的中央一号文件亦涉及治理村庄居住环境、建设美丽乡村等内容。"十四五"开局之年，我国更是做出了农村人居环境整治提升五年行动这一重要安排③，习近平总书记亦强调"要持续开展农村人居环境整治行动，打造美丽乡村，为老百姓留住鸟语花香田园风光"④。然而截至2018年，

---

① "厕所革命"折射民生温度［EB/OL］. 人民网，2021 – 04 – 23.

冯华. 破解垃圾围村等不起 必须加快补齐农村环境治理短板［EB/OL］. 人民网，2016 –
08 – 07.

② 2004年中央一号文件：中共中央 国务院关于促进农民增加收入若干政策的意见［EB/OL］.
中华人民共和国农业农村部网站，2012 – 02 – 14.

③ 中共中央办公厅 国务院办公厅印发《农村人居环境整治提升五年行动方案（2021 – 2025
年)》［EB/OL］. 中国政府网，2021 – 12 – 05.

④ 【人民日报】美丽乡村更宜居 群众生活更幸福［EB/OL］. 中华人民共和国农业农村部
网站，2021 – 08 – 23.

全国还有约 25% 的村子面临垃圾多的困扰，污水横流的村庄高达八成，三成多的行政村未拥有硬化村路（李心萍，2018），可见我国农村人居环境整治行动效果亟待进一步提升。

良好的农村人居环境整治效果的实现离不开公众的积极参与。农村居民作为村庄人居环境的建设主体和环境整治行动的目标受益群体（陈秋红，2017），只有其主动投身于农村人居环境整治行动，才能确保生态宜居的乡村振兴目标达成。《乡村振兴战略规划（2018－2022 年）》《农村人居环境整治三年行动方案》《农村人居环境整治提升五年行动方案（2021－2025 年）》等文件亦明确指出，发挥农村居民的主体作用、激发其动力是推动农村人居环境整治行动顺利施行的有效着力点。在这一背景下，如何促使农村居民自发加入人居环境整治队伍引发了热议。

研究发现，农村居民的环境治理行为决策由其权衡内外部因素后作出（唐林等，2019b）。就外部因素而言，在过去的几十年间，我国农村经济社会环境出现了许多变化，其中以农村劳动力外出务工表现得最为明显与深刻（邹杰玲等，2018）。国家统计局公布的历年《农民工监测调查报告》显示[①]，全国外出农民工[②]数量已由 2008 年的 1.40 亿人增长至 2020 年的 1.70 亿人（见图 1－1）。而针对外出务工的影响效应，学者们提出了"劳动力外流之殇"的观点，认为农村劳动力大量外出务工是造成村庄主体参与建设动力薄弱、公共事务陷入治理困境的重要根源之一（王亚华等，2016；Klandermans，2002；高瑞等，2016）。但也有研究指出，农村劳动力大量外出务工对人居环境整治而言是一把"双刃剑"（李芬妮等，2020a），在一定条件下有助于提升个体的认知水平、积累经济实力和培养良好的卫生习惯（唐林等，2021；杨亚非等，2013），进而增强农村居民治理和保护村庄环境的行动力。尤其是只有在村庄认同这一关键机制驱动下，外出务工才能发挥"扬长避短"的效果（李芬妮等，2020a）。

---

① 资料来源：国家统计局网站。
② 依据《农民工监测调查报告》，外出农民工指的是离开户籍所在乡镇、去外地谋生的劳动者。

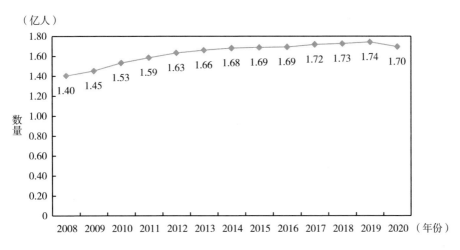

（亿人）

图 1 - 1　2008 ～ 2020 年全国外出农民工数量

作为深刻影响个体行为决策的内部因素，村庄认同不仅能为农村居民参与人居环境整治提供直接驱动力（李芬妮等，2020b；党亚飞，2019），更在缓解因外出务工而引致的环境治理主体积极性疲软、参与性不足上作用初显（李芬妮等，2020a），可见，将村庄认同纳入分析框架是农村劳动力大规模外出务工背景下、剖析农村居民参与人居环境整治问题的应有之义。

然而遗憾的是，现有围绕外出务工、村庄认同和农村居民参与人居环境整治的研究至少在以下两个方面有待拓展。

（1）上述文献仅关注生活垃圾集中处理这一项环境整治措施，未意识到农村人居环境整治目标的达成需要多项环境整治措施的协同配合，由此，全面考察农村居民对多项环境整治措施的参与情况诚有必要。

（2）基于"认知→意愿→行为"的分析范式，关于农村居民参与人居环境整治的系统探讨理应遵循上述逻辑，但现有研究大多讨论农村居民是否愿意参与和实际参与等环节，未对农村居民参与人居环境整治认知、方式、意愿和行为悖离等内容进行全面探讨，从而导致所得结论或不能完全明晰外出务工和村庄认同的效用，亦不足以有效指导农村人居环境整治实践。

那么，作为影响农村居民环境治理决策的内外部因素，外出务工和村庄认同对农村居民参与人居环境整治认知、方式、意愿和行为悖离的影响究竟如何？上述问题的解答无疑对丰富农户环境治理行为研究、推动农村居民在外出务工背景下建设宜居宜业美丽乡村有所裨益。

　　基于此，本书按照"认知→意愿→行为"的研究脉络，利用湖北省777 份调研数据，聚焦于使用或建造冲水式卫生厕所、合理排放生活污水、集中处理生活垃圾、绿化村容村貌这 4 项环境整治措施，运用多种实证分析方法，探讨外出务工、村庄认同对农村居民参与人居环境整治认知、意愿、行为响应（决策和方式）以及意愿和行为悖离的影响，以期为有效应对农村劳动力大规模外出务工现象、激发农村居民参与人居环境整治热情提供科学依据，同时为我国乡村环境治理工作的深入推进、生态宜居的乡村振兴目标的达成提供政策参考。

 ## 1.2　研究目的和意义

1.2.1　研究目的

　　（1）厘清当前农村居民在参与人居环境整治上的现实表现。一方面，利用国家及地方统计资料，从宏观视角掌握农村人居环境整治的发展历程与具体成效；另一方面，通过农村实地调研，聚焦于使用或建造冲水式卫生厕所、合理排放生活污水、集中处理生活垃圾、绿化村容村貌这 4 项具体环境整治措施，从微观视角获取农村居民对参与人居环境整治的认知和了解、意愿、行为响应（决策和方式）以及意愿和行为是否悖离等信息，进而总结当前农村居民在参与人居环境整治上的不足。

　　（2）构建"外出务工、村庄认同——农村居民参与人居环境整治"的分析框架。按照"认知→意愿→行为"的研究脉络，借助农户行为理论、地方认同理论、农村劳动力转移观点、公共产品理论等国内外相关成果，总结本书对于已有研究 1 理论的改进之处，阐释外出务工和村庄认同影响农村居民参与人居环境整治的机理；从定量分析角度，利用多种计量模型，揭示外出务工、村庄认同在农村居民参与人居环境整治认知、意愿、行为响应（决策和方式）、意愿和行为悖离中的具体作用、关系和异质性影响。

（3）为农村人居环境整治行动的效果提升和目标达成提供科学参考。根据理论和实证分析结果，从正视并科学把握农村劳动力外出务工现象、培育并不断增强农村居民的村庄认同、加大政府支持力度、制定并采取差异化的农村人居环境整治推广措施等方面，给出在农村地区出现劳动力大规模外出务工的现实情形下促成农村居民主动投身人居环境整治的改善建议，从而为村庄居住环境长效治理机制的制定和完善、生态宜居的美丽乡村这一目标的实现提供一定科学参考和政策启示。

1.2.2　研究意义

脏、乱、差的居住环境一直困扰着我国农村高质量发展，而农村劳动力大量外出务工已是不争的事实。由此，面对农村劳动力大规模离村务工的景象，从村庄认同视角探寻激发农村居民参与人居环境整治动力的解决之道，具有理论与实践的双重价值。

1.2.2.1　理论意义

（1）拓宽了外出务工和村庄认同的研究范畴。一方面，本书基于理论分析和实证验证，详细阐明了外出务工在农村居民参与人居环境整治认知、意愿、决策、方式、意愿和行为悖离中的作用，有助于拓展和丰富外出务工的研究领域和内容；另一方面，本书从情感和功能两个方面度量村庄认同，并系统探讨其对农村居民参与人居环境整治认知、意愿、行为响应（决策和方式）、意愿和行为悖离的影响和在外出务工影响农村居民参与人居环境整治中的作用，是对村庄认同内涵与研究范围的延伸。

（2）完善对农村居民参与人居环境整治的研究讨论。基于农村居民环境治理行为决策受内外部因素的共同作用这一共识，本书从外出务工和村庄认同的双重视角，利用微观调研数据，验证了外出务工和村庄认同对农村居民参与人居环境整治认知、意愿、决策、方式、意愿和行为悖离影响的同时，揭示了一系列影响农村居民参与人居环境整治认知、意愿、行为响应（决策和方式）、意愿和行为悖离的个体、家庭、地区因素，从而实现对农村居民参与人居环境整治研究的有益补充。

1.2.2.2 实践意义

（1）有益于掌握现阶段农村居民参与人居环境整治的现实情形。农村居民作为村庄人居环境维护和建设的重要主体，获悉其在参与农村人居环境整治上的实际表现对于乡村环境治理工作的有序开展大有裨益。本书以湖北省为例，详细阐述了农村居民在参与人居环境整治认知、意愿、行为响应（决策和方式）、意愿和行为悖离、效果评价等方面的现实情况，并进一步利用政策文件和统计年鉴，细致整理我国及湖北省农村人居环境整治的"前世今生"，从而为相关部门把握现阶段农村居民参与环境治理现状、增强农村人居环境整治措施的针对性和行动实用性提供智力支持。

（2）有助于实现生态宜居的乡村振兴战略目标。改善村庄人居环境是促成乡村振兴的重要一环，关系着农村居民福祉高低和社会文明和谐与否。而随着城镇化、市场化浪潮的席卷，农村劳动力大规模外出务工势不可挡，这难免引发环境治理主体的流失及其行动能力的下降。本书通过全面剖析外出务工、村庄认同对农村居民参与人居环境整治的影响，提出建设性的改进建议，有利于推动农村人居环境整治工作跃升新台阶、促成农村环境善治、生态宜居美丽乡村的实现。

1.3 研究内容与方法

1.3.1 研究内容

（1）对农村居民参与人居环境整治、外出务工和村庄认同的描述分析。首先，利用政策文件、统计年鉴和农村调查数据，系统梳理我国以及湖北省农村人居环境整治的发展历程、具体成效和农村居民参与人居环境整治现状；其次，借助统计年鉴和微观调研数据，梳理总结农村居民外出务工特征；最后，从情感认同和功能认同两个维度，描述农村居民的村庄认同程度。

（2）对外出务工、村庄认同影响农村居民参与人居环境整治认知的实证分析。首先，借助相关研究成果，科学测度农村居民对参与人居环境整治的积极认知、消极认知和认知冲突；其次，构建计量模型，实证检验外出务工、村庄认同对农村居民参与人居环境整治认知的影响；最后，从异质性视角，揭示外出务工、村庄认同对不同特征农村居民参与人居环境整治认知的影响差异。

（3）对外出务工、村庄认同影响农村居民参与人居环境整治意愿的实证分析。首先，基于农村调研数据和实证模型，检验外出务工、村庄认同对农村居民参与人居环境整治意愿的影响；其次，构造外出务工和村庄认同的交互项、运用门槛回归模型，明晰村庄认同在外出务工影响农村居民参与人居环境整治意愿中的作用；最后，针对不同特征农村居民，探究外出务工和村庄认同对其参与人居环境整治意愿的异质性影响。

（4）对外出务工、村庄认同影响农村居民参与人居环境整治行为响应的实证分析。首先，利用微观调研数据和计量方法，揭示外出务工和村庄认同对农村居民参与人居环境整治决策的影响和在不同特征农村居民参与人居环境整治决策中的作用差异；其次，借助农村调查数据和实证模型，检验外出务工和村庄认同在农村居民参与人居环境整治方式中的具体作用、关系以及对不同特征农村居民参与人居环境整治方式的影响区别。

（5）对外出务工、村庄认同影响农村居民参与人居环境整治意愿和行为悖离的实证分析。首先，利用 E-MOA 理论分析框架，阐释外出务工和村庄认同影响农村居民参与人居环境整治意愿和行为悖离的机理；其次，利用实地调查数据和实证分析方法，检验外出务工和村庄认同在农村居民参与人居环境整治意愿和行为悖离中的作用和关系；最后，基于异质性视角，分析外出务工和村庄认同在不同特征农村居民参与人居环境整治意愿和行为悖离中的作用差异。

1.3.2 研究方法

上述研究内容的开展有赖于以下方法。

（1）数据和文献资料的收集。通过搜寻和整理国内外关于农村居民参与人居环境整治、外出务工和村庄认同的文献，掌握现有成果尚待改进之处。借助中央一号文件、政府工作报告等政策文件，明晰我国以及湖北省农村人居环境整治的发展历程。根据《中国农村统计年鉴》《中国卫生健康统计年鉴》《中国城乡建设统计年鉴》等资料，厘清 2006～2020 年我国及湖北省的农村人居环境整治成效。通过《农民工监测调查报告》《湖北农村统计年鉴》《湖北统计年鉴》等资料，梳理并总结 2008～2020 年全国以及湖北省农村劳动力的外出务工特点。

（2）实地调查法。依靠调研员和农村居民"面对面"攀谈、获取相关信息、完成调研问卷的填写，本书获得了适用于研究分析的调查数据。问卷内容涉及农村居民的个体特征、家庭特征、农业生产经营状况、环境治理认知、参与农村人居环境整治意愿和行为、效果评价等内容。在正式调研之前，专业对口及相关领域的学者被邀请参加了问卷题项的研讨、修改与完善，调研员亦接受了调研问卷介绍、调研技巧培训与调研过程模拟等前期训练。样本通过分层随机抽取得来：首先，依据湖北省东、中、西部区域划分，结合各市的生态环境、经济发展、外出务工、地形特征，确定出调研县/市；其次，在每个县/市任意挑选 3～4 个乡镇；再次，在此基础上随机挑选 2～3 个村；最后，随机请村内 10 位居民接受问卷调研。此外，在实地调研过程中，调研方案与调研技巧也得到了适时的调整与优化，从而最大程度地反映了农村现实情况。

（3）量表得分法。李克特五级量表得分法被用于"第 3 章农村居民参与人居环境整治的现状与分析"和"第 4 章外出务工、村庄认同的测度及分析"中，包括农村居民对参与人居环境整治的认知、对村庄人居环境整治的效果评价、对村庄的认同程度、对农村人居环境整治行动的了解程度等。同时，本书在核心实证章节进行分析时，亦用此方法对政府支持、操作能力等变量进行了测度。

（4）描述性分析法。描述性分析法作为定量研究中应用最多的方法之一，在第 3 章分析我国和湖北省农村人居环境整治成效、农村居民参与人居环境整治现状，第 4 章阐述全国和湖北省农村居民的外出务工特点、村庄认同程度，以及第 5 章介绍农村居民的个体、家庭和村庄特征等多处均有所使用。

（5）计量分析方法。这一方法是研究分析所不可或缺且使用最为频繁的。为了证实外出务工和村庄认同对农村居民参与人居环境整治认知、意愿、行为响应（决策和方式）及意愿和行为悖离的影响，本书借助 OLS 估计、Binary Probit 模型、Ordered Probit 模型、CMP 方法和 Multivariate Probit 模型予以分析。同时，为了揭示村庄认同在外出务工影响农村居民参与人居环境整治中的作用，本书构建了交互项并采用了调节效应检验法、门槛回归模型等方法。为了明晰外出务工和村庄认同在不同农村居民参与人居环境整治中的作用差异，本书采用 SUEST 方法进行异质性分析。考虑到 Binary Probit 或 Logit 等离散选择模型的估计系数仅具有方向价值，其大小并非解释变量真正的边际效应，为此，本书还计算了变量的边际效应。进一步，在第 8 章分析外出务工、村庄认同对农村居民参与人居环境整治意愿和行为悖离的影响时，本书还借助优势分析法揭示了各影响因素的相对重要性。此外，本书还采用逐步检验回归系数的方法（温忠麟等，2004），验证了农村居民参与人居环境整治认知和意愿的中介作用。

1.3.3　技术路线

本书首先形成了同研究主题紧密相关的文献综述，在界定核心概念的基础上，借助相关理论观点阐释了外出务工、村庄认同影响农村居民参与人居环境整治的机理与假说。其次根据政策文件、统计年鉴、微观调研数据，系统梳理我国以及湖北省农村人居环境整治的发展历程与具体成效，阐述农村居民参与人居环境整治现状、外出务工特征和村庄认同程度。再次利用微观调研数据和计量分析方法，检验外出务工和村庄认同在农村居民参与人居环境整治认知、意愿、行为响应（决策和方式）、意愿和行为悖离中的具体作用、关系和异质性影响。最后基于上述研究发现，总结本书结论，给出政策启示。具体如技术路线图 1 - 2 所示。

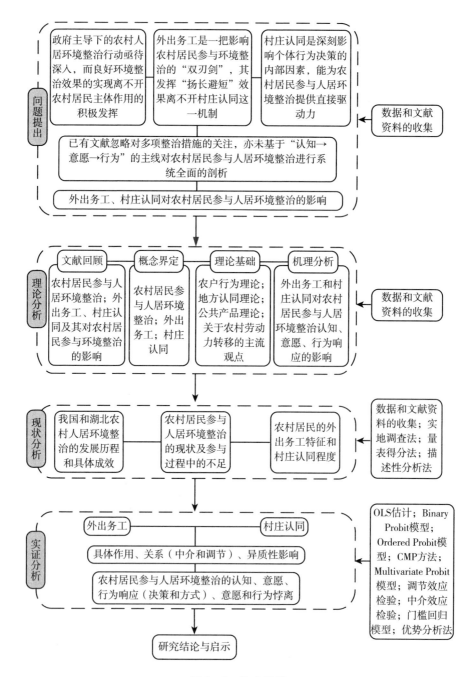

图1-2 技术路线

1.4　研究区域

　　本书的研究对象为湖北省黄石市、潜江市、襄阳市、荆门市、荆州市、武汉市 6 地的农村居民。选择湖北省为调研省份的原因在于湖北省在环境治理、人员外出务工上具有一定代表性。环境治理方面，2020 年湖北省生态环境状况公报显示，2019 年湖北省生态环境状况指数（EI）为 69.47，说明全省生态环境状况良好[①]。同时，湖北省一直将农村环境治理视为工作重点，出台了《湖北省农业生态环境保护条例》《关于迅速组织开展农村人居环境整治村庄清洁行动的通知》《湖北省美丽乡村建设五年推进规划（2019 - 2023 年)》等法规文件，并在农村人居环境整治国家第三方实地监测评估中，于 2019～2020 年蝉联中部第一的位置，属于全国第一队列[②]。就人员外出务工而言，湖北省是我国中部地区劳务输出大省：一方面，《湖北农村统计年鉴》显示，2020 年，湖北省外出务工农村劳动力数量达 1143.72 万人，占 2020 年全省农村人口的 53.36%[③]；另一方面，2008～2020 年，湖北省农村劳动力外出从业的劳务经济总收入持续增长（见图 1 - 3），从 2008 年的 1068.93 亿元上升至 2020 年的 4069.92 亿元，其在地区生产总值中的比重也基本稳定在 9% 左右，说明湖北省农村劳动力外出从业在一定程度上助力了当地经济的发展。

　　本书选取黄石市、潜江市、襄阳市、荆门市、荆州市、武汉市为具体调研地主要有如下考虑：一是生态环境状况指数（EI）。《2020 年湖北省生态环境状况公报》显示[④]，2019 年，武汉市、荆门市、荆州市、襄阳市、黄石市、潜江市的生态环境状况指数分别为 58.87、65.33、59.92、67.22、67.21、55.84，在全省 17 个市、州中的名次分别为第 13、10、12、8、9、

---

①④　资料来源：《2020 年湖北省生态环境状况公报》，湖北省生态环境厅。

②　湖北农村人居环境整治连续二年居中部第一［EB/OL］．人民网 - 湖北频道，2021 - 06 - 25．

③　根据《湖北统计年鉴 2021》，2020 年湖北省农村人口为 2143.22 万人。

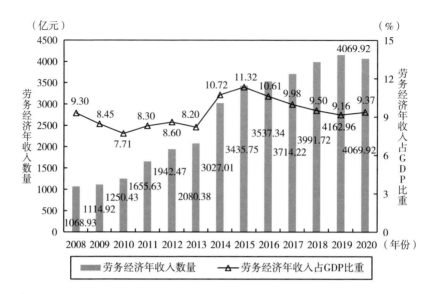

图 1-3 2008～2020 年湖北省农村外出从业人员的总体劳务收入

16 名；由此可知，6 地的生态环境均有极大的提升空间①。二是经济发展
状况；根据《湖北统计年鉴 2021》，2020 年，武汉市、荆门市、荆州市、
潜江市、襄阳市、黄石市的生产总值分别为 15616.06 亿元、1906.41 亿
元、2369.04 亿元、765.23 亿元、4601.97 亿元、1641.32 亿元，在全省 17
个市、州中分别居第 1、8、4、15、2、9 位；由此可知，6 地的经济发展
水平基本涉及了不同层次。三是外出务工情况；根据《湖北农村统计年鉴
2021》，2020 年，武汉市、黄石市、襄阳市、荆门市、荆州市、潜江市的
外出务工从业人员数量分别为 70.80 万人、50.71 万人、104.21 万人、
55.21 万人、116.15 万人、20.04 万人，在全省 17 个市、州中分别居第 7、
12、4、9、3、15 位；由此可知，6 地具备差异化的外出务工状况。四是地
形差异；武汉市、荆门市、荆州市、潜江市是平原地形，襄阳市、黄石市
是丘陵山地地形；由此可知，6 地拥有不同的地形特征。五是所属区域差
异；武汉市、荆门市、荆州市、潜江市隶属鄂中，黄石市隶属鄂东，襄阳
市隶属鄂西；由此可知，6 地处于湖北省的不同板块。上述调研地的基本
特征如表 1-1 所示。

——————————

① EI≥75 为优，55≤EI<75 为良。

表 1 – 1   调研地的基本特征

调研地	所属区域	地形	2020 年生产总值（GDP）		2019 年生态环境状况指数（EI）		2020 年外出务工情况	
			总值（亿元）	省内排名	指数	省内排名	人数（万人）	省内排名
武汉市	鄂中	平原	15616.06	1	58.87	13	70.80	7
荆门市	鄂中	平原	1906.41	8	65.33	10	55.21	9
荆州市	鄂中	平原	2369.04	4	59.92	12	116.15	3
潜江市	鄂中	平原	765.23	15	55.84	16	20.04	15
襄阳市	鄂西	丘陵山地	4601.97	2	67.22	8	104.21	4
黄石市	鄂东	丘陵山地	1641.32	9	67.21	9	50.71	12

　　调研开展时间为 2021 年 7～8 月，各调研地的样本获取情况如表 1–2 所示。具体来说，本书共获取 777 份有效问卷，其中武汉市样本为 133 份，黄石市样本为 163 份，潜江市样本为 182 份，襄阳市样本为 79 份，荆门市样本为 177 份，荆州市样本为 43 份。

表 1 – 2   样本分布情况

省份	市	县、市、区	乡（镇、街道）和村	数量（份）
湖北	武汉	黄陂市	罗汉寺街道钟岗村、坦皮村；姚家集镇刘家湾村、北门村、马家湾村；长轩岭街道狮子山村、张都桥村、陈家湾村	133
	荆州	洪湖市	沙口镇新场村	43
	荆门	钟祥市、京山市	九里乡杨桥村；钱场镇钱场村、幸福村；孙桥镇梭罗河村、沙岭湾村；雁门口镇长岗村、中南山村	177
	潜江	潜江市	高场办事处高场村、韶湾村；积玉口镇赤湖村、百花村；王场镇黄湾村、林圣村；	182
	黄石	阳新县	率洲管理区钟家湖社区、北立社区；排市镇河北村、万家村；三溪镇高桥村、姜福村、上郭组村；	163
	襄阳	襄州区	张家集镇周垱村、何岗村、史畈村、韩集村、孟集村	79
合计	6 市	7 县（市、区）	15 乡（镇、街道）34 村	777

1.5 可能的创新之处

相较于以往成果，本书的创新之处如下。

（1）扩展了村庄认同的研究内容与范围。现有分析农村居民行为的文献较少考虑村庄认同等因素在其中的作用，关注居民对村庄提供的经济、政治、文化等功能方面的认同并予以度量的研究亦相对有限。本书在文献梳理的基础上，从情感和功能认可两个维度构建村庄认同指标体系，将其纳入农村居民参与人居环境整治分析框架，探讨其影响机理的同时，借助计量模型，揭示其对农村居民参与人居环境整治认知、意愿、行为响应（决策和方式）、意愿和行为悖离的影响，从而扩展了村庄认同的研究内容与运用范围。

（2）系统探讨了农村居民参与人居环境整治。以往涉及农村居民参与人居环境整治的文献往往只聚焦于某一项农村人居环境整治措施，关注多项环境整治措施的分析较为鲜见；同时，少有文献对农村居民参与人居环境整治认知、方式及意愿和行为悖离等问题展开讨论。本书结合实地调研数据，关注4项农村人居环境整治措施，详细讨论了农村居民参与人居环境整治认知、意愿、行为响应（决策和方式）及意愿和行为悖离等现实情况及其影响因素，从而丰富了农村居民参与人居环境整治的已有研究。

（3）重新审视了农村劳动力外出务工背景下的人居环境整治参与问题。现有探讨农村居民参与人居环境整治的文献大多忽略劳动力大量外出务工这一实际情形，由此，围绕外出务工这一新形势探讨农村居民参与人居环境整治理应得到学者们的足够重视。本书在理论分析的基础上，剖析了外出务工影响农村居民参与人居环境整治的机理，并借助计量模型，检验了外出务工在农村居民参与人居环境整治认知、意愿、行为响应（决策和方式）以及意愿和行为悖离中的重要作用，为政府部门完善农村人居环境治理工作安排提供了新的应对思路。

第2章

文献综述、概念界定与理论基础

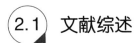

2.1 文献综述

2.1.1 农村居民参与人居环境整治研究

作为乡村振兴规划中的关键一环（李冬青等，2021；黄云凌，2020），农村人居环境整治一直备受学术界关注，国内外学者围绕农村居民这一重要主体，从以下方面展开讨论。

2.1.1.1 农村居民参与人居环境整治认知

既有学者针对"农村人居环境整治"这一整体概念，指出农村居民对参与人居环境整治不同维度的效益认知不尽相同：虽然有近八成农村居民肯定了村庄生态环境保护的重要性和治理的必要性（刘妮娜等，2021；赵新民等，2021），有92%的居民认可农村生活环境整治在改善村容村貌、生产生活上的益处（邓正华等，2013）；尤其是促进身心健康发展、提高卫生意识，农村居民在这两个维度的认知水平分别为4.02和4.08（孙前路等，2020）；但农村居民对参与人居环境整治在减少疾病传播上的认知水平仅为3.81（孙前路等，2020），肯定其增收和农业可持续发展效益的农村居民也只分别有33.3%和34.7%（刘妮娜等，2021）。也有学者从某一项农村人居环境整治措施出发，发现农村居民对于不同环境整治措施的认知水平明显不一。就生活污水治理而言，农村居民对其在发展乡村旅游、改善生态环境和提升生活质量三方面的效益认知水平分别为4.30、4.42和4.40（褚家佳，2021）；另外，虽然有77.2%的农村居民了解本村污水处理设施的建设进度（冯庆，2013），但仅有36.8%的农村居民具备生活污水治理的责任认知（杨卫兵等，2015）。就生活垃圾处理而言，农村居民对其处理必要性的认知水平为3.91（杨紫洪等，2021），认可自身参与处理有益于提升治理水平的居民高达78.5%（林丽梅等，2017）；但仅四成左右农村居民了解垃圾分类知识、政策和措施（刘妮娜等，2021），对垃圾的污染性、可回收性、有毒性认知较少（韩智勇等，2015）。就绿化村容村貌而言，农村居民对自身在绿化村容村貌中的责任主体认知水平为3.60（汪红梅和代昌祺，2020），对于村庄绿化建设改善环境质量、经济价值、生态价值、社会价值的认知水平分别为2.05、1.25、4.02、4.45（秦光远和程宝栋，2019）。就卫生厕所改造而言，64.03%的农村居民认为有必要合并处理废水与粪土，63.07%的农村居民认可建设统一排污系统的必要性（徐金红和张昕彤，2019），但还有8.40%的农村居民完全不了解厕所革命等相关政策（李彬倩等，2021）。

同时，学者们指出个体特征、家庭特征、外部环境在影响农村居民参与人居环境整治认知中扮演了重要角色：具备年轻、女性、受教育程度高、市民身份认同度高、担任村委干部、投放垃圾次数多等个体特征的农村居民更易对环境治理持有较高认知水平（占敏露等，2018；韩智勇等，2015；王亚星等，2021；邓正华等，2013；刘妮娜等，2021）。家庭特征方面，收入水平越高、加入合作社、经营较大规模耕地、外出务工比重大的农村居民往往具备更多环境治理认知（韩智勇等，2015；黄婧轩等，2020；邝佛缘等，2018）。外部环境方面，杨紫洪等（2021）搭建了"制度→认知→行为"框架，发现村规民约等非正式制度有益于促使农村居民产生有必要处置生活垃圾这一认知；类似地，唐林等（2020）亦证实了宣传、激励和约束规制等正式制度同农村居民环境认知水平显著正相关。地区经济发达程度亦被指出是激发农村居民生态环境认知的影响因素（黄婧轩等，2020；占敏露等，2018）。

此外，学者们普遍就农村居民参与人居环境整治认知对其参与意愿和行为的积极影响达成一致（邓正华等，2013；胡德胜等，2021）：农村居民对人居环境整治的付费认知越多、认为环境和健康的关系越紧密、认可参与农村人居环境整治在减少疾病传播、促进村庄发展、收获他人称许、改善环境品质上的作用越大，其产生参与意愿和实际行为的可能性越大（汪红梅等，2018；孙前路等，2020；胡卫卫，2019；廖冰，2021；胡德胜等，2021）。具体到某一项农村人居环境整治措施，就生活污水处理而言，农村居民对生活污水的污染源认知和发展乡村旅游、提高生活品质的治理效益认知将激发其参与意愿（查建平和周玉玺，2021；褚家佳，2021），而自身责任感认知、治理的重要性和必要性认知有助于引发其实际参与行为（张宁宁等，2020；汪红梅等，2018；付文凤等，2018）。就生活垃圾处理而言，生活垃圾污染认知有益于农村居民分类意愿的产生（刘霁瑶等，2021），而农村居民对生活垃圾处置必要性认知、环境责任感和政策认知不仅能激发其出资意愿（杨紫洪等，2021；张嘉琪等，2021），同时还有助于生活垃圾分类、处理费用支付与定点投放等行为的出现（林丽梅等，2017）。就绿化村容村貌而言，农村居民的支付意愿会因其治理主体认知和优先保护环境认知的增加而产生（汪红梅和代昌祺，2020），而农村居民的参与积极性则随着对村庄绿化建设的经济、生态和社会效益认知以及改善环境质量认知的增强而提高（秦光远和程宝栋，2019）。就卫生厕所改造而言，农村居民的改厕认知在其行为响应上起着重要作用，当农村居民的卫生保健意识越强、越认可自家厕所有必要改进，参与厕改的概率越高（李梦婷，2021；黄华和姚顺波，2021）。

2.1.1.2　农村居民参与人居环境整治意愿

一系列研究表明，不论是整体参与农村人居环境整治还是参与单项环境整治措施，农村居民的参与意愿均较为强烈，但在不同地区有所差别（苗艳青等，2012）。就整体参与农村人居环境整治意愿而言，西部地区方面，西藏 707 份样本数据中仅有 51.77% 的农村居民表达了参与意愿（孙前路等，2020），新疆 371 位农村居民中具备参与意愿、支付意愿的分别占 87.06%、73.05%（赵新民等，2021），陕西省 474 位农村居民中愿意参与的比例高达 85.00%（汪红梅等，2018）。中部地区方面，湖南省 3655 位农村居民中具备无偿参与意愿的达到 69.79%（王莽莽，2021），湖北省千户调查显示有 64.00% 的农村居民表现出了环境治理参与意愿（唐林等，2020）。东部地区方面，江苏省 8 市 288 位受访对象中有 79.50% 的农村居民愿意参与环境治理（胡卫卫，2019）。就参与单项农村人居环境整治措施意愿而言，农村居民对于不同环境整治措施的参与意愿存在差异。绿化村容村貌方面，全国 7 省 446 份样本数据中有 72.65% 的农村居民存在付费意愿（汪红梅和代昌祺，2020），山东省 5 市调查显示 51.50% 的农村居民愿意出资用于道路、街道等村容村貌的改善（周玉玺等，2012），北京市 6 区 366 份样本数据中有 70.77% 的农村居民具备非林绿化意愿，同时，密云区居民的意愿最高、怀柔区居民的意愿最低（秦光远和程宝栋，2019）。生活垃圾处理方面，农村居民具备较为强烈的集中处理、分类、支付意愿，其中，陕西省 511 份样本数据中有 73.38% 的农村居民愿意参与处理（贾亚娟和赵敏娟，2019），四川省 780 位受访对象中具备分类意愿、支付意愿的农村居民分别占 62.70%、87.20%（唐洪松，2020），湖南省 3655 份样本数据中高达 83.86% 的农村居民愿意为垃圾处理出钱、出力（王莽莽，2021），吉、鲁、甘 3 省 756 位受访对象中有 78.00% 的农村居民表达了出资意愿（杨紫洪等，2021），浙江省 5 地 522 份样本数据中有 76.00% 的农村居民愿意对垃圾进行分类（康佳宁等，2018），湖北省、河南省 989 位受访对象中有 46.41% 的农村居民愿意出资（张嘉琪等，2021）。生活污水治理方面，山东省 823 份样本数据中有 75.17% 的农村居民愿意参与其中，陕西省 522 位受访对象中有 50.60% 的农村居民愿意为污水处理装置付费（黄华和姚顺波，2021），类似地，江苏省南京市、宜兴市的百户调查显示有七成左右的农村居民具备支付意愿（杨卫兵等，2015；付文凤等，2018），而需要一定激励才愿意参与的农村居民占 27.23%（付文凤等，2018）。卫生厕所改造方面，河南省 353 位受访对象中有 95.00% 的农村居民愿意推进厕所革命（李彬倩等，2021），湖南省 3655 份样本数据中有 77.13% 的农村居民表达了为厕所改造而投资的意愿（王莽莽，2021），苏、陕、晋 3 省 720 位受访对象中具备改厕意愿的农村居民占 62.88%（苗艳青等，2012），而陕西省延安、安康和汉中 3 市 522 份样本数据中仅 42.30% 的农村居民愿意为厕所改造付费（黄华和姚顺波，2021）。

此外，围绕影响农村居民参与意愿的因素，学者们展开了一系列讨论并取得了丰富成果。就整体参与农村人居环境整治而言，学者们利用计划行为理论、案例分析法、SEM 模型、决策树模型等，剖析出了个体特征、家庭特征、认知特征、外部特征等因素。个体特征方面，当农村居民曾外出务工、参加过培训、接受过较多学历教育、对地方的依恋程度高、信任村干部和村委会信息、满意村庄环境质量时，其更愿意参与（唐林等，2021；赵新民等，2021；王学婷等，2020；周冲和黎红梅，2020；胡卫卫，2019；胡德胜等，2021）。认知特征方面，随着农村居民对参与人居环境整治持有的减少疾病传播认知、重要性认知、同健康关系紧密认知、责任认知、环保政策认知增加，其参与意愿将愈趋强烈（孙前路等，2020；赵新民等，2021；汪红梅等，2018；胡卫卫，2019；张嘉琪等，2021）。家庭特征方面，收入水平越高、人口规模越大、成员防护意识越高，农村居民的参与意愿越强（孙前路，2019；汪红梅等，2018；周冲和黎红梅，2020）。外部特征方面，当村庄发放垃圾桶、开展乡村旅游、积极宣传整治信息、给予治理补贴、社会监督强、设有村规民约、正式政策及法规约束力大，且身边邻居花费资金、积极参与时，农村居民更容易生出参与意愿（胡卫卫，2019；赵新民等，2021；孙前路等，2020；胡德胜等，2021；唐林，2021）。而农村居民的参与意愿会因其年纪大、环境污染认知水平高、对村庄环境质量评价较好、参加物资交流会和农贸市场次数多、治理机会成本高、地区经济发达等特征而降低（汪红梅等，2018；赵新民等，2021；何可等，2015；孙前路，2019；闵继胜和刘玲，2015；常烃和牛桂敏，2021）。就参与单项农村人居环境整治措施而言，学者们发现影响农村居民意愿的因素各不相同。生活垃圾处理方面，农村居民的参与意愿会随着环境关心水平、村庄情感、社会信任水平、必要性和责任认知的增强而得以激发（唐洪松，2020；贾亚娟和赵敏娟，2019；刘霁瑶等，2021；Zhang et al.，2015；卢秋佳等，2019；朱凯宁等，2021）。此外，当农村居民拥有较长受教育年限、较高社会地位和党员面貌等个体特征（唐洪松，2020；黄华和姚顺波，2021），具备较多女性和村干部成员、较高收入水平、较多汽车和冰箱等物质资本、互联网使用等家庭特征（Zeng et al.，2016；Zhang et al.，2015；张静和吴丽丽，2021；朱凯宁等，2021），面临治理设施便利、政府给予补贴、亲朋邻里参与、垃圾分类宣传频繁、设为环境整治村的外部环境时（王瑛等，2020；黄华和姚顺波，2021；康佳宁等，2018；邱成梅等，2019），农村居民的参与意愿将得以提升；与之相反的是，随着外出务工占比、生活垃圾处理的负担认知、住房到垃圾投放点距离的增加，且缺乏参与环境治理的时间和家庭空间时，农村居民的参与意愿将降低（朱凯宁等，2021；康佳宁等，2018；邱成梅等，2019；Miafodzyeva and Brandt，2012；Giovanni and Sabino，2010）。绿化村容村貌方面，受教育年限越长、环境满意度越高、非农收入越多、家庭常住人口规模越大、感知经济、生态和社会效益越多的农村居民越愿意参与其中，而具备劳动能力的成员数量越多、人居环境现状越好、政府治理主体和经济发展优先认知水平越高的农村居民越不愿意参与（秦光远和程宝栋，2019；汪红梅和代昌祺，2020）。生活污水处理方面，当农村居民具备高文化程度、党员身份、对周围水质给予较多关心、信任政府、参加环保培训次数多、习惯重复用水、认可村庄的宣传和监督工作、对村庄基础设施建设持有较好评价、生活污水的危害认知、治理污水的必要性认知和自身责任认知较高等个体特征（方正等，2020；黄华和姚顺波，2021；苏淑仪等，2020；杨卫兵等，2015；查建平和周玉玺，2021；褚家佳，2021；韩锦玉等，2020），拥有较多非农收入、较高自来水使用量、中心村庄的居住地段、砖混结构住房、统一规范的厕所排污方式等家庭特征（杨卫兵等，2015；付文凤等，2018；褚家佳，2021；苏淑仪等，2020），面临污水乱排现象普遍、水环境污染严重、地方经济发达、政府出资力度大、村庄高度重视治理工作、村委会积极普及环境整治知识等外部环境时，其参与意愿将得以激发（查建平和周玉玺，2021；杨卫兵等，2015；韩锦玉等，2020；苏淑仪等，2020）；与之相反的是，农村居民会因其为男性、拥有较高的效果评价和较多的家庭人口数而不愿意参与（查建平和周玉玺，2021；付文凤等，2018）。卫生厕所改造方面，党员、受教育年限越长、政府政策信任水平越高、对环境卫生越重视、对健康知识越了解、小孩个数越多、收入水平越高、房屋拥有数量越多、生态认知水平越高、邻里改厕意愿越强烈、打扫厕所越频繁、所居区县政府的资金投入越大、对现有厕所满意度越低的农村居民越愿意参与其中（黄华和姚顺波，2021；刘延涛和荆胤淇，2017；Acey et al.，2019；苗艳青等，2012；Whittington et al.，1993；王学渊和孙婕妤，2021；Santos et al.，2011；Van et al.，2013）；而受长久旱厕风俗习惯、较高抚育和赡养负担、强烈的邻里改水意愿、较频繁的邻里活动参与、寒冷天气、较高的改造成本和后续费用、改造后效果、到县城距离较远的影响，农村居民的参与意愿被大大抑制（刘延涛和荆胤淇，2017；苗艳青等，2012；王学渊和孙婕妤，2021；徐金红和张昕彤，2019；黄华和姚顺波，2021）。

2.1.1.3 农村居民参与人居环境整治的实际情况

近六成农村居民表示自己有过为获得优质村庄环境而做出实际参与人居环境整治行为（唐林等，2019a），且对不同环境整治措施的参与度不一。生活垃圾处理方面，全国 3844 位受访对象中有 80.70% 的农村居民对生活垃圾进行了定点投放（党亚飞，2019）；具体到不同地区，东部农村地区居民实施这项措施的比例最高，其次是中部，最次是西部（党亚飞，2019）。绿化村容村貌方面，湖北省 628 位受访对象中有此种行为的农村居民高达 60.99%（唐林等，2019c），但全国 5948 份样本数据中仅有 26.80% 的农村居民投身到本村环境卫生清洁中（高电玻，2017）。卫生厕所改造方面，辽、冀、陕、川、鄂、浙、粤 7 省 1451 份样本数据中有 74.70% 的农村居民参与厕所革命（李冬青等，2021），云南省 611 位受访对象中有 78.00% 的农村居民使用冲水式卫生厕所（闵师等，2019），成都市 300 份样本数据中对厕所进行卫生、无害化改造的农村居民分别达 75.33%、67.00%（陈俊等，2013）。生活污水处理方面，云南省 611 位受访对象中有 77% 的农村居民对生活污水进行合理排放（闵师等，2019），湖北省 455 份样本数据中有 70.11% 的农村居民未随意排放污水（张宁宁等，2020），全国 5948 位受访对象中仅有 37.30% 的农村居民将污水排放至沟渠或设施（高电玻，2017）。

剖析影响农村居民参与人居环境整治的因素一直是学术界的研究热

点。学者们大多利用理论和实证相结合的方法，如计划行为理论、VBN 理论、"规范—激活"模型、双栏模型、层次分析、条件价值法等，发现了大量内部与外部影响因素。针对影响农村居民参与某一项环境整治措施的文献最为丰富，且影响农村居民参与不同环境整治措施的因素大不相同。

生活污水治理方面，当农村居民为男性、担任干部、身体健康、受教育年限长、满意污水处理设施、接受过环保知识教育、对节水减排的重要性和自身责任感持有一定认知、财富状况好、身边亲友积极参与并住在开展乡村旅游、政府宣传频繁、挖建排水沟的村庄时，其参与的可能性将大大增加（高电玻，2017；张宁宁等，2020；闵师等，2019）；而高海拔、较差的水污染状况、自来水集中供应将阻碍农村居民产生生活污水治理行为（闵师等，2019；张宁宁等，2020）。

生活垃圾处理方面，具备女性、大姓、受教育水平高、村庄归属感强、村庄认同度高、村干部身份、面子观念强、知晓知识多、环保意识强、参加环保培训次数多、居住时间长、习惯性启发等个体特征（Refsgaard and Magnussen，2008；Darby and Obara，2005；李芬妮等，2020b；Junquera et al.，2001；李芬妮等，2021；党亚飞，2019；康佳宁等，2018；唐林等，2019b；Afroz et al.，2013；Perry and Williams，2007；王学婷等，2019；任重和陈英华，2018；崔亚飞等，2018），拥有较高收入水平、频繁接触互联网、较多外出次数等家庭特征（康佳宁等，2018；党亚飞，2019），居住在政府宣传力度大、条件便利、垃圾收集频繁、社会监督较严、交通便捷、到乡镇距离近、村委会积极组织动员、开展环境综合整治、设有清洁评比制度、环境处罚制度、信息公开措施和经济激励村庄的农村居民，越可能参与生活垃圾处理（Kirakozian，2016；邱成梅等，2019；王学婷等，2019；Schultz et al.，1995；Amini et al.，2014；Lombrano，2009；崔亚飞和 Bluemling，2018；Domina and Koch，2002；Chen et al.，2007；闵师等，2019；林丽梅等，2017）；与之相反的是，当农村居民不关心环境、具备较高环境容忍度，且垃圾投放点距离远、垃圾桶数量缺乏、经费不足或法制不健全、山区地形、海拔高时，其出现参与行为的概率将大大降低（任重和陈英华，2018；王学婷等，2019；Domina and Koch，2002；Martin et al.，2006；Liu and Huang，2014；Zhang et al.，2016；

Pokhrel and Viraraghavan，2005；Tewodros et al.，2008；Pan et al.，2017；闵师等，2019）。

卫生厕所改造方面，农村居民会因较高的文化程度、较大的家庭规模、较高的家庭收入水平、环境综合整治和乡村旅游的开展、补贴政策的实施而积极参与（闵师等，2019；陈俊等，2013；Harter et al.，2020）；而受外出务工、海拔高、村庄到乡镇通勤时间较短的影响，农村居民参与的可能性将降低（陈俊等，2013；闵师等，2019）。

绿化村容村貌方面，女性、当过村干部、受教育年限长、在村时间久、满意环境绿化设施、了解环境政策、持有气候变化感知和行为有益性认知、环境容忍度高、政府激励多、收入水平高、对当前村庄环境现状评价较好的农村居民，越可能积极参与（唐林等，2019c；唐林等，2019a；高电玻，2017）；而较多家庭人口数量、较大耕地面积、较好身体状况则会阻碍农村居民出现实际响应行为（唐林等，2019c；唐林等，2019a）。

也有部分学者从整体参与农村人居环境整治角度出发，指出当农村居民具备年轻、女性、较高村庄认同度、较高文化程度、较高减少疾病传播认知等个体特征（邝佛缘等，2018；宋言奇，2010；李芬妮等，2020a；黄森慰等，2017；孙前路等，2020），拥有较大面积耕地、较高家庭收入、较高信任水平、较多生计资本等禀赋（邝佛缘等，2018；汪红梅等，2018；廖冰，2021），面临较严社会监督、邻居积极参与、较多基础设施、环保人员素质高、政府出台激励政策等外部环境时（孙前路等，2020；邓正华等，2013），农村居民更容易加入人居环境整治队伍。

2.1.1.4 农村居民参与人居环境整治意愿和行为的悖离

学者们普遍认可农村居民在参与人居环境整治上存在的意愿与行为悖离，指出这类农村居民有四成左右（孙前路等，2020）。此外，学者们着重针对生活垃圾集中处理这一项环境整治措施，进行了大量影响农村居民参与意愿和行为悖离的因素分析，发现当农村居民的健康状况较差、受教育程度高、对环境改善效果评价较好、对随意排放会污染环境持有一定认知、培训参与次数多，且处在政府宣传频繁、当地监管较严、村庄设置村规民约、村组织支持力度大、村内参与氛围浓厚的外部环境时，农村居民更容易表现出一致的参与意愿和行为（孙前路等，2020；许增巍等，2016；王博文等，2021）。而较低的人均纯收入、较高的村庄人口密度、较低水平的促进身心健康认知、邻居资金花费行为、较高的筹资额度感知、垃圾处理设施的设置会引发农村居民产生悖离的参与意愿和行为（Johnson et al.，2010；许增巍等，2016；孙前路等，2020）。

2.1.1.5　农村居民对人居环境整治的效果评价

从农村居民视角来看，农村人居环境的整治效果尚需优化：部分农村居民对人居环境设施的完整度和满意度不高（李冬青等，2021），仅45.03%的农村居民比较及非常满意本村人居环境整治工作，大部分农村居民对人居环境整治的效果评价较低，认为效果甚佳、较佳的农村居民分别为10.73%、36.31%，还有52.96%的农村居民认为效果差强人意（王莽莽，2021）。

此外，农村居民对不同环境整治措施的效果评价褒贬不一，存在明显差异。生活垃圾处理方面，虽然有39.62%的农村居民肯定本村卫生垃圾清理的及时性（周冲和黎红梅，2020），但仍有27.50%的农村居民认为垃圾污染问题并未得到完全解决，甚至还有近三成农村居民不满意垃圾站的设置，过半农村居民不满意垃圾处理基础设施建设（吴大磊等，2020）。生活污水处理方面，认为污水治理在改善水环境、美化村容村貌上作用明显的农村居民分别有53.60%、59.00%（杨晓英等，2016；冯庆等，2013），超过八成农村居民满意本村污水处理设施（李冬青等，2021）。绿化村容村貌方面，虽然有超半数农村居民认可庭院环境、道路绿化和亮化的治理效果（吴春宝，2021），50.54%的农村居民认可村庄绿化建设工作的有效性，但还有49.46%的农村居民不认为这一措施有效（唐林等，2019a）。卫生厕所改造方面，79.11%的农村居民满意厕所无害化改造效果（吴春宝，2021），认可施工质量和卫生条件有所提升（李冬青等，2021），但还有52.00%的农村居民认为厕所改造的后期管理维护力度较小（李彬倩等，2021），不太满意改造周期、补助发放时长、规划设计（李星颖，2020）以及改厕后水电费等使用成本（李冬青等，2021）。

2.1.2　外出务工及其对农村居民参与人居环境整治的影响研究

2.1.2.1　外出务工的定义与测度

学者大多将外出务工描述为农村居民离开户籍村、奔赴户籍所在镇、县及更远地点谋生的现象（唐林等，2019c；李煜阳等，2021；邹杰玲等，2018；杜三峡等，2021），并依据研究目的、内容给予了不同的测算指标。例如，有学者直接以家中是否有人外出务工这一分类变量进行测度，采取这种方法的学者包括齐振宏等（2021）、卢秋佳等（2019）。部分学者采用外出劳动力数量及其在家庭人口或家庭劳动力中所占比重进行测度，采取这种方法的学者有王博和朱玉春（2018）、高瑞等（2016）、任重和陈英华（2018）、贾蕊和陆迁（2019）、朱凯宁等（2021）。还有学者以务工时长为表征，指标包括居民外出务工月数（陈媛媛和傅伟，2017）、家庭成员平均外出务工时长（李煜阳等，2021；邱翔宇等，2021）、家庭主要劳动力待在村庄的天数占家庭所有劳动力全年在村总天数的比重（唐林等，2019c）等。亦有文献从务工收入的角度切入，或是直接以外出务工收入为表征（闵继胜和刘玲，2015），或是采用外出务工收入占家庭总收入的比重予以测算（李芬妮等，2020a；杜三峡等，2021）。更有学者从务工距离出发，将外出务工分为未务工、本乡务工、跨乡未跨县务工和跨县务工以展开异质性分析（邹杰玲等，2018），又或是对上述距离进行 1~5 分赋值，计算出家庭平均外出务工距离以进行表征（邱翔宇等，2021）。

2.1.2.2　外出务工对农村居民环境认知的影响

学者们普遍就外出务工和农村居民环境认知之间存在一定关联达成了共识，但作用方向莫衷一是。部分学者借助理论和实证分析方法论证出外出务工同农村居民环境认知正相关，指出外出务工使农村居民获得了更为开阔的视野和眼界、更为广泛的社交网络以及更多接触与接收新思维、信息与事物的机会和渠道，从而增强了农村居民对农业绿色生产（邹杰玲等，2018）、乡村振兴战略（刘子飞和刘龙腾，2019）、政治参与（胡书芝和王立娜，2012）、农产品期货（徐欣等，2010）等方面的认知水平。尤其是农村居民的环境保护认知会因外出务工而得以提升：如唐林等（2021）利用湖北省 628 份调查数据和 Probit 模型发现，外出务工增强了农村居民对保护农村环境的重要性认知；邝佛缘等（2018）借助江西省 2028 份样本数据和 BRT 模型分析指出，外出务工是影响农村居民生态环境认知的第三位因素、贡献率为 20.00%；任重和陈英华（2018）依靠 ISM 模型揭示了外出务工是影响农村居民废弃物价值认知的深层因素；邱翔宇等（2021）利用 CFPS 三期近 2 万个数据发现，农村居民通过在外务工接收了外界输送的环境保护思想，从而强化了自身环保意识。但也有学者反驳称：工农行业的明显收入差距降低了农村居民对村庄公共事务的关注热情（严奉枭和颜廷武，2020）和对村庄价值生产能力的认可（贺雪峰，2013；王博和朱玉春，2018），使得外出务工居民持有的村庄环境保护重要性认知和环境治理对生产、生活益处的认知远不及未外出务工群体（唐林等，2019c）；类似地，农村居民对家庭农场（蔡颖萍和周克，2015）、乡村发展预判（刘子飞和刘龙腾，2019）、土地流转（涂金杰和潘林，2018），以及农业生产技术采纳成本、收益、风险的积极认知（严奉枭和颜廷武，2020）亦因外出务工而有所下降。

2.1.2.3　外出务工对农村居民参与人居环境整治意愿和行为的影响

外出务工在农村居民参与人居环境整治意愿和行为中究竟发挥促进效应还是抑制作用，学界尚未取得一致结论。既有学者持外出务工阻碍农村居民参与意愿和行为这一观点：陈俊等（2013）、林丽梅等（2012）通过描述性统计分析指出，家中存在成员外出务工，且外出务工收入比重较高的农村居民拥有最低的无害化卫生厕所覆盖率，且持续增长的外出务工劳动力数量使得生活污水处理设施闲置的局面越发严峻。朱凯宁等（2021）考察西南贫困地区并利用 CVM 法论证后发现，外出务工者因认为自身从生活垃圾集中处理中所获收益不及未离村居民而表现出较低的支付意愿；类似地，卢秋佳等（2019）分析福建省 269 位受访对象情况后指出，外出务工加深了农村居民同村庄的脱离程度、降低了对农村环境的依赖度和期望值，使得外出务工居民参与环境治理意愿明显低于未外出居民约 21%。

进一步研究表明，外出务工因增加了农村居民的环境治理机会成本（闵继胜和刘玲，2015），导致外出就业每增加 1 个单位、农村居民垃圾分类意愿下降 72%（张静和吴丽丽，2021），外出务工收入每增加 1 万元、农村居民治理生活污染意愿降低 1.46%（闵继胜和刘玲，2015）。唐林等（2019c）借助湖北省微观调研数据、Probit 模型和 OLS 估计发现，外出务工因减少了农村居民对村庄环境保护的重要性认知、降低了环境整治的效益感知、减少了提升在村影响力的需求，从而使其不易发生实际参与行为。李芬妮等（2020a）以湖北省农村居民为研究对象，借助 Probit 模型得出了外出务工通过转移农村居民的生活面向、引发女性决策进而阻碍农村人居环境整治参与行为出现这一结论。刘莹和黄季焜（2013）走访苏、川、陕、吉、冀 5 地 2020 位受访对象后发现，非农就业因降低了农村居民的家庭劳动力供给、影响了垃圾处理的劳动力投入，最终导致垃圾丢弃行为出现的概率增加。

还有学者认为外出务工激发了农村居民的参与意愿和行为：杨亚非等（2013）通过理论分析指出，外出务工居民在清洁乡村活动中扮演了关键角色，农村居民依靠外出务工锻炼了自身接触新鲜事物的能力、开拓了视野和见识、增强了对国家政策的理解程度、提高了对清洁村庄环境的重要性认知和迫切需求、养成了干净卫生的生活习惯、形成了改善村居环境的财力基础，从而提高了自身主动加入治理和建设美丽乡村队伍的可能性；刘蕾（2016）亦通过调查山东省农村后发现，外出务工不但没有抑制农村居民为公共品出资的意愿，反而推动其给予垃圾处理、改厕改水、道路修建等公共品更多的关心。进一步，学者们借助 Logit 模型和 ISM 模型发现，农村居民因外出务工而具备更多同外界互动沟通的机会、收获了更多诸如环境保护等新思维和学问、增强了对身体健康状况、庭院环境质量和生活便利程度的关注度，最终更愿意为生活废弃物合理处理付费（任重和陈英华，2018；吴建，2012）并出现参与生活污水治理（褚家佳，2021）、废弃物合作治理（王学婷等，2019）、种植花草等改善村容村貌活动（秦光远和程宝栋，2019）。唐林等（2021）以湖北省 1095 位农村居民为研究对象、采用 Probit 模型和 OLS 估计指出，外出务工通过增加储蓄积累、增强环境保护认知、形成广泛社会网络，进而提升农村居民为环境治理付费的意愿。党亚飞（2019）通过分析全国 3844 份调研数据、构建二元 Logit 模型后认为，受自然降解垃圾的长期习惯影响，纯农村居民出现保护村庄环境行为的概率明显比外出务工居民低 0.63 倍。邝佛缘等（2018）调查江西省 2028 份样本数据、构建 BRT 回归模型后发现，外出务工在影响农村居民生态环境保护行为中的贡献率为 11.80%；随着外出务工人数占比的上升，农村居民拥有的信息获取来源增多、生活负担变轻，对于生态环境保护行为的益处了解加深，从而更可能作出环保行为决策。

但还有学者指出，外出务工发挥积极作用离不开村庄认同的驱动（李芬妮等，2020a）。由此，本章进一步对村庄认同展开了文献综述。

2.1.3　村庄认同及其对农村居民参与人居环境整治的影响研究

2.1.3.1　村庄认同的定义与测度

围绕村庄认同的定义，学者们展开了一系列论述。例如，张雁军和张华娜（2020）将村庄认同感描述为居住在一个村庄的个体，由相似的生活方式、思维观念、行动规则而引发的对村庄的归属感。郑庆杰和许龙飞（2015）从理论分析视角指出，乡土认同体现的是农村居民对乡村生产、生活及文化的认可状况，涵盖生活习惯、关系网络、文化身份、乡村回忆等方面。李芬妮等（2020a）结合已有文献（胡珺等，2017；唐林等，2019b），将村庄认同定义为农村居民与村庄在生活和成长过程中相互作用形成的认同、依恋、归属等情感联结关系。郑建君和马璇（2021）将村社认同描述为个体对村庄的态度体验，包括对村庄功能的认同和与村庄的情感联系程度。还有学者认为村庄认同与社区认同的概念类似，故从社区认同视角切入，将农村社区认同解释为农村居民对当地社区共有价值的认同、支持和重视（吴理财，2011；谢治菊，2012），以及对同样生活在此的居民及社区整体的主观感受（吴晓燕，2011），如喜爱、依恋、归属、满足感等（袁振龙，2010；李波，2018）。

针对村庄认同的测算，国外学者的早期量表设计是国内分析开展的初期参照。例如，丹尼尔等（Daniel et al.，2021）基于贝兰契等（Belanche et al.，2017a）、巴戈齐和杜拉基（Bagozzi and Dholakia，2006）、贝尔加米和巴戈齐（Bergami and Bagozzi，2000）等研究，从认知性地方认同、情感性地方认同和评价性地方认同三个维度、使用"我为属于我的居住地而感到自豪"等指标测算了农村和城市社区居民的地方认同，类似地还有杨振山等（2019）使用威廉姆斯和瓦斯克（Williams and Vaske，2003）设计的量表、单菁菁（2006）参考卡萨达和雅诺维茨（Kasarda and Janowitz，1974）、格尔松（Gerson，1977）等研究进行测度。唐林等（2019b）参考马埃尔和阿什福斯（Mael and Ashforth，1992）、石晶等（2012）等研究，采用"我认同本村的传统文化习俗""我与村里其他成员具有共同的价值观念""如果搬离村庄，我会感到很留恋"等指标测度农村居民对村集体的认同。李芬妮等（2020a）则在此基础上，进一步借鉴杨振山等（2019）、张睿和杨肖丽（2018）等文献，增加了"我很喜欢生活的村庄""我非常关心村庄事务"等指标。郑建君和马璇（2021）改进并调整了辛自强和凌喜欢（2015）的量表，设计了一套《村社认同量表》、测度了 95 个村社 5040 位居民的认同情况。邓梦麒等（2019）从社区的宜居性、舒适度以及对自己的重要程度三个方面测算了延安 115 位农村居民的认同感。李冰冰和王曙光（2013）利用主成分分析法，以全国 10 省 49 位农村居民为例，利用社区治安满意度、村委会满意度 2 个指标测算"社区认同"因子。田胡杰（2018）采用"自己是村子的一员，理应为村子出力""愿意为村级工程建设出资""社区满意度"3 个指标测算了浙江枫源村居民的社区认同。谢治菊（2012）利用苏、贵 2 省 235 份样本，设定了"村庄发展对我很重要、愿意依据村规民约行事、相信村庄拥有很好的发展前景"等 9 个指标进行测算。汪秀芬（2019）采用"感觉同村子有一种特殊的联系、我非常认同我们村子、对村子的归属感很强"3 个指标测度了黄冈浠水县 240 位农村居民的社区认同情况。

由此不难看出，学者们大多将村庄认同描述为：农村居民在情感上对村庄的认同、归属与依恋等关联以及对村庄成员身份、村域文化的认可与接纳程度，并从情感、身份和文化等方面借助量表予以测算。

2.1.3.2　村庄认同对农村居民参与人居环境整治的影响

人文地理学的相关观点认为，人们对资源环境的态度和行为受由地方认同、依恋等形成的"人—地关系"影响（Hernández et al.，2010），且呈现出明显的正相关关系（Vaske and Kobrin，2001；Carrus et al.，2005），而"地方"的概念可延伸到"村庄"（胡珺等，2017；李芬妮等，2020a），由此，本书从以下几方面梳理村庄认同对农村居民参与人居环境整治的影响。

一是，村庄认同强化农村居民对参与人居环境整治的积极态度或正面看法。研究显示，地方认同显著影响人们对环境保护、可持续发展的态度（Hernández et al.，2010；David et al.，2002），并与环境关注度显著正相关（Kyle et al.，2004；Stedman，2002；Vaske and Kobrin，2001；Vorkinn and Riese，2001）。地方认同感越强，人们就越认同人与自然之间应平衡相处、越不支持人类支配自然（Budruk et al.，2009）。同时，地方认同可以促使个体对自然保护区持有赞同的立场，推动人们热衷于维持地方的初始面貌和保护当地资源，从而在无意识中影响其亲环境行为（Bricker and Kerstetter，2000；Carrus et al.，2005）。类似地，家乡认同亦被发现能降低个体以牺牲环境为代价的利己心态，促使其表现出对家乡环境更友好的态度（胡珺等，2017）。

二是，村庄认同激发农村居民参与人居环境整治意愿。研究发现，地方认同在激发个体亲环境意图中发挥着关键作用（Bonaiuto et al.，2008；Hernández et al.，2010；Kohlbacher et al.，2015），地方认同会增加个体对环保行为的支持及更高的参与环保意图（Forsyth et al.，2015；Fritsche et al.，2018）。例如，地方认同会正向作用于旅游者的亲环境行为意向（Ramkissoon et al.，2012），如在公园的志愿服务意愿（Moore and Scott，2003）、捡拾他人垃圾和减少偷猎等其他特定区域的最佳实践行为意愿（Walker and Chapman，2003）以及付出时间、财力、精力并出现口碑宣传、重购等意向（Kyle et al.，2005）。类似地，农村居民的村庄环境治理参与意愿（王学婷等，2020）、基层治理实践参与积极性（郑建君和马璇，2021）会因地方认同而大大激发。沃克和瑞安（Walker and Ryan，2008）亦指出，对乡村景观有强烈认同感的个人会表现出支持和参与保护乡村景观行动的高度倾向。

三是，村庄认同促使农村居民出现人居环境整治参与行为。研究表

明，个体对某地负责任的环境行为是其对该地生出地方认同的结果
（Cheng et al.，2013；Jerry and Katherine，2001；Stedman，2002；戴旭俊
和刘爱利，2019），且随着对居住地的认同感增强，发生亲环境（Vaske
and Kobrin，2001）、环境友好行为的频率越高（Scannell and Gifford，
2010）。例如，李波（2018）对江苏省善港村进行案例分析后指出，农村
社区认同有助于增强农村居民的环境素养和对环境变化的关注度，从而促
使其表现出积极的环境行为。范钧等（2014）运用 SEM 模型证实出，地
方认同有助于引发旅客的环境责任行为。张等（Zhang et al.，2014）调查
中国社区居民后发现，居民对地方的认同程度越高、出现亲社会行为的可
能性越大。胡珺等（2017）指出家乡认同作为一种非正式制度，可以推动
企业决策者作出环境投资决策。农村居民方面，吴理财（2011）通过理论
分析指出，农村社区认同在促进当地居民的利益趋同、增强社区义务和责
任意识、提高社区参与水平的同时，还可利用当地舆论压力，规范和约束
个体行为。党亚飞（2019）、李芬妮等（2020a）则进一步利用二元 Logistic
模型发现，村庄认同因提升了农村居民的主人翁意识和家园感、减少以破
坏村庄人居环境为代价的自利心理、推动树立保护村庄环境的行为目标和
态度，进而提高了其践行环境保护和治理行为的概率，得出类似结论的还
有唐林等（2019b）。此外，打包垃圾和尊重野生动物（Williams and Patterson，
1999）、如捡垃圾、节约用水和不喂野生动物等现场行为、告诉别人（或
不）采取同样的行为以及支持当地环境保护的场外行动等亲环境行为亦受
到地方认同的正面影响（Tonge et al.，2014）。

2.1.4　文献述评

综上所述，学术界针对外出务工、村庄认同及农村居民参与人居环境
整治展开了细致且颇具价值的讨论，这为本书分析提供了坚实基础。然
而，已有成果仍然存在以下不足。

从研究对象来看，尽管许多文献对农村居民参与人居环境整治有所涉
猎，但大多将其理解为农村居民对某一项环境整治措施的参与或是整体参
与农村人居环境整治的情况，刻画多项环境整治措施的文献相对有限。事

实上，农村人居环境整治行动是多项环境整治措施的集成体，仅探究农村居民对单项环境整治措施的参与情况不足以达到农村人居环境整治行动的预期效果、实现生态宜居乡村的建设目标。此外，多数文献侧重于探讨农村居民是否愿意和实际参与人居环境整治，缺乏对参与农村人居环境整治认知、方式、意愿和行为悖离等内容的考虑；尤其是农村人居环境整治参与认知，少数探讨这一问题的文献只关注农村居民对参与人居环境整治正面看法这一个维度，未意识到认知具备二维性，农村居民存在同时持有积极认知和消极认知（即认知冲突）的可能，由此所得结论在指导农村人居环境整治实践、完全阐明农村居民参与逻辑上或许力有未逮。

从研究内容来看，既往文献普遍从情感、身份和文化认同等方面描述与测度村庄认同，较少关注农村居民对村庄所提供功能和服务的联系与依赖。事实上，作为农村居民聚居生活的重要场所，村庄提供具有社会和经济功能的服务和设施不仅对村庄成员的身份认同至关重要（Woods，2004），同时影响成员对村庄的认可与评价（辛自强和凌喜欢，2015）。而少数考虑功能认同的文献大多只关注村庄生活便利度、需求满足度、治理情况、环境状况等（辛自强和凌喜欢，2015；郑建君和马璇，2021），未能多维度、全面测量功能认同。事实上，村庄共同体的形成离不开自然、社会和文化边界，自然边界与村委会关系紧密，社会边界即村庄成员所获权益，如村民对村庄的认同、荣誉感会因当地拥有经济资源而生出，文化边界即村庄成员对身份的认可和对生活价值的在意（贺雪峰，2013）。类似地，舒马科和泰勒（Shumaker and Taylor，1983）发现，不但居民对地方的认同感会因当地社会和物质资源能够解决其要求和偏好问题而增强，居民对地方的态度和行为亦会被其左右。由此可以认为，村庄能否提供经济、政治、文化等功能满足农村居民生产生活需求必然在一定程度上影响其对村庄的认可。只有从功能和情感两个维度对村庄认同进行测度，并从经济、政治、文化、环境等方面度量功能认同，方能全面把握现阶段农村居民村庄认同的真实状况、厘清村庄认同影响农村居民行为的内在机理。

从研究视角来看，现有探讨外出务工和村庄认同对农村居民行为影响的文献，要么基于农村劳动力大量外出务工这一现实背景展开分析、较少关注村庄认同在其中发挥的作用。事实上，作为农村居民参与村务治理的内在驱动力与精神激励机制（李芬妮等，2021），村庄认同在推动农村居民参与环境治理上的积极效应已为学者们所揭示，然而少有学者将目光放到村庄认同在外出务工影响农村居民参与人居环境整治中的作用上。要么从村庄认同、归属感等情感视角切入、未给予农村劳动力大规模外流这一明显现象足够的关注。正如上述，外出务工不可避免地引发了家庭决策主体、生活面向、储蓄积累、认知水平等方面的变化，进而对农村公共事务治理带来潜在影响，由此，外出务工对农村居民参与人居环境整治的影响应得到专门探讨。此外，少数将二者纳入统一研究框架的文献仅聚焦于农村居民对某项环境整治措施的参与情况（李芬妮等，2020a），未对多项环境整治措施给予关注，从而不足以有效指导当前农村人居环境整治工作。

2.2　理论基础

2.2.1　公共产品理论

在该理论中，萨缪尔森、奥尔森和布坎南（Samuelson，Olson & Buchanan）是最具代表性的学者，尤其是萨缪尔森（Samuelson），他对公共物品的定义是最为人所认可与接纳的。公共物品即不管个体购买与否，其他主体均能享受，且单独个体的消费不会引发其他主体对该物品消费的降低。公共物品呈现出非竞争、非排他特性。前者指的是纵使消费公共物品的个体数量有所增加，但供给成本不会随之上升，其他消费主体的利益亦不会随之减少；后者指的是任何个体在消费公共物品上都享有同样的权利，同时，消费公共物品的效用亦不能在每个个体中分割。

针对村庄人居环境整治，已有学者指出其属于有限的非竞争性和非排他性的准公共产品（黄云凌，2020；黄华和姚顺波，2021；曲延春，2021）：一方面，农村居民参与人居环境整治有助于达成促进村庄长远规划发展等经济效益以及减少污染和改善村庄环境等生态效益（鄂施璇，2021；胡德胜等，2021），其他居民亦能践行相同环境整治措施，且无须承担另外费用，或者说，其他居民不需要采取任何环境整治措施，甚至出现污染与破坏村庄居住环境的举动也依旧能够通过其他居民的农村人居环境整治参与、免费享受居住环境改善等整治效益，由此，农村人居环境整治具有非竞争性。另一方面，参与农村人居环境整治的经济和生态效益可以为所有个体所免费享受，而非实际参与居民所单独专享，或者说，若想避免未参与居民坐享其成，就要付出巨大代价，由此，农村人居环境整治具有非排他性。此外，倘若居民周围的个体均积极投身环境整治，对于农村居民自己而言，免费享受这些居民的环境整治效益亦是无碍，从而引发"搭便车"现象（何可，2016），并导致农村人居环境整治陷入"公地悲剧"、集体行动困境（曲延春，2021）。而克兰德曼（Klandermans，2002）、唐胡浩和赵金宝（2021）、刘文郡等（2021）通过理论和实证分析指出，增强个体的认同感有助于激发其集体行动，由此，本书接下来将对地方认同理论展开论述。

2.2.2 地方认同理论

作为地方理论的重要构成部分（戴旭俊和刘爱利，2019），地方认同最先由普罗夏斯基（Proshansky，1978）提出，并于五年后被引进环境心理学领域（Proshansky et al. , 1983）。这一理论最初被描述为自我同物理环境之间的认知联系，是个复杂的多维概念（Proshansky，1978），之后被许多学者深入挖掘。部分学者倾向于从单一情感角度阐述地方认同的内涵，例如，迪瓦恩－怀特和豪斯（Devine-Wright and Howes，2010）认为地方认同即个体对地方某一物理及象征特性的积极认同，侧重于情感上的依恋（Williams and Vaske，2003；Williams et al. , 1992；Moore and Graefe，1994），如个体同地方、生活环境之间的情感关联（Carrus et al. , 2013；Scannell and Gifford，2010）以及局部水平上感知到的群体间差异（Bonaiuto et al. , 2008）。布里克和克斯滕特（Bricker and Kerstetter，2000）通过引申普罗夏斯基（Proshansky，1978）的研究指出，地方认同是一个集合态度、价值观、行为倾向等多维度概念，不单单涉及情感（戴旭俊和刘爱利，2019）。例如，埃尔南德斯等（Hernández et al. , 2010）指出地方认同体现了个体对所在地环境、发展程度的认可和赞许，塔吉菲尔

（Tajfel，1978）认为地方认同是一个人对地方的成员身份意识以及这种成员身份的情感和评价意义，迪瓦恩 – 怀特（Devine-Wright，2010）指出地方认同反映的是个体对地方持有的情感依恋和身份认可水平，斯特德曼（Stedman，2002）则进一步强调地方认同还反映了农村居民对村庄习俗、历史印记、文化观念的认同情况。可见，固然学者们对地方认同的理解有诸多不同，但需要从多维度概括和测度地方认同这一观点已成为共识（戴旭俊和刘爱利，2019）。

进一步，地方认同会作用于人们对某地的态度和行为：学者们以居民（Daniel et al.，2021）、游客（Kyle et al.，2003）、农户（党亚飞，2019）、学生（Williams and Vaske，2003）、青少年（Vaske and Kobrin，2001）等为研究对象，指出地方认同在影响个体的助人意图（Yang and Xin，2016）、合作意愿（Bonaiuto et al.，2008）、遵从地方规范（Pei，2019）、社区事务参与（辛自强和凌喜欢，2015），以及环境保护态度（Budruk et al.，2009）、意愿（Ramkissoon et al.，2012）和行为（李芬妮等，2020a）等方面均发挥了直接或中介、调节作用。上述发现证实了地方认同在解释人地关系应用中的广泛性。

对本书的启发：环境心理学观点认为，"地方"是一个涵盖不同层次范围的词语，既可指代地区、国家，又可描述为村庄、城市、社区等（庄春萍和张建新，2011）。由此，村庄作为地方的具象化之一，村庄认同可被视作地方认同的一种。地方认同理论亦成为本书分析村庄认同的直接理论来源，不仅为本书从多维度测度和定义村庄认同奠定了研究基础，同时也为本书阐述村庄认同影响农村居民参与人居环境整治的机理提供理论依据。

2.2.3　关于农村劳动力转移的主流观点

由于农村劳动力转移是各国在经历经济增长和农业转型时均会面临的普遍现象，故而学术界形成了以下较为典型观点用于解释。

一是推拉理论。核心观点是：劳动力转移与否是推力和拉力共同作用的结果，前者表现为有碍于劳动力转移的消极因素，后者表现为有助于劳动力转移的积极因素，二者共同存在于流出地和流入地。具体来说，前者在流出地表现为务农成本上升、就业机会不足、薪资水平低下等，后者在流入地表现为就业机会充足、薪资水平可观、基础设施完善等。当前者在流出地的影响力大于后者时，劳动力才会选择转移，同样地，当后者在流入地的影响大于前者时，劳动力亦会受此影响而选择转移。这一理论在解释我国近年来农村劳动力转移的原因、影响因素上具有较佳说服力，但解释得不够具体和详尽。

二是二元经济理论。这一理论最先由刘易斯（Lewis，1954）提出，核心观点是：发展中国家由传统农业与现代工业两个部门组成，前者具备生产效率偏低、劳动力数量可观的特点，后者具备生产效率较高的特点；城市工业部门提供的薪资水平只需高于农村，农村劳动力就会受此诱惑而主动、持续地流向城市，即便薪资水平一直保持不变。发展中国家的经济阶段有二个：一是大批属于农业部门的劳动力受可观薪资诱惑而流向工业部门，而对于农业部门而言，供给这种劳动力是无尽的；二是当农业部门的劳动力所剩无几时将不再提供劳动力，从而使得二元经济结构不复存在、转变为一元，这时刘易斯拐点出现。但这一模型忽略了农业发展的重要性，只考虑了农业部门在供应源源不断劳动力到工业部门过程中所扮演的角色。对此，费和拉尼斯（Fei and Ranis）进行了改良，不仅着重点要重视农业发展，同时指出农村劳动力转移有三步：一是大批边际生产效率为0甚至为负值的劳动力普遍存在于农业部门，其他劳动力不断流出，且农业生产不会因此发生变化；二是"隐性失业"现象的浮现，即农业部门的劳动力边际生产率大于0、小于"制度工资"水平，倘若该部门劳动力仍旧不断地流入工业部门，不仅农产品的供应量会降低、价格会增加，同时工业部门劳动力的薪资水平亦会增长，使得劳动力转移数量受到一定程度的波及；三是"隐性失业"现象消失，农业部门劳动力的薪资受市场影响，只有提供超过不变"制度工资"的市场价格、劳动力才会选择流入工业部门，工业和农业部门兴起争夺农村劳动力之战。但这一理论没有阐述农村劳动力无视城市部门已然出现的失业现象、依旧选择迁移的理由，对此，托达罗模型进一步基于个体决策角度展开分析。其核心观点在于：预期收入和成本是影响农村劳动力是否短期和长期迁移的关键；在城市和农村预期收入差距明显的情况下，农村劳动力转移率超过城市部门的工作机会是有道理的，但农村劳动力在城市谋求职位的概率和对收入的预期会因个体异质性而有所不同。这一理论在阐释为何普遍是青壮年劳动力决定迁移、以及为何高文化水平劳动力选择迁移并获得较高薪资的可能性大于低文化水平劳动力等现象上具有较佳说服力。

三是人力资本理论。这一理论的核心观点在于：劳动力转移是自然选择的，且同劳动力的人力资本情况关系紧密；一方面，劳动力不断流出将降低流出地的人力资本和经济发展速度，流入地则相反，最终导致二者在经济发展上的距离越来越大，进而又促使更多劳动力踏上转移的道路，可见，持续加大知识教育在农村的推广力度是避免农村衰败的关键；另一方面，劳动力的人力资本关系其转移后谋取职位的可能性和薪资的多少，人力资本越高、劳动力转移并流向城市的概率越大。

四是干中学理论。干中学作为这一理论的核心概念，指的是一边干、一边学，劳动力在工作中累积经验、习得技能并反向用于工作实践的过程。干中学始于劳动力投身工作实践，不论劳动力旨在完成任务安排还是期望缩短工作时长，只要劳动力通过处理工作实践中遭遇的困难、产生相应的经验教训，并不断地将其运用在工作实践中，就可以慢慢内化为自身的学识和本领。干中学对劳动力个人和生产均发挥了外溢作用，这种外溢作用对前者表现为人力资本的积累和技能才干的强化，对后者表现为生产耗时和成本的降低、产出的增长以及生产部门和行业的技术改革和更新。

五是新经济迁移理论。这一理论是基于家庭角度，核心观点在于：是否外出不是由单独个体决定而是全部家庭成员参与，旨在为家庭谋求最大收益和最低风险。该理论阐述了风险分散、流动性约束、相对剥夺感等概念。具体来说，（1）外出务工能够让农村居民收入来源不局限于农业；（2）农村居民外出务工是资金约束与信贷支持缺失的结果；（3）农村居民在作出外出务工决策时，不单权衡了预期收入，还思考了村庄或其他居民的收入水平，以期缓解相对剥夺感。家庭劳动力因个体特征和偏好差异而出现分工，将劳动力分别配置在外出务工和留村耕作上是合理的安排，且务工所得和耕作所得是高度互补的，不论城市和农村在收入上有无差距。另外，这一理论还揭示了劳动力迁移存在劳动力损失、土地转出和收入效应，前两者指的是劳动力迁移会降低农业生产劳动力数量、提高土地流出和弃耕的可能性，后者指的是劳动力迁移会实现财富的增长，尤其是外出务工成员的汇款有助于减少信贷约束、提供有效的农业生产支持和必要的日常生活保障。

对本书的启发：上述理论为本书分析外出务工对农村居民参与人居环境整治的影响奠定了分析基础，农村劳动力外出务工不仅存在于中学和收入效应，同时还引发一定负面效应，从而影响其行为选择。

2.2.4　农户行为理论

从经济学视角解释农户行为的理论成果丰硕，大致可以分为以下三类。

第一类是从理性视角解读农户行为的观点，包括理性小农和有限理性。经典经济学对农户提出了假设：农户追求自身经济利益最大化和确定性，这便是理性农户的分析缘起。在该学派的逻辑中，农户是缺乏感情行为的独立经济个体（汪秀芬，2019），了解完全的投入和产出信息，在比较不同投入产出组合的利益高低后择出利益最高的帕累托方案，并以此作为自身行为决策的依据。舒尔茨（Schultz）是这一学派的代表学者，认为农户就像企业，其生产经营决策是理性的，以自身经济利益最大化为首要出发点，并且能够实现生产资料的合理配置。农户生产效率和增长速度不甚理想的原因在于生产资料投入呈现出边际下降特点，亦即边际报酬递减，而现代农业技术发展则可在一定程度上扭转上述局面。有限理性这一观点的提出源于对经典经济学假设的改良。现实中，农户是在风险与不确定性情境下做出行为决策。就需求和成本函数的某一随机变量的特定参数而言，在理性农户的设定中，农户对此十分明了。但在有限理性的逻辑中，农户对参数的分布规律了解较多而非参数本身，风险和不确定性由此引入。此外，农户并未完全掌握投入和产出情况。西蒙（Simon）是这一学派的代表学者，指出农户同企业家差别明显，后者期望实现低成本或高利润，前者考虑的是其满足程度和辛苦程度是否匹配；生存理性是农户的首要特征，但因信息不对称性的存在，非理性特点又充斥在其行为中；个体决策会因风险和不确定性的存在而不再以经济利益最大化为重点，而是在众多备选方案中择出中意的一个，即帕累托次优解。

　　第二类是从生存、伦理视角解读农户行为的观点，如生存小农。恰亚诺夫（Chayanov，1925）指出，农户的农业生产具备自给特征，依赖家庭自有劳力，较少或不雇佣劳力；农户从事农业生产旨在以最少人力投入、实现家庭的基本消费所需，而不是谋求最大收入；农户在配置自有人力资源用于农业生产时，并没有依靠市场交换，由此不仅未能测量上述投入的价值，同时也无法准确计算收益；农户致力于促成自己的农业生产投入量同家庭消费需求的满足度达到平衡，以获取最佳生产行为，而当这一均衡得以实现后，农户加大生产投入以实现更高产出和收益的热情将慢慢冷却，直至不再投入，从而造成农业生产效率的不理想。从这一角度来看，农户在生产决策时并未表现出一个理性人该有的模样，小农经营不具备理性特征。斯科特则在上述研究基础上予以拓展，指出"小农经济"包括农户在内，而农户依照"安全第一"与"生存伦理"行事，其生产时第一考虑的不是实现最大获利，而是降低风险和保障家庭生存所需；农户出于规避灾难目的而采取的一系列非理性行为恰好是其理性斟酌后的结果。

　　第三类是在经济学基础上引入心理学，从双重视角解读个体非理性行为的观点，如行为经济学。这一观点的迅速发展是因为现实中个体行为往往存在未契合"理性预期"的情况，且学术界有较多声音认为"理性人"假设过于严格、同现实不符（Sears and Lau，1983），加之有限理性并未跳出经典经济学范式、依旧蕴含相关思维逻辑。而行为经济学跳出了上述设定，在经济学基础上将心理学引入个体行为的分析，认为：由于个体获得的信息有限、在大脑认知和分析繁复讯息上的能力不足，加之身处的外部环境并不简单、具备不确定性特征，故而其决策往往是基于感性的判断而非是最佳的；个体的实际行为选择面临着不确定条件，往往是凭据经验规律和直觉推断作出，而非借助条件发生概率、推算出能够实现最大效用的最佳决策，因而引致出决策偏差；经济动机与非经济动机都是个体的行为动机，前者包含利润或效用的最大化，后者包含心理因素和社会环境；心理因素和社会环境共同作用于个体的行为选择，而社会环境发挥效应主要依靠转换个体思维方式和内在需求（Hoff and Stiglitz，2016）。因此，个体行为决策目标并不简单，不但包含最大经济利益，还有公平、互惠等。此外，行为经济学的一个重要发展成果——计划行为理论，一直被广泛用于个体行为的解释与分析，其核心观点在于：个体行为决策遵循"行为态度→行为意向→实际行为"这一逻辑脉络（汪秀芬，2019），行为态度即个体认为某项行为是积极还是消极的，行为意向即个体主观上践行该项行为的意愿，实际行为即个体是否实际产生该项行为。

　　对本书的启发：农村人居环境整治参与是个体行为的一种。由此，上述观点为本书分析提供了理论依据。例如，计划行为理论为本书建立"农村居民参与人居环境整治认知（行为态度）—农村居民参与人居环境整治意愿（行为意向）—农村居民参与人居环境整治行为响应（实际行为）"这一研究主线提供了支撑。按照理性小农的观点，农村居民作为"理性人"，参与农村人居环境整治必会考虑成本和收益问题，而外出务工、村庄认同均会引发农村居民参与人居环境整治成本和收益的变化，最终导致农村居民的参与情况难以判断。按照生产小农的观点，农村居民不喜风险、更为在意家庭生计的保障；而整洁、优质的居住环境属于安全、审美等高层次需求，由此，农村居民或在满足基本生理需求后方投身村庄人居环境整治。依据行为经济学观点，个体行为是认知和感性两个系统共同作用的结果，因此，考察农村居民认知对其参与人居环境整治的影响诚有必要；此外，心理因素和社会环境均在其中发挥重要作用。由此，外出务工、村庄认同作为影响个体行为发生的外部、内部因素，无疑会影响农村居民的人居环境整治参与。综上，剖析农村居民参与人居环境整治问题离不开上述观点的辅助。

2.3　概念界定

2.3.1　农村居民参与人居环境整治

　　基于"认知→意愿→行为"的逻辑脉络，本书中，农村居民参与人居环境整治指农村居民对于国家所提倡的农村人居环境整治行动的参与，由参与农村人居环境整治认知、参与农村人居环境整治意愿和参与农村人居环境整治行为响应（决策和方式）三部分组成。此外，本书还进一步考虑了农村居民在参与人居环境整治上的意愿和行为悖离问题。

农村居民参与人居环境整治认知指的是农村居民对参与人居环境整治的看法和认识，包含积极认知、消极认知和认知冲突三个维度。积极认知指农村居民对参与人居环境整治的积极正面看法和认识，如经济、生态、社会等效益（鄂施璇，2021）。其中，经济效益指的是参与人居环境整治能够促进村庄长远规划发展（鄂施璇，2021；胡德胜等，2021）；社会效益指的是参与人居环境整治能够减少疾病传播和促进身心健康（孙前路等，2020）、提高生活质量与满意度（鄂施璇，2021），以及获得表扬、尊重和增加声誉、好评（胡德胜等，2021）；生态效益指的是参与人居环境整治能够减少污染、改善村庄环境（鄂施璇，2021；胡德胜等，2021）。消极认知指农村居民对参与人居环境整治的消极负面看法和认识，如时间、财力、精力等成本投入。认知冲突指的是农村居民对参与人居环境整治同时持有积极和消极这两种矛盾认知达到的水平。

农村居民参与人居环境整治意愿指的是农村居民对参与人居环境整治的心理意向，包括愿意参与和不愿意参与两种情况。

农村居民参与人居环境整治行为响应包括农村居民参与人居环境整治决策和农村居民参与人居环境整治方式两个部分。农村居民参与人居环境整治决策指的是农村居民在面对具体环境整治措施时的实际参与选择；正如上述，农村人居环境整治行动是多项环境整治措施的集合，依据《农村人居环境整治三年行动方案》《“十四五”推进农业农村现代化规划》的重点任务①及调研地实情，本书重点关注了农村居民对使用或建造冲水式卫生厕所、合理排放生活污水、集中处理生活垃圾、绿化村容村貌这4项环境整治措施的实际参与情况。通过询问农村居民“是否已经使用或改造为冲水式卫生厕所”“是否进行养花草、种观赏绿植等绿化村容村貌活动”“是否将生活污水排放至自家或村里统一修的排水设施”“是否将生活垃圾

---

① 《农村人居环境整治三年行动方案》将推进农村生活垃圾治理、开展厕所粪污治理、梯次推进农村生活污水治理、提升村容村貌加强村庄规划管理设为重点任务。《“十四五”推进农业农村现代化规划》提出整治提升农村人居环境是乡村建设行动的主要内容，包括因地制宜推进农村厕所革命、梯次推进农村生活污水治理、健全农村生活垃圾处理长效机制、整体提升村容村貌。

集中扔到村庄公共垃圾站/桶/箱",答案为"是"则视为参与该项措施,包括未参与、参与1项、参与2项、参与3项、参与4项五种情况。农村居民参与人居环境整治方式即农村居民在参与人居环境整治时的方式选择,包括参与投资、参与投劳、参与建言、参与监督。参与投资指的是农村居民在实际参与人居环境整治过程中是否出资,参与投劳指的是农村居民在实际参与人居环境整治过程中是否投工,参与建言指的是农村居民在实际参与人居环境整治过程中是否向村委会建言献策,参与监督指的是农村居民在实际参与人居环境整治过程中是否监督他人破坏村庄居住环境的行为。

农村居民参与人居环境整治意愿和行为的悖离指的是农村居民在参与具体环境整治措施时是否存在意愿与实际行为不一致的情况。以农村居民存在参与意愿和行为悖离的环境整治措施个数来测度,包括未悖离、悖离1项、悖离2项、悖离3项、悖离4项五种情况。

2.3.2　外出务工

遵循学术界对外出务工的概念共识,本书将外出务工定义为居民离开村庄,前往外村、外乡、外县、外省等村庄以外地点谋生的现象,并参考已有学者做法(李芬妮等,2020;杜三峡等,2021;邱翔宇等,2021;李煜阳等,2021),以外出务工成员人数占家庭总人口的比重进行表征,以外出务工收入占家庭总收入的比重作为替换变量展开稳健性检验,以家庭成员平均外出务工时长进行异质性分析。

2.3.3　村庄认同

延续已有成果,本书中的村庄认同指:农村居民对村庄功能状况的认可度及其同村庄的情感关联度,包括功能认同和情感认同两方面。功能认同指的是农村居民对村庄提供的经济、政治、文化、环境等功能状况的评价和认可(辛自强和凌喜欢,2015),包括自治、生活、文化和经济四个方面,采用"村子的村规民约、管理规范得到了大家的认可与遵守""我们村现在的经济发展状况不错"等 8 个指标进行测度。其中，自治认同指的是农村居民对村庄管理水平和制度的认同感（汪伟全和赖天，2020）；生活认同指的是农村居民对村庄生活状况的满意和认同情况（汪伟全和赖天，2020）；文化认同指的是农村居民对当地特定文化、价值观念的体认（徐宁宁等，2021；黄方，2019）；经济认同指的是农村居民对村庄经济发展的看法及认可程度。情感认同指的是农村居民和村庄的情感联结及自身在村集体中的身份认可（唐林等，2019b；李芬妮等，2020a），从村庄情感和身份认同两个方面、采用"我居住的村庄对我有特殊的情感意义""我认可自己是村庄的一分子"等 8 个指标进行测算；村庄情感指的是农村居民在生活和成长过程中对村庄形成的认同、依恋、归属等感觉（胡珺等，2017），身份认同指的是农村居民对村庄成员身份的接纳和认同（唐林等，2019b；李芬妮等，2020a）。

2.4　研究假说

2.4.1　外出务工、村庄认同对农村居民参与人居环境整治认知的影响

2.4.1.1　外出务工影响农村居民参与人居环境整治认知的机理

外出务工对农村居民参与人居环境整治认知的影响或体现在以下三个方面。

针对外出务工和农村居民参与人居环境整治积极认知之间的关系，研究表明，外出务工和农村居民的环境认知正相关（黄婧轩等，2018；唐林等，2021）。这主要由于农村居民在外务工过程中丰富了社交网络，增加了同外界交流和接触的机会，拓宽了接收新鲜、先进思维、理念与事物的来源渠道（邝佛缘等，2018），从而更易获取农村人居环境整治等相关信息；同时，务工地和村庄居住环境的强烈对比使得农村居民直观体会到了环境改善的必要性（孙前路，2019），从而激发其获取助益于居住环境提

质的技术和措施的主动性，增强对相关环境治理知识的了解，亦即外出务工强化农村居民对参与人居环境整治的积极认知。

围绕外出务工和农村居民参与人居环境整治消极认知之间的关系，由于村庄居住环境整治具备非排他性和非竞争性（汪红梅和代昌祺，2020；黄云凌，2020；黄华和姚顺波，2021），即所有农村居民均能享受干净、整洁、舒适的人居环境等整治好处，由此，对于在外务工、一定时间段内同村庄存在空间距离的农村居民而言，这类居民不仅具备较高的村庄事务参与机会成本，同时对于参与农村人居环境整治的预期收益较低（李芬妮等，2020a；黄云凌，2020；闵继胜和刘玲，2015），容易生出自己及家人难以享受同未外出居民相当的居住环境整治利益的想法（唐林等，2019b；伊庆山，2019；程志华，2016；朱凯宁等，2021），从而引发出参与农村人居环境整治成本高、效益低等消极看法，亦即外出务工增强农村居民对参与人居环境整治的消极认知。

正如上述，外出务工会强化农村居民对参与人居环境整治的积极认知和消极认知，亦即认知冲突，但外出务工和认知冲突之间的关系尚无定论。既有学者认为外出务工会促使农村居民产生认知冲突：外出务工因增强了农村居民对保护性耕作技术等新生事物成本、收益、风险等方面的消极认知，从而引致出较高水平的认知冲突（严奉枭和颜廷武，2020）。又有学者持外出务工降低农村居民对事物出现认知冲突的观点，认为认知冲突反映了个体在多大程度上可以容忍负面认知，而外出务工在提升农村居民对技术的积极认知的同时，还增强了农村居民对技术负面认知的容忍程度（Volkow et al.，2016）。综上，外出务工和农村居民认知冲突之间必然存在某种关联，但具体作用方向尚需进一步讨论。

基于上述分析，本书提出假说1：外出务工强化农村居民对参与人居环境整治的积极认知和消极认知、显著影响农村居民对参与人居环境整治的认知冲突。

2.4.1.2　村庄认同影响农村居民参与人居环境整治认知的机理

已有研究指出，农村居民对其实际行为的认知与其家乡认同度关联紧密（郑庆杰和许龙飞，2015），由此，农村居民参与人居环境整治认知或受村庄认同的直接影响。

具体来说，一方面，农村居民对村庄拥有的认同程度越高，意味其不仅同村庄的情感联结较深（李芬妮等，2020a），同时较为认可村庄提供的文化、经济、环境、自治等功能，由此，这类居民将从心理上将自己视作村庄的一分子（吴晓燕，2011），给予涉及村庄当前建设与未来发展规划的事务更多关注（刘霁瑶等，2021；李芬妮等，2020b），并在国家大力推行农村人居环境整治行动时主动响应号召、自发了解和关注改善村庄居住环境的相关事宜，如治理农村人居环境的重要性、益处和具体措施等，从而增强了自身对参与农村人居环境整治的积极认知。

另一方面，研究指出，高村庄认同度的农村居民不仅对村庄事务参与拥有较低的心理成本、较强的责任感和主人翁意识，同时对于参与人居环境整治所带来的村庄环境改善、环境提升后的自豪感和荣誉感等结果预期较好（李芬妮等，2020a）、共同利益的认知越多（李芬妮等，2020b），从而不易对参与农村人居环境整治产生成本高、效益低等消极认知；博纳尤托等（Bonaiuto et al.，1996）的发现亦佐证了上述观点，指出年轻人对地方的认同程度越高、越不容易对周遭居住环境产生负面评价，甚至抱有乐观态度。

此外，当村庄认同可能会增加农村居民对参与人居环境整治的积极认知、降低农村居民对参与人居环境整治的消极认知时，意味着拥有较高村庄认同度的农村居民不易对参与人居环境整治产生相互矛盾的观点，亦即村庄认同降低了农村居民对参与人居环境整治出现认知冲突的可能性。

基于上述分析，本书提出假说 2：村庄认同强化农村居民对参与人居环境整治的积极认知，降低农村居民对参与人居环境整治的消极认知和认知冲突。

2.4.2　外出务工、村庄认同对农村居民参与人居环境整治意愿的影响

2.4.2.1　外出务工影响农村居民参与人居环境整治意愿的机理

关于外出务工和农村居民参与人居环境整治意愿之间的关系，学术界

言人人殊。主张外出务工激发农村居民参与人居环境整治意愿这一观点的学者认为，一方面，农村居民在外务工时受到了都市文明的洗礼，不仅养成了良好卫生习惯和市民化生活方式（杨亚非等，2013），同时还因务工地整洁的居住环境而激发改善家乡生态环境的强烈欲望及提高生活品质的迫切需求（吴建，2012），从而愿意投身农村人居环境整治；另一方面，外出务工通过强化资本禀赋、进而作用于农村居民参与人居环境整治意愿；具体来说，农村居民通过外出务工不仅收获了相较于农业生产10多倍的经济资本积累（齐振宏等，2021；姜长云，2016），同时还增长了有关环境整治的认知和学问（邝佛缘等，2018；黄婧轩等，2018；唐林等，2021；李芬妮等，2020a），逐渐具备追求优质居住场所的条件和动力，从而生出了强烈的参与意愿。

持外出务工抑制农村居民参与人居环境整治意愿观点的学者指出：一是，外出务工将引发农村居民生活面向由村内向村外转变，进而降低其参与村庄公共事务的热情（李芬妮等，2020a）。具体来说，在农村价值生产能力趋于弱化的背景下（贺雪峰，2013；王博和朱玉春，2018），农村居民通过外出务工不仅获得了一定经济收入，同时还在村庄之外实现了自我人生价值和经济获得感的提升，从而对村庄的依赖程度、期望值有所下降（高瑞等，2016；卢秋佳等，2019；张静和吴丽丽，2021），重心更偏向于村外务工地而非同收入来源和生产生活场所重合度低的村庄，最终对环境治理等村内建设问题缺乏关心和投入（徐小荣和孟里中，2018；孙前路，2019）、不愿参与其中。二是，外出务工存在提高农村居民参与村务治理的机会成本（黄云凌，2020；闵继胜和刘玲，2015）、降低利益感知（唐林等，2019c），进而抑制农村人居环境整治参与意愿的可能；具体来说，常年外出务工的农村居民认为自己及家人享受的村庄环境治理好处不及未外出居民（朱凯宁等，2021；黄云凌，2020）、按照家庭人口数收取垃圾清理等环境整治费用的方式不合理（伊庆山，2019），且这些认知和想法会随着家庭务工人员的增多和外出务工时间的增长而越发严重（程志华，2016；唐林等，2019c），从而导致居民对参与农村人居环境整治的兴致不高。三是，受传统性别观念中"男主外、女主内"思想影响，男性往往成为农村剩余劳动力转移的主力军（史恒通等，2017），女性则成为守卫后方、处理家庭事务的主体，即外出务工将引发家庭决策主体变化——女性决策占比的增加（贾蕊和陆迁，2019；周春霞，2012），但女性决策和行为意愿之间的关系尚存争论。既有学者认为女性的目光和精力更多聚焦在私人领域和家庭事务的处理上（贾蕊和陆迁，2019；李芬妮等，2020a），相对缺乏同外界交流、接触新生事物的机会，从而对农村人居环境整治等新事物的了解和关注度不足（Doss and Morris，2001；杨翠萍，2006），参与环境治理意愿亦比男性低 16.43%（卢秋佳等，2019）；也有学者认为女性农村居民因长期滞留在村、有更多机会接触和参与农村公共事务而成为环境治理的主要参与者，加之其更为在意脏乱差的生活环境对家人健康的不良影响（苏淑仪等，2020；杨玉静，2010），追求高水平的生活质量（李芬妮等，2020b），因而改善村庄人居环境的意愿也更为强烈。

综上所述，外出务工既可能对农村居民参与人居环境整治意愿存在积极作用，亦可能产生负向影响，具体的作用方向有待考察。由此，本书提出假说 3：外出务工显著影响农村居民参与人居环境整治意愿。

2.4.2.2 村庄认同影响农村居民参与人居环境整治意愿的机理

村庄认同至少在以下三个方面正向影响农村居民参与人居环境整治意愿。

一是村庄认同有利于减少农村居民以破坏村庄人居环境为代价的自利心理。依据"理性人"设定，个体总是利己的、谋求最大利润。但研究发现，高村庄认同度会降低个体对公共资源的消耗（Van Vugt，2001），促进其利益趋同（吴理财，2011）或将集体利益置于个人利益之上（王亮，2006），并对村庄形成稳定的未来预期（贺雪峰，2013；赵晓峰和付少平，2013），从而促使农村居民从长期利益出发（王亮，2006），主动承担更多责任与义务以谋求村庄的长远发展（Lu，2008）。相反，低村庄认同度的农村居民因对村子的情感和功能认可程度较低，将更多地从自身短期利益出发，不仅对农村人居环境整治这一集体行动表现出事不关己、漠不关心的态度，甚至还将不顾村庄共同利益，产生以破坏人居环境为代价的利己行为（李芬妮等，2020b）。

二是村庄认同有利于推动农村居民树立保护村庄环境的行为目标。高村庄认同度会促使农村居民形成共同体的感觉，推动其将个体行为目标转移到集体层面（Chen et al.，2007；方凯等，2013），并降低参与村庄事务的交易成本，增进村庄内部居民之间的信任水平、交流互动和互惠互助（辛自强和凌喜欢，2015；黄云凌，2021；Yang and Xin，2016；Hays and Kogl，2007；Pei，2019），从而提高农村居民加强合作或努力追求集体利益的可能性（Bonaiuto et al.，2008）。因此，当农村人居环境整治这一集体目标得以确立后，具有高村庄认同度的居民会考虑其成员身份，将其视作自己的行动目标，表现出较强参与积极性（李芬妮等，2020b）。相反，低村庄认同度居民因未将自己视作村庄的一分子，从而在面对农村人居环境整治参与这一号召时不予考虑，甚至不顾自身行为对村庄环境的影响（李芬妮等，2020b）。

三是村庄认同有利于促使农村居民表现出对村庄环境的友好态度。人文地理学的相关观点认为，人们对资源环境的态度由地方认同、地方依恋等形成"人—地关系"影响（Hernández et al.，2010）。地方认同和依恋不仅能促使人们表现出对环境保护的支持态度（Vaske and Kobrin，2001；Carrus et al.，2005）和关心（Kyle et al.，2003），同时还将直接助益于环境保护意愿的激发（Moulay et al.，2018；Scannell and gifford，2010；Chen et al.，2018；王学婷等，2020）和增强（Stedman，2002；Gosling and Williams，2010；Ramkissoon et al.，2012），而"地方"这一概念可延伸至"村庄"（胡珺等，2017；李芬妮等，2020a）。由此，当农村居民拥有高村庄认同度时，将对村庄人居环境表现出更友好的态度，从而更愿意参与农村人居环境整治。

基于上述分析，本书提出假说4：村庄认同激发农村居民参与人居环境整治意愿。

进一步，不同村庄认同度下外出务工对农村居民参与人居环境整治意愿的影响或有差别。具体来说，当农村居民是低村庄认同度时，其同村庄的情感联结较弱、对村庄的功能认可度较低，而外出务工所引致的空间距离将使其同村庄之间的纽带联系日趋脆弱（王博和朱玉春，2018），故而，纵使该类居民通过外出务工实现了禀赋的积攒，较低的村庄认同度亦导致他们对需耗费一定人力、精力、财力的农村人居环境整治兴致泛泛（李芬

妮等，2020a）。而当农村居民对村庄持有较高认同度时，说明其对村庄的
情感较深、对村庄提供的各项功能亦较为认可，这类居民即便是长期在外
务工、不在村庄，也将主动关注村庄事务动态、格外心系村庄建设（贺雪
峰，2013；李芬妮等，2020a），进而在农村人居环境整治行动上表现出较
为强烈的参与意愿。

　　基于上述分析，本书提出假说 5：村庄认同在外出务工影响农村居民
参与人居环境整治意愿中存在一定调节作用。

2.4.3　外出务工、村庄认同对农村居民参与环境整治行为响应的影响

2.4.3.1　外出务工影响农村居民参与人居环境整治行为响应的机理

　　正如外出务工和农村居民参与人居环境整治意愿之间的关系颇具争议
一样，关于外出务工在农村居民参与人居环境整治行为响应中究竟发挥何
种效应，学者们众说纷纭。

　　持正向影响看法的学者指出：一方面，农村居民在外务工期间，通过
"干中学"实现了劳动技能的提升（齐振宏等，2021）、环境认知水平的提
高（唐林等，2021）、干净卫生生活方式的培养（杨亚非等，2013）、掌握
和实施环境整治措施能力的增强，从而提升了践行农村人居环境整治行为
的概率；此外，外出务工还提升了农村居民的政治参与意识（陈梦琦和李
晓广，2018）、拓宽了参与村务决策的广度（李志军，2013）、增强了清晰
表达自身权益的诉求（陈梦琦和李晓广，2018），从而极大提升了农村居
民以建言等智力方式参与人居环境整治的可能性。另一方面，外出务工存
在收入效应（钱龙和钱文荣，2018），通过提高农村居民的经济资本积累
（李芬妮和张俊飚，2021），使其具备支付生活垃圾清理和转运费用、修建
卫生化厕所、沼气池、排污管道等环境整治设施的经济实力和对生活品质
的高需求，从而提高了农村居民实施环境整治措施的概率。此外，研究表
明，外出务工居民更具备为治理农村环境捐钱的经济能力（唐林等，
2021），家庭成员的外出务工举动亦有助于促使居民以投资方式改善农村
生产环境（钱龙和钱文荣，2018），由此，外出务工还增加了农村居民以

投资方式参与人居环境整治的可能性。

持负向影响观点的学者则认为：随着家中外出谋生成员数量的增加、村庄人口外出务工比例的提升，农村居民出现生活面向由村内向村外转变、女性决策占比增加、参与环境治理机会成本提高、环境改善利益感知减少、提升影响力需求弱化的可能性亦将增大，从而在响应农村人居环境整治行动上的积极性不高（黄云凌，2020；闵继胜和刘玲，2015；李芬妮等，2020a；唐林等，2019c）。此外，研究表明，外出务工因引发劳动力流失效应（钱龙和钱文荣，2018）、提高参与人居环境整治的机会成本而抑制农村居民选择费力、耗时的人居环境整治参与方式；例如，马春霞（2019）指出，农村劳动力大规模外出务工增加了组织群众投劳的难度，导致村庄公共工程难以建成。

综上所述，外出务工影响农村居民参与人居环境整治行为响应已不容置疑，但二者之间究竟表现为正相关还是负相关关系尚待更为翔实的论证。

基于上述分析，本书提出假说6：外出务工显著影响农村居民参与人居环境整治行为响应。

2.4.3.2　村庄认同影响农村居民参与人居环境整治行为响应的机理

村庄认同对农村居民参与人居环境整治行为响应的积极作用已被学者们所广泛认可。研究指出，村庄认同因减少农村居民以破坏村庄人居环境为代价的利己行为、促使表现出对村庄环境更友好的态度、推动树立保护村庄环境的行为目标和态度，而直接促使其加入农村人居环境整治队伍（李芬妮等，2020b；党亚飞，2019），亦即村庄认同度每提高1个单位，农村居民发生环境保护行为的概率变大1.13倍（党亚飞，2019）。此外，李芬妮等（2020a）、唐林等（2019b）借助二元Logit模型分析湖北省农村居民后指出，村庄认同不仅同农村居民参与人居环境整治行为之间呈现出直接正相关关系，同时，农村居民对村集体的认同还将通过面子观念这一路径间接推动其投身到生活垃圾处理这类村庄集体行动中去。

进一步，如成语"造福桑梓""回馈乡里"所言，村庄认同还有助于激发个体以各种方式参与事务治理。研究发现，农村居民的乡土情结越深、以供给村庄公共品的形式助力家乡建设的积极性越大（庄晋财和陈聪, 2018); 农村居民拥有的心理认同越强、为乡村垃圾处理投资的主动性就越强 (张嘉琪等, 2021); 农村居民对地方的归属感将促使其主动出钱出力、投身集体活动 (于涛, 2020)。类似地, 高管对家乡的认同感增加了其对环境投资的概率 (胡珺等, 2017); 社区认同有助于推动居民积极参与社区治理和公众监督 (王峰, 2020); 旅游者的地方认同度会刺激其付出时间、财力、精力并出现口碑宣传、重购等行为 (Kyle et al. , 2005)。

基于上述分析, 本书提出假说 7: 村庄认同推动农村居民对参与人居环境整治做出行为响应。

进一步, 在同样的外出务工情境下, 不同村庄认同度会导致农村居民在参与人居环境整治行为响应中有所差别。具体来说, 外出务工对农村居民参与人居环境整治而言是一把 "双刃剑", 农村居民依靠在外打工既能实现禀赋的积攒、见识的开阔、能力的提升、良好习惯的培养 (唐林等, 2021; 李芬妮和张俊飚, 2021), 也将引发与村庄的空间隔阂、情感疏离 (王博和朱玉春, 2018)。由此, 若农村居民属于低村庄认同度, 意味着其本身同村庄的情感联结便趋于脆弱并缺乏参与村庄建设的能动性, 即便这类居民通过外出务工积累了一定环保知识、卫生理念与经济资本, 外出务工的负向效应也将在一定程度上抵消其正向效应, 从而降低该类群体响应村庄人居环境整治的积极性。与之相反的是, 当农村居民对村庄持有较高认同度时, 意味着其与村庄之间的纽带联系紧密、积极关注并参与村庄建设发展, "离土不离乡" 意识强烈, 此时面对相同的外出务工情境时, 外出务工的负向效应将会消解 (李芬妮等, 2020a), "干中学" 和流动性约束缓解等正向效应得以强化, 高村庄认同度的农村居民会积极响应人居环境整治行动, 将务工的收入所得、知识所学充分运用在人居环境整治参与上, 或是以支付垃圾和污水处理费用、出资修建环境治理设施等投资方式参与人居环境整治, 或是借助在外务工的信息获取和知识储备优势、针对当前村庄环境治理现状及未来改进方向建言献策, 或是监督他人采取合意的环境保护行为等 (李芬妮等, 2020a, 2021)。

基于上述分析, 本书提出假说 8: 村庄认同在外出务工影响农村居民参与人居环境整治行为响应中存在一定调节作用。

2.4.4 研究分析框架

农村居民参与人居环境整治必然是权衡内外部因素后的结果。本书的外部因素体现为外出务工，内部因素则为村庄认同；前者会引致出农村居民在生活习惯、禀赋积累、生活面向、家庭决策主体、成本与收益感知等方面发生一定变化，进而影响其参与农村人居环境整治认知、意愿和行为响应；后者为农村居民参与村庄事务提供内在驱动力，在一定情况下甚至能够扭转外出务工的作用方向（李芬妮等，2020a），即村庄认同不仅能直接作用于农村居民的人居环境整治参与，同时还能调节外出务工对农村居民参与人居环境整治的影响。由此，农村居民参与人居环境整治受外出务工和村庄认同的共同影响，具体分析框架如图 2-1 所示。

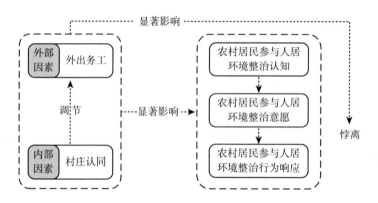

图 2-1　分析框架

第3章

农村居民参与人居环境
整治的现状与分析

本章首先基于中央与地方的政策文件、统计资料，梳理了全国与湖北省农村人居环境整治的基本情况；之后，基于湖北省 777 份调研数据，描述了农村居民在参与人居环境整治认知、意愿、决策、方式、效果评价等方面的现实情况；最后，基于前文分析结果，总结农村居民在参与人居环境整治过程中存在的问题，从而为后续实证章节的展开进行铺垫。

 我国农村人居环境整治的基本情况

3.1.1 我国农村人居环境整治的发展历程

（1）萌芽阶段（1949～1973 年）。

以 1973 年首届全国环境保护会议为分界线，在此之前，我国农村环境政策基本属于一片空白（杜焱强，2019）。此次会议举办后，我国拉开了环境保护工作的帷幕。第二年，国务院环境保护领导小组诞生，并着手考察和改善北京市西郊、蓟云河以及保定市白洋淀等地区的环境。然而，这一阶段生态环境整治工作的重点并不在农村，而在于工业与城市（杜焱强，2019）。

（2）起步阶段（1974～2005年）。

随着"三废"逐渐由城市转移到农村，我国开始意识到农村环境污染治理与保护的重要性。通过梳理我国农村人居环境整治相关文件及其主要内容（见图3-1）不难看出，治理农村生态环境等字眼不仅在1982～1986年的中央一号文件、《国务院关于进一步加强环境保护工作的决定》等政策文件中多次出现，同时，《中华人民共和国环境保护法（试行）》《中华人民共和国农业法》等法规的发布开启了法律助力农村环保工作的篇章。1983年，第二次全国环境保护会议将环境保护纳入基本国策；1993年发布的《村庄和集镇规划建设管理条例》更标志着农村生活环境初登历史舞台（杜焱强，2019）。之后，1995年的《中国环境状况公报》第一次对乡村环境的污染情况进行了全面汇报。1998年，我国不仅设立了以保护农村生态环境为工作职责的农村处（孙炳彦，2020；金书秦和韩冬梅，2015），更是提出了《中共中央关于农业和农村工作若干重大问题的决定》，从此，乡村环境保护在工作议程中占有一席之地。1999年，我国第一个专门针对乡村环保问题的文件——《国家环境保护总局关于加强农村生态环境保护工作的若干意见》出台。进入21世纪后，随着可持续发展观念的确立与深入，我国开始越发重视农村环境治理工作，于2000年发布了《全国生态环境保护纲要》，并确立了2050年实现城乡环境清洁的目标；2001年的《国家环境保护"十五"计划》、2004～2005年的中央一号文件均对农村环境治理展开了规划与布局；2005年，我国将"村容整洁"作为社会主义新农村建设方针之一提出，强调要加强农村环境卫生的治理工作。总体而言，该阶段的环境治理工作虽涉及农村居民的生活领域，如厕所、饮水、卫生、能源等，但焦点仍在农业污染防治层面（杜焱强，2019），而未具体到农村人居环境层面。

（3）发展阶段（2006～2012年）。

随着农村环境污染问题逐渐成为阻碍我国农村居民生活水平提高的一块拦路石，一系列有关农村人居环境整治的专项法规、政策及标准得以建立，农村环境保护问题更是随着2008年第一次农村环保会议的举办而被提升至关键的战略位置。政策上，2006～2012年中央一号文件、《农业部办公厅关于开展"美丽乡村"创建活动的意见》等文件针对村庄居住环境治理做出了顶层设计（见图3-2）。财政上，为支持农村环境整治，中央于

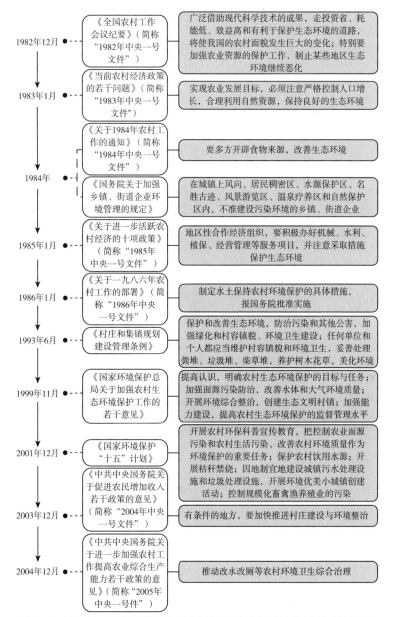

图 3 - 1　1982 ~ 2004 年我国农村人居环境整治相关文件及其主要内容

　　资料来源: 村庄和集镇规划建设管理条例 (中华人民共和国国务院令第 116 号) [EB/OL].
国土资源部门户网站, 1993 - 06 - 29; 关于印发《国家环境保护总局关于加强农村生态环境保
护工作的若干意见》的通知 [EB/OL]. 中华人民共和国生态环境部, 1999 - 11 - 01; 关于印发
《国家环境保护"十五"计划》的通知 [EB/OL]. 中国政府网, 2001 - 12 - 30; 2004 年中央一
号文件《中共中央 国务院关于促进农民增加收入若干政策的意见》[EB/OL]. 中央政府门户网
站, 2006 - 02 - 22; 2005 年中央一号文件《中共中央 国务院关于进一步加强农村工作提高农业
综合生产能力若干政策的意见》, [EB/OL]. 中央政府门户网站, 2006 - 02 - 22.

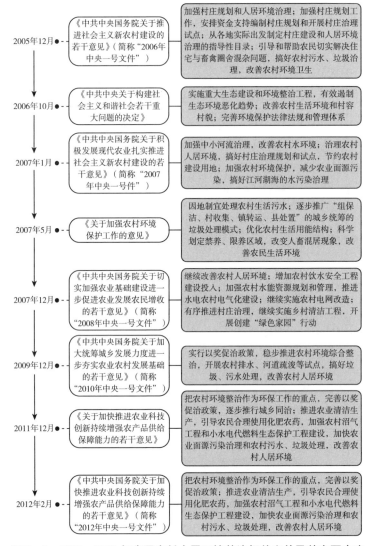

图 3 - 2 2005 ~ 2012 年我国农村人居环境整治相关文件及其主要内容

资料来源：2006 年中央一号文件：中共中央 国务院关于推进社会主义新农村建设的若干意见 [EB/OL]. 中华人民共和国农业农村部，2012 - 02 - 14；中共中央关于构建社会主义和谐社会若干重大问题的决定 [EB/OL]. 中国政府网，2006 - 10 - 11；2007 年中央一号文件：中共中央 国务院关于积极发展现代农业扎实推进社会主义新农村建设的若干意见 [EB/OL]. 中华人民共和国农业农村部，2012 - 02 - 15；关于加强农村环境保护工作的意见 [EB/OL]. 中华人民共和国生态环境部，2007 - 05 - 21；2008 年中央一号文件：中共中央 国务院关于切实加强农业基础建设进一步促进农业发展农民增收的若干意见 [EB/OL]. 中华人民共和国农业农村部，2012 - 02 - 15；2010 年中央一号文件：中共中央 国务院关于加大统筹城乡发展力度进一步夯实农业农村发展基础的若干意见 [EB/OL]. 中华人民共和国农业农村部，2012 - 02 - 15；中共中央 国务院关于加快推进农业科技创新 持续增强农产品供给保障能力的若干意见 [EB/OL]. 中国政府网，2011 - 12 - 31；中共中央、国务院印发《关于加快推进农业科技创新持续增强农产品供给保障能力的若干意见》（全文）[EB/OL]. 中华人民共和国农业农村部，2012 - 02 - 02.

2008 年专门成立了环保部、投入了 5 亿元专项资金，并在四年后追加 50 亿元的投资（杜焱强，2019）。法律上，2008 年的《中华人民共和国循环经济促进法》、2013 年的《关于全面深化改革若干重大问题的决定》均从体制层面健全了生态环境整治和建设，从而在一定程度上为农村环境治理提供了有力保障。

（4）深化阶段（2013 年至今）。

随着生态文明建设进程的加快以及乡村振兴战略对村庄人居环境的优化和提质做出指示，我国农村人居环境整治工作迈入全面深化的新阶段。这一阶段，我国不仅从政策、法规、项目研发、技术标准等方面对农村人居环境整治进行了系统安排，同时，整治内容逐步由饮水、道路、环境卫生、电力、生产经营等向网络、住房、物流、文化、不良习惯等细分领域拓展。具体来说，政策上，2013 ~ 2022 年的中央一号文件、《关于开展"美丽乡村"创建活动的意见》等文件接连发布（见图 3 - 3），为农村人居环境整治工作加固了组织架构（马文生等，2021）。财政上，2019 年，相关部门公布了《农村人居环境整治激励措施实施办法》，累计投入 400 亿元资金用于奖励农村人居环境整治成效显著的地方（马文生等，2021）。法规上，2014 年的《中华人民共和国环境保护法》、2016 年的《中华人民共和国环境保护税法》、2020 年的《关于加强法治乡村建设的意见》《中华人民共和国乡村振兴促进法》等，为深化农业农村环境保护奠定了扎实基础。项目研发上，自 2018 年以来，国家累计拨付近 10 亿元经费，用于污水、垃圾和厕所等农村人居环境整治相关项目的攻关；2019 年，《创新驱动乡村振兴发展专项规划（2018 - 2022 年）》发表，"绿色宜居村镇技术创新"通知立项，指出应围绕涉及饮用水水质提升、生活污水和垃圾处理、村庄发展策划等村庄居住环境整治技术进行科研攻关（马文生等，2021）。标准规范上，2019 年的《农村生活污水处理工程技术标准》、2020 年的《农村三格式户厕运行维护规范》《农村集中下水道收集户厕建设技术规范》《农村户厕评价标准》、2021 年的《关于推动农村人居环境标准体系建设的指导意见》，实现了环境整治标准体系框架的确立和健全（马文生等，2021）。

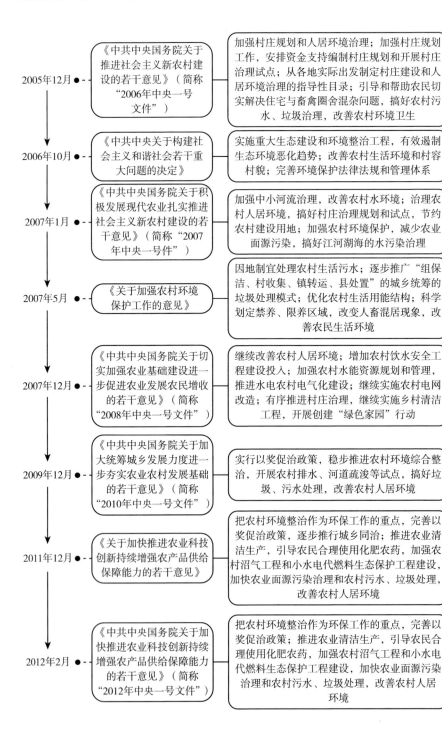

时间	文件	内容
2005年12月	《中共中央国务院关于推进社会主义新农村建设的若干意见》（简称"2006年中央一号文件"）	加强村庄规划和人居环境治理；加强村庄规划工作，安排资金支持编制村庄规划和开展村庄治理试点；从各地实际出发制定村庄建设和人居环境治理的指导性目录；引导和帮助农民切实解决住宅与畜禽圈舍混杂问题，搞好农村污水、垃圾治理，改善农村环境卫生
2006年10月	《中共中央关于构建社会主义和谐社会若干重大问题的决定》	实施重大生态建设和环境整治工程，有效遏制生态环境恶化趋势；改善农村生活环境和村容村貌；完善环境保护法律法规和管理体系
2007年1月	《中共中央国务院关于积极发展现代农业扎实推进社会主义新农村建设的若干意见》（简称"2007年中央一号件"）	加强中小河流治理，改善农村水环境；治理农村人居环境，搞好村庄治理规划和试点，节约农村建设用地；加强农村环境保护，减少农业面源污染，搞好江河湖海的水污染治理
2007年5月	《关于加强农村环境保护工作的意见》	因地制宜处理农村生活污水；逐步推广"组保洁、村收集、镇转运、县处置"的城乡统筹的垃圾处理模式；优化农村生活用能结构；科学划定禁养、限养区域，改变人畜混居现象，改善农民生活环境
2007年12月	《中共中央国务院关于切实加强农业基础建设进一步促进农业发展农民增收的若干意见》（简称"2008年中央一号文件"）	继续改善农村人居环境；增加农村饮水安全工程建设投入；加强农村水能资源规划和管理，推进水电农村电气化建设；继续实施农村电网改造；有序推进村庄治理，继续实施乡村清洁工程，开展创建"绿色家园"行动
2009年12月	《中共中央国务院关于加大统筹城乡发展力度进一步夯实农业农村发展基础的若干意见》（简称"2010年中央一号文件"）	实行以奖促治政策，稳步推进农村环境综合整治，开展农村排水、河道疏浚等试点，搞好垃圾、污水处理，改善农村人居环境
2011年12月	《关于加快推进农业科技创新持续增强农产品供给保障能力的若干意见》	把农村环境整治作为环保工作的重点，完善以奖促治政策，逐步推行城乡同治；推进农业清洁生产，引导农民合理使用化肥农药，加强农村沼气工程和小水电代燃料生态保护工程建设，加快农业面源污染治理和农村污水、垃圾处理，改善农村人居环境
2012年2月	《中共中央国务院关于加快推进农业科技创新持续增强农产品供给保障能力的若干意见》（简称"2012年中央一号文件"）	把农村环境整治作为环保工作的重点，完善以奖促治政策；推进农业清洁生产，引导农民合理使用化肥农药，加强农村沼气工程和小水电代燃料生态保护工程建设，加快农业面源污染治理和农村污水、垃圾处理，改善农村人居环境

2021年12月 ●----

《农村人居环境整治提升五年行动方案（2021—2025年）》

扎实推进农村厕所革命，逐步普及农村卫生厕所，切实提高改厕质量，加强厕所粪污无害化处理与资源化利用；加快推进农村生活污水治理，分区分类推进治理，加强农村黑臭水体治理；全面提升农村生活垃圾治理水平，健全生活垃圾收运处置体系，推进农村生活垃圾分类减量与利用；推动村容村貌整体提升，改善村庄公共环境，推进乡村绿化美化，加强乡村风貌引导；建立健全长效管护机制，持续开展村庄清洁行动，健全农村人居环境长效管护机制；充分发挥农民主体作用，加大政策支持力度，强化组织保障

《中共中央 国务院关于做好2022年全面推进乡村振兴重点工作的意见》（简称"2022年中央一号文件"）

接续实施农村人居环境整治提升五年行动；从农民实际需求出发推进农村改厕，具备条件的地方可推广水冲卫生厕所，统筹做好供水保障和污水处理；不具备条件的可建设卫生旱厕。巩固户厕问题摸排整改成果。分区分类推进农村生活污水治理，优先治理人口集中村庄，不适宜集中处理的推进小型化生态化治理和污水资源化利用。加快推进农村黑臭水体治理。推进生活垃圾源头分类减量，加强村庄有机废弃物综合处置利用设施建设，推进就地利用处理。深入实施村庄清洁行动和绿化美化行动

2022年2月 ●----

《"十四五"推进农业农村现代化规划》

因地制宜推进农村厕所革命：加强中西部地区农村户用厕所改造，引导新改户用厕所入院入室；推进农村厕所革命与生活污水治理有机衔接，鼓励联户、联村、村镇一体处理。梯次推进农村生活污水治理：以县域为基本单元，以乡镇政府驻地和中心村为重点梯次推进农村生活污水治理；有条件的地区统筹城乡生活污水处理设施建设和管护。健全农村生活垃圾处理长效机制：推进农村生活垃圾源头分类减量，探索农村生活垃圾就地就近处理和资源化利用的有效路径；完善农村生活垃圾收运处置体系，健全农村再生资源回收利用网络。整体提升村容村貌：深入开展村庄清洁和绿化行动，实现村庄公共空间及庭院房屋、村庄周边干净整洁。

图 3 - 3　2005 年至今我国农村人居环境整治相关文件及其主要内容

资料来源：中共中央 国务院关于加快发展现代农业 进一步增强农村发展活力的若干意见（全文）［EB/OL］. 中华人民共和国农业农村部，2013 - 02 - 01；国务院办公厅关于改善农村人居环境的指导意见［EB/OL］. 中华人民共和国中央人民政府网，2014 - 05 - 29；全国农村环境综合整治"十三五"规划［EB/OL］. 新疆维吾尔自治区生态环境厅，2017 - 03 - 24；中共中央 国务院关于深入推进农业供给侧结构性改革加快培育农业农村发展新动能的若干意见［EB/OL］. 中华人民共和国农业农村部，2017 - 02 - 06；中共中央办公厅 国务院办公厅印发《农村人居环境整治三年行动方案》［EB/OL］. 中国政府网，2018；中共中央 国务院印发《乡村振兴战略规划（2018 - 2022 年）》［EB/OL］. 中华人民共和国农业农村部，2018 - 09 - 26；中央农办 农业农村部等 18 部门关于印发《农村人居环境整治村庄清洁行动方案》的通知 ［EB/OL］. 中华人民共和国农业农村部，2019 - 01 - 08；中共中央 国务院 关于抓好"三农"领域重点工作 确保如期实现全面小康的意见 ［EB/OL］. 中华人民共和国农业农村部，2020 - 02 - 05；中共中央关于制定国民经济和社会发展第十四个五年规划和二〇三五年远景目标的建议 ［EB/OL］. 中国政府网，2020 - 11 - 03；中共中央 国务院关于全面推进乡村振兴加快农业农村现代化的意见 ［EB/OL］. 中国政府网，2021 - 02 - 21；中共中央办公厅 国务院办公厅印发《农村人居环境整治提升五年行动方案（2021 - 2025 年）》［EB/OL］. 中国政府网，2021 - 12 - 05；（受权发布）中共中央 国务院关于做好 2022 年全面推进乡村振兴重点工作的意见 ［EB/OL］. 新华网，2022 - 02 - 22；国务院关于印发"十四五"推进农业农村现代化规划的通知 ［EB/OL］. 中国政府网，2022 - 02 - 11.

3.1.2 我国农村人居环境整治的成效

借助历年《中国卫生健康统计年鉴》《中国农村统计年鉴》《中国城乡建设统计年鉴》等资料，本章从农村卫生厕所改造、生活污水治理、生活垃圾处理、村容村貌改善、村庄规划建设管理等五个方面梳理我国农村人居环境整治成效。

（1）农村卫生厕所改造。

根据1993～2017年农村卫生厕所使用情况不难看出（见表3-1），我国在改造农村厕所上取得了显著成果，超八成村庄已普及卫生厕所。具体来说，就累计使用卫生厕所户数而言，1999～2017年，这一指标由8510万户扩大至21701万户，增长了2.5倍，但增速逐渐放缓，从2000年的12.48%下降至2017年的1.12%；累计使用卫生公厕户数方面，2001～2017年，这一指标由852.8万户扩大至2997.7万户，增长了3.5倍，但增长的速度明显变缓，从2002年的19.44%下降至2017年的-14.42%。卫生厕所普及率由1993年的7.5%（王宾和于法稳，2021）增长至2017年的81.7%，增长了74.2%，无害化卫生厕所普及率由1999年的29.5%增加到2017年的62.7%，增长了33.2%。

表3-1　　　　　　1993～2017年全国农村卫生厕所使用情况

年份	累计使用卫生厕所		累计使用卫生公厕		卫生厕所普及率（%）	无害化卫生厕所普及率（粪便无害化处理率,%）
	户数（万户）	增速（%）	户数（万户）	增速（%）		
1993	—		—		7.5	
1999	8510	—	—		39.8	29.5
2000	9572	12.48	—		44.8	31.2
2001	11405	19.15	852.8	—	46.1	49.5
2002	12062	5.76	1018.6	19.44	48.7	52.8
2003	12624	4.66	1080.6	6.09	50.9	55.3
2004	13192	4.50	1095.2	1.35	53.1	57.5
2005	13740	4.15	1034.1	-5.58	55.3	59.5
2006	13873	0.97	2126.3	105.62	55.0	32.3

续表

年份	累计使用卫生厕所		累计使用卫生公厕		卫生厕所普及率（%）	无害化卫生厕所普及率（粪便无害化处理率,%）
	户数（万户）	增速（%）	户数（万户）	增速（%）		
2007	14442	4.10	2049.0	-3.64	57.0	34.8
2008	15166	5.01	2739.5	33.70	59.7	37.7
2009	16056	5.87	2970.7	8.44	63.2	40.5
2010	17138	6.74	2827.7	-4.81	67.4	45.0
2011	18019	5.14	2972.8	5.13	69.2	47.3
2012	18628	3.38	2896.6	-2.56	71.2	49.7
2013	19401	4.15	3165.1	9.27	74.1	52.4
2014	19939	2.77	3990.9	26.09	76.1	55.2
2015	20684	3.74	3879.5	-2.79	78.4	57.5
2016	21460	3.75	3502.6	-9.72	80.3	60.5
2017	21701	1.12	2997.7	-14.42	81.7	62.7

注：1993 年的卫生厕所普及率整理自王宾和于法稳（2021）。1999~2017 年累计使用卫生厕所户数、卫生厕所普及率和无害化卫生厕所普及率（该指标在 2003~2006 年的《中国卫生健康统计年鉴》中被称为粪便无害化处理率）整理自《中国卫生健康统计年鉴》。由于笔者水平有限，未能收集到 1993~1999 年数据，故该年份区间存在数据缺失。累计使用卫生公厕户数整理自 2001~2017 年的《中国农村统计年鉴》。《中国卫生健康统计年鉴》《中国农村统计年鉴》对全国农村卫生厕所使用的统计仅到 2017 年。

（2）农村生活污水处理。

根据 2006~2020 年全国农村生活污水处理情况可以发现（见表 3 - 2），我国在农村生活污水处理上取得了显著成效，污水处理率、工厂数、处理投入持续增加，但各行政区划的生活污水治理效果差距明显，仍有极大提升空间。具体来说，污水处理率方面，这一指标在建制镇、乡、镇乡级特殊区域是从 2015 年的 50.95%、11.46%、40.75% 上升至 2020 年的 60.98%、21.67%、63.14%。污水处理厂集中处理率方面，这一指标在建制镇、乡、镇乡级特殊区域是从 2015 年的 41.57%、5.42%、29.25% 上升至 2020 年的 52.14%、13.43%、50.40%。对生活污水进行处理的建制镇、乡、镇乡级特殊区域比例分别从 2013 年的 18.90%、5.10%、5.10% 上升至 2020 年的 65.35%、34.87%、52.35%，这一指标在村庄是从 2006 年的 1.00% 上升至 2016 年的 20.00%。污水处理厂（建设）数量方面，这一指标在建制镇、乡、镇乡级特殊区域是从 2007 年的 763 座、39 座、6 座

表3-2

2006~2020年全国农村生活污水处理情况

年份	污水处理率（%）建制镇	污水处理率（%）乡	污水处理率（%）镇乡级特殊区域	污水处理厂集中处理率（%）建制镇	污水处理厂集中处理率（%）乡	污水处理厂集中处理率（%）镇乡级特殊区域	对生活污水进行处理的比例（%）建制镇	对生活污水进行处理的比例（%）乡	对生活污水进行处理的比例（%）镇乡级特殊区域	对生活污水进行处理的比例（%）村	污水处理厂（座）建制镇	污水处理厂（座）乡	污水处理厂（座）镇乡级特殊区域	污水处理投入 数量（亿元）建制镇	数量（亿元）乡	数量（亿元）镇乡级特殊区域	数量（亿元）村	占本年建设投入比重（%）建制镇	占本年建设投入比重（%）乡	占本年建设投入比重（%）镇乡级特殊区域	占本年建设投入比重（%）村
2006	—	—	—	—	—	—	—	—	—	1.00	—	—	—	—	—	—	—	—	—	—	—
2007	—	—	—	—	—	—	—	—	—	2.62	763	39	6	29.40	0.84	0.25	—	1.00	0.24	0.42	—
2008	—	—	—	—	—	—	—	—	—	3.37	919	65	8	53.28	1.03	0.41	—	1.62	0.24	0.50	—
2009	—	—	—	—	—	—	—	—	—	4.90	1255	90	13	61.05	1.63	0.31	—	1.69	0.35	0.25	—
2010	—	—	—	—	—	—	—	—	—	6.00	1625	123	22	81.47	2.26	0.90	—	1.87	0.41	0.45	—
2011	—	—	—	—	—	—	—	—	—	6.73	1651	123	20	75.12	3.00	0.33	—	1.50	0.56	0.15	—
2012	—	—	—	—	—	—	—	—	—	7.67	2158	276	25	81.02	3.38	0.90	—	1.41	0.53	0.35	—
2013	—	—	—	—	—	—	18.90	5.10	5.10	9.09	2060	220	21	102.80	3.10	0.82	32.49	1.44	0.44	0.42	0.40
2014	—	—	—	—	—	—	21.70	6.10	6.00	9.98	2961	389	27	126.00	4.36	0.80	63.77	1.76	0.65	0.47	0.79
2015	50.95	11.46	40.75	41.57	5.42	29.25	25.30	7.10	8.70	11.44	3076	361	41	126.46	5.39	1.44	93.60	1.86	0.96	1.11	1.14
2016	52.64	11.38	59.32	42.49	5.92	48.78	28.02	9.04	21.42	20.00	3409	441	135	120.67	5.28	1.89	98.70	1.77	1.01	0.79	1.19
2017	49.35	17.19	52.06	39.56	8.20	45.07	47.06	25.13	37.98	—	4810	874	195	163.64	12.41	2.18	144.17	2.21	1.90	0.99	1.57
2018	53.18	18.75	51.35	42.97	11.12	45.45	53.17	30.53	45.09	—	7687	1678	250	235.83	21.48	3.40	226.22	3.12	3.46	1.81	2.30
2019	54.43	18.21	62.97	45.26	12.27	55.91	59.67	33.30	53.46	—	10650	1830	219	271.31	29.77	4.87	275.69	3.25	4.48	2.50	2.71
2020	60.98	21.67	63.14	52.14	13.43	50.40	65.35	34.87	52.35	—	11374	2170	170	374.05	27.29	4.39	352.44	3.86	3.50	2.06	3.06

注：2006~2020年的《中国城乡建设统计年鉴》仅统计了建制镇、乡、镇乡级特殊区域的污水处理率和污水集中处理率，污水处理厂集中处理厂座数，未统计村庄层面的情况。2006年的《中国城乡建设统计年鉴》开始统计对生活污水进行处理的村庄比例，截至2016年不再统计，故2017~2020年数据缺失。2007年的《中国城乡建设统计年鉴》开始统计对生活污水进行处理的建制镇、乡、镇乡级特殊区域比例，故2006~2012年的数据缺失。2013年的《中国城乡建设统计年鉴》开始统计建制镇、乡、镇乡级特殊区域的污水处理投入，故2006年的数据缺失。2013年的《中国城乡建设统计年鉴》开始统计村庄的污水处理投入，故2006~2012年的数据缺失。

资料来源：2006~2020年的《中国城乡建设统计年鉴》。

增加至 2020 年的 11374 座、2170 座、170 座。污水处理投入方面，建制镇、乡、镇乡级特殊区域的污水处理投入金额分别从 2007 年的 29.40 亿元、0.84 亿元、0.25 亿元增加至 2020 年的 374.05 亿元、27.29 亿元、4.39 亿元，建制镇、乡、镇乡级特殊区域污水处理投入占本年建设投入比重分别从 2007 年的 1.00%、0.24%、0.42% 上升至 2020 年的 3.86%、3.50%、2.06%，村的污水处理投入金额从 2013 年的 32.49 亿元增加至 2020 年的 352.44 亿元，村污水处理投入占本年建设投入比重从 2013 年的 0.40% 上升至 2020 年的 3.06%。

（3）农村生活垃圾处理。

根据 2007~2020 年全国农村生活垃圾处理情况不难看出（见表 3-3），我国农村生活垃圾处理工作的成绩良好，生活垃圾处理率、中转站数量、处理投入持续增加，但无害化处理方面仍需加强。具体来说，生活垃圾处理率方面，这一指标在建制镇、乡、镇乡级特殊区域是从 2015 年的 83.85%、63.95%、50.40% 上升至 2020 年的 89.18%、78.60%、84.35%。生活垃圾无害化处理率方面，这一指标在建制镇、乡、镇乡级特殊区域是从 2015 年的 44.99%、15.82%、13.96% 上升至 2020 年的 69.55%、48.46%、47.48%。生活垃圾中转站数量方面，这一指标在建制镇、乡是从 2007 年的 22490 座、4625 座增加至 2020 年的 28737 座、8947 座。建制镇、乡、镇乡级特殊区域的垃圾处理投入金额从 2007 年的 13.83 亿元、1.15 亿元、0.19 亿元增加至 2020 年的 121.96 亿元、12.83 亿元、1.62 亿元，处理投入占本年建设投入比重分别从 2007 年的 0.47%、0.33%、0.32% 上升至 2020 年的 1.26%、1.65%、0.76%。

（4）村容村貌改善。

根据 2006~2020 年全国农村村容村貌情况可以发现（见表 3-4），我国农村地区在绿化、道路、卫生等村容村貌方面得到了极大的美化，但仍有一定提升空间。具体来说，建制镇、乡的绿化覆盖率分别从 2006 年的 14.30%、11.10% 上升至 2020 年的 16.88%、15.04%，镇乡级特殊区域的绿化覆盖率从 2007 年的 13.10% 上升至 2020 年的 20.23%。建制镇、乡的绿地率分别从 2006 年的 7.70%、4.80% 上升至 2020 年的 10.81%、8.49%，镇乡级特殊区域的绿地率从 2007 年的 6.80% 上升至 2020 年的

表 3-3　2007~2020 年全国农村生活垃圾处理情况

年份	生活垃圾处理率(%)			生活垃圾无害化处理率(%)			生活垃圾中转站(座)			垃圾处理投入					
										数量(亿元)			占本年建设投入比重(%)		
	建制镇	乡	镇乡级特殊区域	建制镇	乡	镇乡级特殊区域	建制镇	乡	镇乡级特殊区域	建制镇	乡	镇乡级特殊区域	建制镇	乡	镇乡级特殊区域
2007	—	—	—	—	—	—	22490	4625	486	13.83	1.15	0.19	0.47	0.33	0.32
2008	—	—	—	—	—	—	24888	4757	833	16.48	2.09	0.16	0.50	0.48	0.19
2009	—	—	—	—	—	—	27339	7508	861	21.50	2.50	0.25	0.59	0.53	0.20
2010	—	—	—	—	—	—	27455	7982	993	27.57	3.17	0.40	0.63	0.57	0.20
2011	—	—	—	—	—	—	29972	8473	719	32.63	3.68	0.42	0.65	0.69	0.18
2012	—	—	—	—	—	—	35152	10655	745	39.77	4.69	0.46	0.69	0.74	0.18
2013	—	—	—	—	—	—	34167	15045	745	52.08	5.32	0.76	0.73	0.75	0.38
2014	—	—	—	—	—	—	35527	11568	943	60.21	5.87	0.65	0.84	0.87	0.38
2015	83.85	63.95	50.40	44.99	15.82	13.96	34134	10536	819	70.01	7.30	0.77	1.03	1.31	0.60
2016	86.03	70.37	63.85	46.94	17.03	27.39	32914	9678	1351	78.57	8.38	2.33	1.15	1.60	0.98
2017	87.19	72.99	72.64	51.17	23.62	39.36	27657	10433	914	89.18	10.17	2.57	1.20	1.56	1.16
2018	87.70	73.18	69.39	60.64	32.18	39.86	26817	9423	580	97.19	10.59	2.09	1.29	1.71	1.11
2019	88.09	73.87	89.62	65.45	38.27	57.90	28246	9917	340	104.05	11.55	1.68	1.25	1.74	0.86
2020	89.18	78.60	84.35	69.55	48.46	47.48	28737	8947	325	121.96	12.83	1.62	1.26	1.65	0.76

资料来源：2006~2020 年的《中国城乡建设统计年鉴》。

表 3-4

2006~2020 年全国农村村容村貌情况

年份	绿化覆盖率 (%)			绿地率 (%)			道路长度 (公里)				环境卫生投入							
											数量 (亿元)				占本年建设投入比重 (%)			
	建制镇	乡	镇乡级特殊区域	建制镇	乡	镇乡级特殊区域	建制镇	乡	镇乡级特殊区域	村	建制镇	乡	镇乡级特殊区域	村	建制镇	乡	镇乡级特殊区域	村
2006	14.30	11.10	—	7.70	4.80	—	260499.00	69682.00	—	—	26.01	2.19	—	16.13	0.86	0.62	—	0.59
2007	13.70	9.80	13.10	7.20	4.30	6.80	215926.00	61529.00	6047.00	—	39.59	3.68	0.69	30.50	1.34	1.05	1.19	0.86
2008	14.00	10.30	17.50	7.10	4.10	9.40	234033.00	63706.00	6880.00	—	42.71	5.22	0.90	109.56	1.30	1.19	1.10	2.55
2009	14.10	11.40	18.10	7.10	4.50	10.50	245334.00	63263.00	6930.00	—	52.68	6.52	1.16	52.43	1.46	1.38	0.93	0.97
2010	14.90	12.80	19.20	7.80	4.90	12.00	257922.00	65638.00	8299.00	—	65.80	9.18	1.93	64.60	1.51	1.64	0.96	1.14
2011	15.00	12.60	22.0	8.00	5.00	13.70	273981.00	64688.00	7853.00	—	77.63	9.88	1.57	85.18	1.55	1.85	0.70	1.37
2012	14.30	12.00	24.40	7.80	4.70	12.70	290709.00	67133.00	8083.00	—	92.90	12.32	1.96	114.94	1.62	1.94	0.77	1.55
2013	15.42	12.72	23.63	8.64	5.27	12.12	310004.00	67805.00	8708.00	—	126.23	13.55	2.28	143.08	1.77	1.92	1.15	1.75
2014	15.90	12.98	24.33	8.96	5.50	12.35	327498.00	70098.00	8963.00	—	131.65	14.46	2.07	169.95	1.84	2.16	1.21	2.10
2015	16.63	13.60	24.32	9.36	5.84	13.84	345414.00	71202.00	8827.00	—	145.54	16.28	2.12	205.68	2.15	2.91	1.64	2.51
2016	16.85	13.74	23.87	9.43	5.91	14.57	358589.95	72530.80	11432.00	2463326.88	162.62	16.86	4.41	239.06	2.38	3.22	1.85	2.87
2017	15.97	13.18	23.30	10.42	7.49	16.03	334869.33	65742.72	12619.33	2853096.15	186.38	19.73	4.62	294.45	2.52	3.02	2.10	3.21
2018	16.65	13.43	24.43	10.68	7.54	17.49	376555.47	80891.05	11845.23	3048009.39	192.00	20.06	3.51	446.70	2.54	3.23	1.87	4.54
2019	16.97	14.71	21.00	10.74	8.12	15.46	409438.79	87165.55	8293.59	3205823.81	200.61	20.98	3.08	343.13	2.40	3.16	1.58	3.37
2020	16.88	15.04	20.23	10.81	8.49	14.51	438981.12	88978.59	6847.67	3358041.38	225.95	22.89	3.04	480.35	2.33	2.93	1.43	4.18

注:2006~2020 年的《中国城乡建设统计年鉴》仅统计了建制镇、乡、镇乡级特殊区域的绿化覆盖率和绿地率,未统计村庄层面的情况。2007 年的《中国城乡建设统计年鉴》开始统计镇乡级特殊区域的绿化覆盖率和绿地率,故 2006 年的数据缺失。2016 年的《中国城乡建设统计年鉴》开始统计村庄层面的绿化覆盖率、绿地率、道路长度和环境卫生投入,故 2006~2012 年的数据缺失。2016 年的《中国城乡建设统计年鉴》开始统计村庄道路长度,故 2006~2012 年的《中国城乡建设统计年鉴》未统计村庄层面的情况。

资料来源:2006~2020 年的《中国城乡建设统计年鉴》。

14.51%。道路建设方面，建制镇、乡的道路长度分别从 2006 年的 260499.00 公里、69682.00 公里增长至 2020 年的 438981.12 公里、88978.59 公里，镇乡级特殊区域的道路长度从 2007 年的 6047.00 公里增长至 2020 年的 6847.67 公里，村的道路长度从 2016 年的 2463326.88 公里增长至 2020 年的 3358041.38 公里。环境卫生投入方面，建制镇、乡、村的环境卫生投入金额从 2006 年的 26.01 亿元、2.19 亿元、16.13 亿元增加至 2020 年的 225.95 亿元、22.89 亿元、480.35 亿元，建制镇、乡、村的环境卫生投入占本年建设投入比重分别从 2006 年的 0.86%、0.62%、0.59%上升至 2020 年的 2.33%、2.93%、4.18%，镇乡级特殊区域的环境卫生投入金额从 2007 年的 0.69 亿元增加至 2020 年的 3.04 亿元，镇乡级特殊区域环境卫生投入占本年建设投入比重从 2007 年的 1.19%上升至 2020 年的 1.43%。

（5）村庄规划建设管理。

根据 2006～2020 年全国农村规划建设管理情况不难看出（见表 3－5），全国有超过 70%的建制镇、乡、镇乡级特殊区域、村开展了规划建设管理工作。具体来说，总体/建设规划数量和占比方面，这一指标在建制镇是从 2007 年的 13874 个、83.02%增加至 2020 年的 16833 个、89.43%，在乡是从 2006 年的 6244 个、42.83%上升至 2020 年的 6491 个、73.13%，在镇乡级特殊区域是从 2007 年的 51.93%上升至 2020 年的 67.34%，在行政村是从 2007 年的 195919 个、34.27%增加至 2016 年的 323373 个、61.46%，在自然村是从 2007 年的 369272 个、13.95%增加至 2016 年的 830335 个、31.73%。村镇建设管理机构设置方面，设有村镇建设管理机构的建制镇个数从 2007 年的 14517 个增加至 2020 年的 17413 个，占全部建制镇的比例从 2007 年的 86.87%上升至 2019 年的 92.51%，设有村镇建设管理机构的乡的个数从 2006 年的 7717 个增加至 2020 年的 6692 个，占全部乡的比例从 2006 年的 52.93%上升至 2020 年的 75.39%，这一指标在镇乡级特殊区域是从 2007 年的 68.15%上升至 2020 年的 78.30%。规划编制投入方面，建制镇、乡的规划编制投入分别从 2006 年的 26.25 亿元、4.71 亿元增加至 2020 年的 38.32 亿元、7.08 亿元，这一指标在镇乡级特殊区域是从 2007 年的 0.51 亿元增长至 2020 年的 0.53 亿元。

表 3-5　2006～2020 年全国农村规划建设管理情况

年份	总体/建设规划 个数（个） 建制镇	乡	镇乡级特殊区域	行政村	自然村	占全部的比重（%） 建制镇	乡	镇乡级特殊区域	行政村	自然村	设有村镇建设管理机构 个数（个） 建制镇	乡	镇乡级特殊区域	占全部的比重（%） 建制镇	乡	镇乡级特殊区域	本年规划编制投入（亿元） 建制镇	乡	镇乡级特殊区域
2006	—	6244	—	—	—	—	42.83	—	—	—	—	7717	—	—	52.93	—	26.25	4.71	—
2007	13874	7411	349	195919	369272	83.02	52.31	51.93	34.27	13.95	14517	8497	458	86.87	59.97	68.15	18.14	4.80	0.51
2008	14166	7678	403	219488	427769	83.53	54.40	57.90	38.59	16.04	14584	8383	502	85.99	59.39	72.13	33.69	7.47	1.72
2009	14387	8048	412	260457	492027	85.23	57.96	61.77	45.89	18.13	14750	8616	488	87.38	62.05	73.16	22.57	7.85	0.24
2010	14676	8448	466	269849	525239	87.49	61.51	64.63	47.88	19.24	14727	8650	548	87.80	62.98	76.01	23.92	6.89	0.60
2011	15240	8707	455	291964	612257	89.27	67.37	67.11	52.73	22.94	15263	8669	518	89.40	67.08	76.40	26.10	8.84	0.52
2012	15387	9034	448	307763	694840	89.53	71.21	66.67	55.81	26.03	15289	8643	508	88.96	68.12	75.60	39.25	12.52	1.16
2013	15810	9055	477	320050	737892	90.61	73.73	70.88	59.58	27.85	15675	8683	515	89.83	70.70	76.52	43.08	11.73	0.42
2014	16417	9060	491	322403	766048	93.00	76.32	72.31	58.97	28.35	16285	8766	544	92.25	73.84	80.12	28.26	6.89	0.32
2015	16798	9030	479	328162	803172	94.12	78.67	74.49	60.54	30.37	16772	8969	524	93.97	78.14	81.49	25.54	6.56	0.15
2016	17056	8737	594	323373	830335	94.24	80.28	76.65	61.46	31.73	17143	8720	629	94.72	80.12	81.16	28.28	6.08	0.69
2017	16259	7558	545	—	—	89.90	73.28	77.52	—	—	16698	7662	554	92.33	74.29	78.81	27.17	6.77	0.84
2018	16468	7528	464	—	—	89.81	73.73	77.20	—	—	17058	7694	501	93.03	75.36	83.36	35.39	8.49	0.30
2019	16876	7000	325	—	—	90.02	73.86	70.35	—	—	17447	7192	369	93.07	75.88	79.87	36.90	7.58	0.40
2020	16833	6491	301	—	—	89.43	73.73	67.34	—	—	17413	6692	350	92.51	75.39	79.39	38.32	7.08	0.53

注：2006 年的《中国城乡建设统计年鉴》未统计建制镇、镇乡级特殊区域的总体/建设规划，设有村镇建设管理机构本年规划编制投入以及行政村，和自然村的总体/建设规划情况。故 2006 年的数据缺失。2007 年的《中国城乡建设统计年鉴》开始统计有总体/建设规划的行政村和自然村数量，截至 2016 年不再统计，故 2017～2020 年的数据缺失。

资料来源：2006～2020 年的《中国城乡建设统计年鉴》。

3.2 湖北省农村人居环境整治的基本情况

3.2.1 湖北省农村人居环境整治的发展历程

（1）起步阶段（1973～2001年）。

湖北省农村环境治理的萌芽产生于20世纪70年代。1973年，全国首届环境保护会议发表《关于保护和改善环境的若干规定》的同时，还围绕环境保护工作、提出了三十二字方针，从而成为我国踏上环保之路的标志。正是在此次会议的推动下，湖北省举办了全省首次环境保护会议，并在此之后相继成立了革委会环境保护办公室、革委会环境保护局等职能部门，逐渐开启了本省环境保护的征程。在之后的三十年里，湖北省围绕农业自然资源保护、农村生态环境治理展开了一系列探索。例如，政策方面，湖北省于1982年确定了《湖北省环境保护暂行条例》，其作为湖北省首个针对环境保护问题的综合性法规于十二年后被修正为《湖北省环境保护条例》。机构方面，1988年，湖北省设立环境保护委员会负责全省范围内相关工作的开展。宣传教育方面，湖北省于1980年3月组织了首次环境保护宣传月活动，并做出了自第二年开始一年一办纪念六五"世界环境日"活动的决定；九年后，环境保护宣传教育中心建立。不难看出，湖北省在农村环境治理方面不断开拓与摸索，但工作的重点主要落在农村大环境的污染治理上，尚未具体到人居环境部分。

（2）发展阶段（2002～2011年）。

2002年，随着我国生态治理进入发展新阶段，湖北省逐渐意识到了乡村生活环境污染的严重度与治理村庄人居环境的重要性，开始在政策文件中涉及农村人居环境整治的相关内容，但尚未形成完备、成熟的治理体系。例如，2003年的政府工作报告指出，改善城乡人居环境是未来五年政府工作的重点，隔年的政府工作报告对优化乡村生产生活状况作出重要指示。2006年的政府工作报告进一步强调"十一五"的良好开局离不开"百镇千村"基础设施建设和村容村貌环境治理的推进。同年，《湖北省农业生态环境保护条例》发布，指出不及时、科学、有效处理农村生活垃圾与污水不但会对水质和土壤产生新的污染，还会引发村庄生活环境品质下降，严重影响农业生产和人民群众生活。2008 年的政府工作报告亦涉及改善农村生产生活状况、发展条件和居住环境等内容。2009 年的《关于加强全省新农村建设试点乡镇工作的意见》将实施乡村清洁工程、集中收集和无害化处理村庄垃圾列为优化农村卫生条件和居住环境的重要举措。2010 年的政府工作报告指出新农村建设既要建设农村生态环境，也要考虑人居环境的优化。2011 年，湖北省政府办公厅发布了《关于做好解决群众反映突出问题有关工作责任分工的通知》，要求实施"三清"和"四个两"示范工程，并着手在村庄建造污水处理设施，以构建良好的农村人居环境。

（3）深化阶段（2012 年至今）。

随着生态文明建设工作的开启与推进，湖北省不仅迈入生态治理的深化阶段，同时，农村人居环境整治工作也正式提上议程。湖北省不仅将农村人居环境整治内容提档升级，逐渐精确到生活污水、生活垃圾、厕所、道路、住房、饮水、出行、村容村貌等农村生活的方方面面，同时加快推进农村人居环境整治体制的成熟与完善。例如，湖北省于 2014～2022 年在政府工作报告中聚焦村庄居住环境治理和改善问题，制定了厕所革命、生活垃圾处理等专项工作计划（见图 3-4），并在法规、标准等方面进行了配套，如《湖北生态省建设考核办法（试行）》《湖北省农村生活污水处理设施运行维护管理办法（试行)》等，从而规范部署了农村人居环境整治工作。

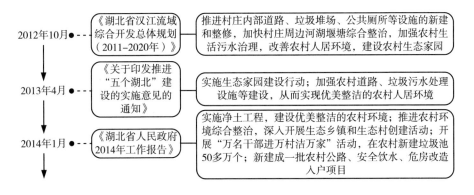

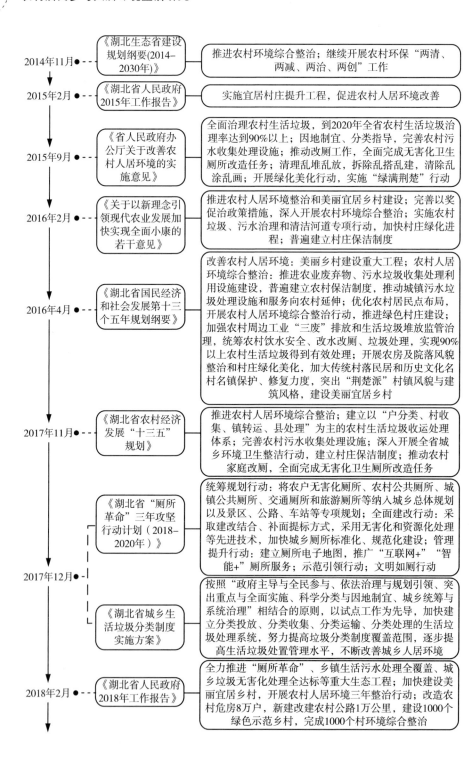

2014年11月	《湖北生态省建设规划纲要(2014-2030年)》	推进农村环境综合整治；继续开展农村环保"两清、两减、两治、两创"工作
2015年2月	《湖北省人民政府2015年工作报告》	实施宜居村庄提升工程，促进农村人居环境改善
2015年9月	《省人民政府办公厅关于改善农村人居环境的实施意见》	全面治理农村生活垃圾，到2020年全省农村生活垃圾治理率达到90%以上；因地制宜、分类指导，完善农村污水收集处理设施；推动改厕工作，全面完成无害化卫生厕所改造任务；清理乱堆乱放，拆除乱搭乱建，清除乱涂乱画；开展绿化美化行动，实施"绿满荆楚"行动
2016年2月	《关于以新理念引领现代农业发展加快实现全面小康的若干意见》	推进农村人居环境整治和美丽宜居乡村建设；完善以奖促治政策措施，深入开展农村环境综合整治；实施农村垃圾、污水治理和清洁河道专项行动，加快村庄绿化进程；普遍建立村庄保洁制度
2016年4月	《湖北省国民经济和社会发展第十三个五年规划纲要》	改善农村人居环境：美丽乡村建设重大工程；农村人居环境综合整治：推进农业废弃物、污水垃圾收集处理利用设施建设，普遍建立农村保洁制度，推动城镇污水垃圾处理设施和服务向农村延伸；优化农村居民点布局，开展农村人居环境综合整治行动，推进绿色村庄建设；加强农村周边工业"三废"排放和生活垃圾堆放监管治理，统筹农村饮水安全、改水改厕、垃圾处理，实现90%以上农村生活垃圾得到有效处理；开展农房及院落风貌整治和村庄绿化美化，加大传统村落民居和历史文化名村名镇保护、修复力度，突出"荆楚派"村镇风貌与建筑风格，建设美丽宜居乡村
2017年11月	《湖北省农村经济发展"十三五"规划》	推进农村人居环境综合整治；建立以"户分类、村收集、镇转运、县处理"为主的农村生活垃圾收运处理体系；完善农村污水收集处理设施；深入开展全省城乡环境卫生整洁行动，建立村庄保洁制度；推动农村家庭改厕，全面完成无害化卫生厕所改造任务
2017年12月	《湖北省"厕所革命"三年攻坚行动计划（2018-2020年）》	统筹规划行动：将农户无害化厕所、农村公共厕所、城镇公共厕所、交通公共厕所和旅游厕所等纳入总体规划以及景区、公路、车站等专项规划；全面建改行动：采取建改结合、补面提标方式，采用无害化和资源化处理等先进技术，加快城乡厕所标准化、规范化建设；管理提升行动：建立厕所电子地图，推广"互联网+""智能+"厕所服务；示范引领行动；文明如厕行动
	《湖北省城乡生活垃圾分类制度实施方案》	按照"政府主导与全民参与、依法治理与规划引领、突出重点与全面实施、科学分类与因地制宜、城乡统筹与系统治理"相结合的原则，以试点工作为先导，加快建立分类投放、分类收集、分类运输、分类处理的生活垃圾处理系统，努力提高垃圾分类制度覆盖范围，逐步提高生活垃圾处置管理水平，不断改善城乡人居环境
2018年2月	《湖北省人民政府2018年工作报告》	全力推进"厕所革命"、乡镇生活污水处理全覆盖、城乡垃圾无害化处理全达标等重大生态工程；加快建设美丽宜居乡村，开展农村人居环境三年整治行动；改造农村危房8万户，新建改建农村公路1万公里，建设1000个绿色示范乡村，完成1000个村环境综合整治

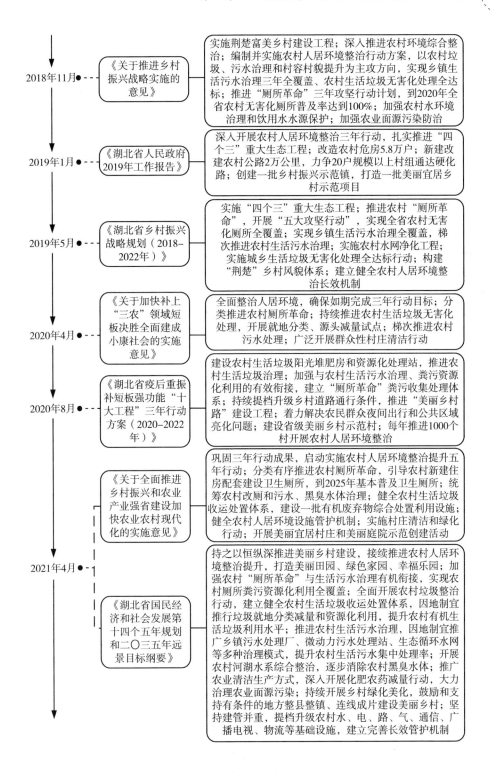

2018年11月	《关于推进乡村振兴战略实施的意见》	实施荆楚富美乡村建设工程；深入推进农村环境综合整治；编制并实施农村人居环境整治行动方案，以农村垃圾、污水治理和村容村貌提升为主攻方向，实现乡镇生活污水治理三年全覆盖、农村生活垃圾无害化处理全达标；推进"厕所革命"三年攻坚行动计划，到2020年全省农村无害化厕所普及率达到100%；加强农村水环境治理和饮用水水源保护；加强农业面源污染防治
2019年1月	《湖北省人民政府2019年工作报告》	深入开展农村人居环境整治三年行动，扎实推进"四个三"重大生态工程；改造农村危房5.8万户；新改建农村公路2万公里，力争20户规模以上村组通达硬化路；创建一批乡村振兴示范镇，打造一批美丽宜居乡村示范项目
2019年5月	《湖北省乡村振兴战略规划（2018-2022年）》	实施"四个三"重大生态工程；推进农村"厕所革命"，开展"五大攻坚行动"，实现全省农村无害化厕所全覆盖；实现乡镇生活污水治理全覆盖，梯次推进农村生活污水治理；实施农村水网净化工程；实施城乡生活垃圾无害化处理全达标行动；构建"荆楚"乡村风貌体系；建立健全农村人居环境整治长效机制
2020年4月	《关于加快补上"三农"领域短板决胜全面建成小康社会的实施意见》	全面整治人居环境，确保如期完成三年行动目标；分类推进农村厕所革命；持续推进农村生活垃圾无害化处理，开展就地分类、源头减量试点；梯次推进农村污水处理；广泛开展群众性村庄清洁行动
2020年8月	《湖北省疫后重振补短板强功能"十大工程"三年行动方案（2020-2022年）》	建设农村生活垃圾阳光堆肥房和资源化处理站，推进农村生活垃圾治理；加强与农村生活污水治理、粪污资源化利用的有效衔接，建立"厕所革命"粪污收集处理体系；持续提档升级农村道路通行条件，推进"美丽乡村路"建设工程；着力解决农民群众夜间出行和公共区域亮化问题；建设省级美丽乡村示范村；每年推进1000个村开展农村人居环境整治
	《关于全面推进乡村振兴和农业产业强省建设加快农业农村现代化的实施意见》	巩固三年行动成果，启动实施农村人居环境整治提升五年行动；分类有序推进农村厕所革命，引导农村新建住房配套建设卫生厕所，到2025年基本普及卫生厕所；统筹农村改厕和污水、黑臭水体治理；健全农村生活垃圾收运处置体系，建设一批有机废弃物综合处置利用设施；健全农村人居环境设施管护机制；实施村庄清洁和绿化行动；开展美丽宜居村庄和美丽庭院示范创建活动
2021年4月	《湖北省国民经济和社会发展第十四个五年规划和二〇三五年远景目标纲要》	持之以恒纵深推进美丽乡村建设，接续推进农村人居环境整治提升，打造美丽田园、绿色家园、幸福乐园；加强农村"厕所革命"与生活污水治理有机衔接，实现农村厕所粪污资源化利用全覆盖；全面开展农村垃圾整治行动，建立健全农村生活垃圾收运处置体系，因地制宜推行垃圾就地分类减量和资源化利用，提升农村有机生活垃圾利用水平；推进农村生活污水治理，因地制宜推广乡镇污水处理厂、微动力污水处理站、生态循环水网等多种治理模式，提升农村生活污水集中处理率；开展农村河湖水系综合整治，逐步消除农村黑臭水体；推广农业清洁生产方式，深入开展化肥农药减量行动，大力治理农业面源污染；持续开展乡村绿化美化，鼓励和支持有条件的地方整县整镇、连线成片建设美丽乡村；坚持建管并重，提档升级农村水、电、路、气、通信、广播电视、物流等基础设施，建立完善长效管护机制

2022年1月 ●----- 湖北省人民政府 2022年工作报告 —— 大力开展乡村建设行动；实施农村人居环境整治五年提升行动，加快建设美丽宜居乡村；新改建农村公路1万公里；加大农村危房改造力度；加强传统村落、民族村寨和乡村特色风貌保护，守住文明根脉，留住乡愁记忆；深入推进乡村治理

图3-4 2012年至今湖北省农村人居环境整治相关文件及其主要内容

资料来源：《湖北省人民政府公报（2012年第23号）》，湖北省人民政府门户网站；中共湖北省委湖北省人民政府关于印发《推进"五个湖北"建设的实施意见》的通知［EB/OL］. 湖北省科学技术厅网站，2013-06-09.；湖北省人民政府2014年工作报告［EB/OL］. 湖北省人民政府网，2014-01-27；《湖北生态省建设规划纲要》解读［EB/OL］. 湖北省人民政府网，2015-03-02；省人民政府办公厅关于改善农村人居环境的实施意见［EB/OL］. 湖北省人民政府网，2015-09-25；湖北省人民政府2015年工作报告［EB/OL］. 湖北省人民政府网，2015-02-04；关于以新理念引领现代农业发展加快实现全面小康的若干意见［EB/OL］. 湖北省人民政府网，2016-03-24；湖北省国民经济和社会发展第十三个五年规划纲要［EB/OL］. 荆楚网，2016-04-11；省人民政府关于印发湖北省农村经济发展"十三五"规划的通知［EB/OL］. 湖北省人民政府网，2017-11-13；湖北省人民政府2018年工作报告［EB/OL］. 湖北省人民政府网，2018-02-05；中共湖北省委 湖北省人民政府关于推进乡村振兴战略实施的意见［EB/OL］. 中华人民共和国农业农村部，2018-11-28；政府工作报告［EB/OL］. 湖北省人民政府网，2020-01-21；湖北省委 省政府印发《湖北省乡村振兴战略规划（2018-2022年）》［EB/OL］. 湖北省人民政府网，2019-05-17；中共湖北省委 湖北省人民政府 关于加快补上"三农"领域短板决胜全面建成小康社会的实施意见［EB/OL］. 湖北省人民政府网，2020-04-11；湖北省委、省政府印发《关于全面推进乡村振兴和农业产业强省建设 加快农业农村现代化的实施意见》［EB/OL］. 湖北省人民政府网，2021-04-10；省人民政府关于印发湖北省"厕所革命"三年攻坚行动计划（2018—2020年）的通知［EB/OL］. 湖北省发展和改革委员会，2018-01-05；省人民政府办公厅转发省发展改革委住房城乡建设厅关于湖北省城乡生活垃圾分类制度实施方案的通知［EB/OL］. 湖北省人民政府网，2017-12-31；图解：湖北"四个三重大生态工程"目标任务超额完成［EB/OL］. 湖北省发展和改革委员会，2021-05-15；湖北农村人居环境整治连续二年居中部第一［EB/OL］. 人民网-湖北频道，2021-06-25.

3.2.2 湖北省农村人居环境整治的成效

根据历年《中国农村统计年鉴》《中国卫生健康统计年鉴》《中国城乡建设统计年鉴》等资料不难发现，自农村人居环境整治工作的全面铺开后，湖北省在村庄卫生厕所改造、生活垃圾处理、生活污水治理、村容村貌改善、村庄规划建设管理等方面收获了喜人的成绩。

（1）农村卫生厕所改造。

根据2002~2017年湖北省农村卫生厕所使用情况可以看出（见表3-6），湖北省已实现超80%的卫生厕所普及率，但整体的卫生厕所改造工作成果

尚未走在全国前列。具体来说，就累计使用卫生公厕户数而言，这一指标从 2002 年的 20.4 万户扩大至 2017 年的 134.2 万户，增长了 6.6 倍，同时，在全国所有行政省、区中的排名从 2002 年的第 18 名上升至 2017 年的第 8 名；就累计使用卫生厕所户数而言，2002~2017 年，这一指标从 655.3 万户扩大到 939.4 万户，但在全国所有行政省、区中仅位列中游，累计使用卫生厕所户数排名从 2002 年的第 7 名下降至 2017 年的第 11 名，呈现出落后于其他省份的趋势。就卫生厕所普及率而言，2002~2017 年，这一指标由 58.2% 增长到 83.3%，上升了 25.1%，但在全国所有行政省、区中尚处于中段，卫生厕所普及率排名从 2002 年的第 6 位下降至 2017 年的第 13 位，略逊于其他省份；虽然无害化卫生厕所普及率变化不大，从 2002 年的 60.0% 微降至 2017 年的 58.9%，但在全国则处于中部靠后的位置，从 2002 年的第 6 名下降至 2017 年的第 14 名，呈现出逐渐落后于其他省份的趋势。

表 3-6　　　　　　2002~2017 年湖北省农村卫生厕所使用情况

年份	累计使用卫生公厕		累计使用卫生厕所		卫生厕所		无害化卫生厕所	
	户数（万户）	当年全国排名	户数（万户）	当年全国排名	普及率（%）	当年全国排名	普及率（%）	当年全国排名
2002	20.4	18	655.3	7	58.2	6	60.0	6
2003	22.7	16	684.1	7	60.8	6	62.8	7
2004	20.7	18	703.2	7	62.5	6	64.3	10
2005	27.7	16	717.3	8	63.7	7	66.2	9
2006	29.4	17	713.6	7	65.4	6	34.1	11
2007	26.6	21	716.3	8	66.3	7	38.2	11
2008	20.3	23	732.5	8	67.8	11	41.2	12
2009	19.2	21	759.0	8	70.2	10	43.4	13
2010	9.0	26	795.3	8	73.6	10	46.5	14
2011	170.3	3	789.7	10	75.2	10	50.4	13
2012	—	—	807.1	10	76.7	10	52.2	12
2013	0.6	29	869.8	9	82.4	10	53.4	15
2014	0.3	29	871.3	11	82.5	11	53.5	15
2015	30.2	23	892.9	11	83.0	11	55.4	16
2016	105.8	9	921.7	11	83.0	11	60.9	14
2017	134.2	8	939.4	11	83.3	13	58.9	14

注：《中国农村统计年鉴》《中国卫生健康统计年鉴》对湖北省农村卫生厕所使用情况仅统计到 2017 年。2012 年湖北省未公布累计使用卫生公厕数据。

进一步查阅相关资料可知①,截至 2021 年,湖北省共投入 128.43 亿元用于厕所改造,共完成 375.9 万座农村无害化户用厕所、2.97 万座农村公共厕所、3974 座乡镇公共厕所的建设与改造,超额完成三年计划任务数,实现 90.15% 的农村卫生厕所普及率,是率先发布改厕标准的省份。

(2) 农村生活垃圾处理。

根据 2007~2020 年湖北省农村生活垃圾处理情况不难发现(见表 3-7),湖北省农村生活垃圾处理成果显著,处理率超 90%,且中转站数量、垃圾处理投入亦不断增长。具体来说,就生活垃圾处理率而言,这一指标在建制镇、乡、镇乡级特殊区域是从 2015 年的 88.95%、87.50%、91.57% 上升至 2020 年的 91.43%、92.06%、92.20%。生活垃圾无害化处理率方面,这一指标在建制镇、乡、镇乡级特殊区域是从 2015 年的 36.36%、32.10%、9.58% 上升至 2020 年的 68.24%、77.07%、74.78%。就生活垃圾中转站数量而言,这一指标在建制镇、乡、镇乡级特殊区域是从 2007 年的 913 座、69 座、24 座增加至 2020 年的 1260 座、224 座、27 座。垃圾处理投入数量方面,这一指标在建制镇、乡、镇乡级特殊区域是从 2007 年的 1701 万元、235 万元、11 万元增加至 2020 年的 42240 万元、6593 万元、1366 万元。建制镇、乡、镇乡级特殊区域的垃圾处理投入占本年建设投入比重从 2007 年的 0.23%、0.22%、0.04% 上升至 2020 年的 1.72%、2.60%、4.19%,村的垃圾处理投入从 2013 年的 11362 万元增加至 2020 年的 80626 万元,村的垃圾处理投入占本年建设投入比重从 2013 年的 0.27% 上升至 2020 年的 2.42%。

进一步整理相关资料可知②,截至 2021 年,湖北省累计投入 245 亿元,在乡镇地区建造了 475 座垃圾转运站、155 个每日可以处置 4.97 万吨生活垃圾的末端处理设施、40 个每日可以处置 2399.5 吨餐厨垃圾的工厂、25 个每年可以处置 1896.95 万吨建筑垃圾的资源化利用厂。另外,湖北省还达成了全域乡镇拥有生活垃圾中转站这一目标,建制镇的无害化处理率增长至 97.41%,96.20% 的行政村达到"五有"治理标准。

---

①② 图解:湖北"四个三重大生态工程"目标任务超额完成 [EB/OL]. 湖北省政府门户网站, 2021-05-15;湖北农村人居环境整治连续二年居中部第一 [EB/OL]. 人民网-湖北频道, 2021-06-25.

表 3－7　2007～2020 年湖北省农村生活垃圾处理情况

年份	生活垃圾处理率（%）			生活垃圾无害化处理率（%）			生活垃圾中转站（座）			垃圾处理投入							
										数量（万元）				占本年建设投入比重（%）			
	建制镇	乡	镇乡级特殊区域	建制镇	乡	镇乡级特殊区域	建制镇	乡	镇乡级特殊区域	建制镇	乡	镇乡级特殊区域	村	建制镇	乡	镇乡级特殊区域	村
2007	—	—	—	—	—	—	913	69	24	1701	235	11	—	0.23	0.22	0.04	—
2008	—	—	—	—	—	—	1679	123	24	2991	303	73	—	0.20	0.25	0.31	—
2009	—	—	—	—	—	—	1553	160	68	5164	804	145	—	0.41	0.57	0.42	—
2010	—	—	—	—	—	—	1331	158	150	4904	982	1113	—	0.40	0.63	0.46	—
2011	—	—	—	—	—	—	1453	193	81	10641	897	743	—	0.68	0.60	0.60	—
2012	—	—	—	—	—	—	1693	202	108	12828	1333	643	—	0.66	0.51	0.41	—
2013	—	—	—	—	—	—	1752	413	90	12623	1158	768	11362	0.54	0.64	0.51	0.27
2014	—	—	—	—	—	—	1660	278	59	16949	1645	306	14751	0.69	0.75	0.18	0.34
2015	88.95	87.50	91.57	36.36	32.10	9.58	1913	272	58	22665	2346	416	24650	0.92	0.93	0.80	0.56
2016	89.10	85.99	88.81	36.30	35.82	10.67	1868	299	50	26090	3685	565	30881	1.09	1.55	1.61	0.70
2017	90.13	86.69	94.19	37.71	38.83	32.16	1057	117	36	22350	4225	917	45398	1.46	1.35	3.40	1.44
2018	90.11	87.67	94.22	51.57	53.42	55.31	1299	230	29	37286	6329	1235	1415528	1.45	2.05	3.05	21.35
2019	90.16	89.63	93.95	58.36	67.89	76.97	1277	235	25	38936	7885	1363	73099	1.34	2.68	2.37	1.95
2020	91.43	92.06	92.20	68.24	77.07	74.78	1260	224	27	42240	6593	1366	80626	1.72	2.60	4.19	2.42

注：2007～2020 年的《中国城乡建设统计年鉴》，未统计村庄层面的情况。2015 年的《中国城乡建设统计年鉴》开始统计了建制镇、乡、镇乡级特殊区域的生活垃圾处理率、生活垃圾无害化处理率和生活垃圾无害化处理率，镇乡级特殊区域的生活垃圾投入，乡、镇乡级特殊区域的垃圾无害化处理率，2007～2013 年的数据缺失。2013 年的《中国城乡建设统计年鉴》开始统计村庄的垃圾处理投入，故 2007～2014 年的数据缺失。

资料来源：2007～2020 年的《中国城乡建设统计年鉴》。

（3）农村生活污水处理。

根据 2006～2020 年湖北省农村污水处理情况可以看出（见表 3－8），湖北省农村生活污水治理效果明显，全省有超过 80% 的建制镇、乡、镇乡级特殊区域对生活污水进行处理，处理工厂数量、处理投入持续增长。具体来说，在建制镇、乡、镇乡级特殊区域，污水处理率从 2015 年的 30.49%、8.78%、2.37% 上升至 2020 年的 50.18%、44.63%、61.68%，污水处理厂集中处理率从 2015 年的 26.69%、4.49%、2.17% 上升至 2020 年的 41.28%、21.43%、48.30%。对生活污水进行处理的建制镇、乡的比例从 2013 年的 10.10%、3.40% 上升至 2020 年的 91.99%、90.57%，对生活污水进行处理的镇乡级特殊区域比例从 2014 年的 7.50% 上升至 2020 年的 92.00%，这一指标在村庄是从 2006 年的 0.30% 上升至 2016 年的 22.00%。污水处理厂方面，建制镇、乡拥有的污水处理厂从 2007 年的 16 座、4 座增加至 2020 年的 541 座、95 座，镇乡级特殊区域拥有的污水处理厂从 2010 年的 3 座增加至 2020 年的 17 座。污水处理投入方面，建制镇、乡、镇乡级特殊区域的污水处理投入从 2007 年的 4806 万元、96 万元、1 万元增加至 2020 年的 292091 万元、28836 万元、6013 万元，污水处理投入占本年建设投入比重分别从 2007 年的 0.65%、0.09%、0.00004% 上升至 2020 年的 11.92%、11.38%、18.46%，村庄的污水处理投入从 2013 年的 7324 万元增加至 2020 年的 93169 万元，村庄的污水处理投入占本年建设投入比重从 2013 年的 0.17% 上升至 2020 年的 2.80%。

进一步查阅相关资料可知[1]，截至 2021 年，湖北省共计投入 317 亿元用于乡镇生活污水治理，完成了 996 个处理厂项目和 11280 公里主支管网的建设，并接入 215 万个农村居民家中，每日污水处理规模可达 108 万吨。同时，湖北省乡镇、村庄的生活污水治理覆盖率分别达到 100% 和 33.65%。

（4）村容村貌改善。

根据 2006～2020 年湖北省农村村容村貌情况不难发现（见表 3－9），湖北省农村的村容村貌得到了有效提升，道路长度、环境卫生投入持续增

---

[1] 图解：湖北"四个三重大生态工程"目标任务超额完成 [EB/OL]．湖北省发展和改革委员会，2021－05－15；湖北农村人居环境整治连续二年居中部第一 [EB/OL]．人民网－湖北频道，2021－06－25．

表 3 - 8　2006～2020 年湖北省农村污水处理情况

年份	污水处理率（%）			污水处理厂集中处理率（%）			对生活污水进行处理的比例（%）				污水处理厂（座）			污水处理投入 数量（万元）				占本年建设投入比重（%）			
	建制镇	乡	镇乡级特殊区域	建制镇	乡	镇乡级特殊区域	建制镇	乡	镇乡级特殊区域	村	建制镇	乡	镇乡级特殊区域	建制镇	乡	镇乡级特殊区域	村	建制镇	乡	镇乡级特殊区域	村
2006	—	—	—	—	—	—	—	—	—	0.30	—	—	—	—	—	—	—	—	—	—	—
2007	—	—	—	—	—	—	—	—	—	2.60	16	4	—	4806	96	—	—	0.65	0.09	—	—
2008	—	—	—	—	—	—	—	—	—	2.30	27	1	—	2727	210	1	—	0.19	0.17	0.00	—
2009	—	—	—	—	—	—	—	—	—	2.80	38	—	—	11072	564	6	—	0.87	0.40	0.03	—
2010	—	—	—	—	—	—	—	—	—	3.80	48	4	—	5936	752	1284	—	0.48	0.48	0.53	—
2011	—	—	—	—	—	—	—	—	—	6.10	64	5	3	11426	836	82	—	0.73	0.56	0.07	—
2012	—	—	—	—	—	—	—	—	—	7.50	38	11	5	26551	1540	269	—	1.36	0.59	0.17	—
2013	—	—	—	—	—	—	10.10	3.40	—	8.10	40	2	4	16829	747	227	7324	0.71	0.41	0.15	0.17
2014	—	—	—	—	—	—	11.90	6.80	7.50	8.60	54	9	1	48281	1877	138	8714	1.96	0.86	0.08	0.20
2015	30.49	8.78	2.37	26.69	4.49	2.17	19.60	7.80	5.40	9.60	99	10	2	49566	1518	233	12334	2.01	0.60	0.45	0.28
2016	30.19	11.35	2.30	25.35	9.46	2.13	28.28	18.71	10.53	22.00	126	18	2	48970	2411	241	14997	2.04	1.01	0.69	0.34
2017	26.51	19.32	8.44	18.46	10.04	8.05	44.77	36.84	20.00	—	119	19	3	129761	7390	2152	34241	8.46	2.36	7.97	1.08
2018	32.28	19.30	30.02	24.63	10.86	21.71	60.03	62.42	29.63	—	314	57	10	351541	55551	12779	130958	13.66	17.98	31.58	1.97
2019	44.71	30.36	45.51	34.71	19.63	40.12	85.28	88.20	80.00	—	480	100	13	392023	46176	7833	104404	13.45	15.69	13.62	2.78
2020	50.18	44.63	61.68	41.28	21.43	48.30	91.99	90.57	92.00	—	541	95	17	292091	28836	6013	93169	11.92	11.38	18.46	2.80

注：2007 年镇乡级特殊区域的污水处理率、污水处理率和污水处理厂集中处理率，镇乡级特殊区域的污水处理率和乡，未统计村庄层面的情况。2007～2020 年的《中国城乡建设统计年鉴》仅统计了建制镇、乡，镇乡级特殊区域的污水处理率、污水处理率，开始统计建制镇。2015 年的《中国城乡建设统计年鉴》开始统计建制镇，乡，镇乡级特殊区域的污水处理率和污水处理厂集中处理率，故 2006～2014 年的数据缺失。2013 年的《中国城乡建设统计年鉴》开始统计对生活污水进行处理的村庄比例，截至 2016 年不再统计，故 2017～2020 年的数据缺失。2006～2013 年的《中国城乡建设统计年鉴》开始统计对生活污水进行处理的建制镇和乡的比例，故 2006～2013 年的数据缺失。2006 年的《中国城乡建设统计年鉴》开始统计对生活污水进行处理的村庄比例，乡级特殊区域的污水处理率。2007 年的《中国城乡建设统计年鉴》开始统计建制镇、乡的污水处理厂座数，且 2006 年和 2009 年的数据缺失。2010 年的《中国城乡建设统计年鉴》开始统计镇乡级特殊区域的污水处理厂座数，乡的污水处理厂座数，且未统计 2009 年特殊区域的污水处理厂座数，故 2006～2009 年和 2013 年的数据缺失，故 2006 年和 2009 年的数据缺失。2007 年的《中国城乡建设统计年鉴》开始统计建制镇，乡，镇乡级特殊区域的污水处理投入，且 2006～2009 年镇乡级特殊区域的污水处理投入，故 2006～2012 年的数据缺失。2013 年的《中国城乡建设统计年鉴》开始统计村庄的污水处理投入。

资料来源：2006～2020 年的《中国城乡建设统计年鉴》。

表3-9　2006~2020年湖北省农村村容村貌统计情况

年份	绿化覆盖率（%）			绿地率（%）			道路长度（公里）				环境卫生投入							
	建制镇	乡	镇乡级特殊区域	建制镇	乡	镇乡级特殊区域	建制镇	乡	镇乡级特殊区域	村	数量（万元）				占本年建设投入比重（%）			
											建制镇	乡	镇乡级特殊区域	村	建制镇	乡	镇乡级特殊区域	村
2006	16.10	10.00	—	8.50	5.10	—	11427.00	1509.00	—	—	6012	1049	—	1842	0.71	1.03	—	0.22
2007	13.50	10.00	11.20	6.70	4.50	5.20	9165.00	1230.00	244.00	—	5628	1000	121	5524	0.76	0.95	0.43	0.39
2008	12.10	3.00	19.80	6.40	1.40	8.10	11854.00	1389.00	257.00	—	12317	1269	268	7997	0.84	1.04	1.14	0.38
2009	13.40	9.70	16.00	6.90	4.20	5.60	10942.00	1348.00	316.00	—	13296	1678	411	13161	1.05	1.19	1.19	0.67
2010	16.80	13.20	14.40	8.40	6.20	9.60	11320.00	1516.00	1559.00	—	13439	2516	3241	17688	1.09	1.61	1.33	0.78
2011	15.40	13.00	16.90	7.80	6.30	8.60	12928.00	1588.00	572.00	—	22303	1976	2239	26756	1.43	1.32	1.82	1.13
2012	13.00	11.70	17.40	6.70	5.80	9.90	14221.00	1700.00	513.00	—	28776	3653	2269	40325	1.48	1.40	1.45	1.48
2013	14.74	10.88	22.90	7.57	5.25	12.10	14610.00	1589.00	440.00	—	35146	3094	1788	46828	1.49	1.72	1.18	1.09
2014	15.23	10.51	18.11	7.89	4.84	8.54	15312.00	1692.00	398.00	—	40274	4453	1297	47379	1.63	2.03	0.78	1.08
2015	15.49	11.27	20.27	8.27	5.70	9.66	16703.00	1829.00	357.00	—	49350	4360	1316	59358	2.00	1.72	2.54	1.34
2016	16.01	11.75	21.28	8.60	5.85	9.38	17082.81	2009.59	416.11	141376.93	57027	5817	1452	67226	2.38	2.45	4.13	1.53
2017	15.39	11.28	26.42	8.92	5.81	16.39	11463.58	1678.46	255.48	134816.88	36268	6972	1472	78863	2.36	2.23	5.45	2.50
2018	16.63	9.91	24.39	9.27	5.61	15.36	18856.62	3446.77	381.48	184294.25	59994	9447	1678	1482897	2.33	3.06	4.15	22.36
2019	16.52	9.83	25.31	9.42	5.00	14.31	21583.54	4279.89	390.47	199130.53	61638	11301	2169	122040	2.12	3.84	3.77	3.25
2020	16.07	9.57	24.72	9.05	4.97	14.37	22536.87	4011.54	423.13	207323.96	67229	6593	2239	142255	2.74	2.60	6.87	4.27

注：2006年的《中国城乡建设统计年鉴》未统计镇乡级特殊区域的绿化覆盖率、绿地率，道路长度和环境卫生投入，故2006年的数据缺失。2016年的《中国城乡建设统计年鉴》开始统计村庄的道路长度，故2006~2015年的数据缺失。

资料来源：2006~2020年的《中国城乡建设统计年鉴》。

长。具体来说，建制镇的绿化覆盖率从 2006 年的 16.10% 上升至 2020 年的 16.07%，镇乡级特殊区域的绿化覆盖率从 2007 年的 11.20% 上升至 2020 年的 24.72%。建制镇的绿地率从 2006 年的 8.50% 上升至 2020 年的 9.05%，镇乡级特殊区域的绿地率从 2007 年的 5.20% 上升至 2020 年的 14.37%。道路建设方面，建制镇、乡的道路长度从 2006 年的 11427.00 公里、1509.00 公里、增长至 2020 年的 22536.87 公里、4011.54 公里，镇乡级特殊区域的道路长度从 2007 年的 244.00 公里增长至 2020 年的 423.13 公里，村的道路长度从 2016 年的 141376.93 公里增长至 2020 年的 207323.96 公里。环境卫生投入方面，建制镇、乡、村的环境卫生投入分别从 2006 年的 6012 万元、1049 万元、1842 万元增加至 2020 年的 67229 万元、6593 万元、142255 万元，环境卫生投入占本年建设投入比重从 2006 年的 0.71%、1.03%、0.22% 上升至 2020 年的 2.74%、2.60%、4.27%，镇乡级特殊区域的环境卫生投入从 2007 年的 121 万元增加至 2020 年的 2239 万元，镇乡级特殊区域的环境卫生投入占本年建设投入比重从 2007 年的 0.43% 上升至 2020 年的 6.87%。

进一步整理相关资料可知[1]，截至 2021 年，湖北省共实现了 7.4 万公里村庄道路的建设和提档升级，自此，全域乡镇、行政村、20 户以上自然村均拥有硬化、通达的村路；此外，湖北省还建成了 369 个国家森林乡村、1493 个省级绿色乡村。

（5）村庄规划建设管理。

根据 2006～2020 年湖北省农村规划建设管理情况可以看出（见表 3-10），湖北省 80% 以上的建制镇、乡、镇乡级特殊区域已有总体规划、设有村镇建设管理机构。具体来说，总体/建设规划的数量和占比方面，这一指标在建制镇是从 2006 年的 516 个、67.01% 增加至 2020 年的 669 个、93.71%，在乡是从 2006 年的 73.02% 上升至 2020 年的 83.65%，在镇乡级特殊区域是从 2007 年的 61.70% 上升至 2020 年的 92.00%，在行政村是从 2007 年的 9448 个、37.20% 增加至 2016 年的 20842 个、85.67%，在

---

① 湖北农村人居环境整治连续二年居中部第一 [EB/OL]. 人民网 – 湖北频道，2021 – 06 – 25；政府工作报告 [EB/OL]. 湖北省人民政府网，2020 – 01 – 21.

表 3－10 2006～2020 年湖北省农村规划建设管理情况

年份	总体/建设规划 个数（个）建制镇	乡	镇乡级特殊区域	行政村	自然村	占比（%）建制镇	乡	镇乡级特殊区域	行政村	自然村	设有村镇建设管理机构 个数（个）建制镇	乡	镇乡级特殊区域	占比（%）建制镇	乡	镇乡级特殊区域	本年规划编制投入（万元）建制镇	乡	镇乡级特殊区域
2006	516	157	—	10230	—	67.01	73.02	—	—	—	531	151	—	68.96	70.23	—	10202.00	528.00	—
2007	632	169	29	9448	25573	91.99	83.25	61.70	37.20	17.46	554	168	30	80.64	82.76	63.83	5691.00	506.00	122.00
2008	704	181	25	11718	36577	93.62	87.44	71.43	46.10	22.39	642	173	27	85.37	83.57	77.14	82406.00	1008.00	109.00
2009	674	184	34	16873	47326	92.46	92.00	80.95	62.88	27.94	633	168	33	86.83	84.00	78.57	18871.00	2159.00	347.00
2010	662	178	75	19631	49168	95.25	92.23	86.21	73.67	31.70	603	165	78	86.76	85.49	89.66	13043.00	3019.00	3613.00
2011	717	181	45	18713	56916	97.02	95.26	90.00	80.68	49.42	696	169	43	94.18	88.95	86.00	14385.00	1463.00	852.00
2012	722	176	44	20345	73273	97.57	93.62	93.62	86.28	48.50	693	170	44	93.65	90.43	93.62	14295.00	1572.00	1294.00
2013	724	169	36	20415	69750	96.53	96.02	92.31	84.81	49.20	721	168	36	96.13	95.45	92.31	16891.00	1134.00	584.00
2014	719	165	37	19984	70648	95.74	93.75	92.50	83.37	49.49	718	164	37	95.61	93.18	92.50	21793.00	1429.00	275.00
2015	741	159	35	20537	71697	97.89	95.21	94.59	85.67	51.55	743	159	35	98.15	95.21	94.59	21237.00	1156.00	114.00
2016	732	165	37	20842	77012	98.12	96.49	97.37	—	—	740	167	36	99.20	97.66	94.74	12715.43	1018.80	102.40
2017	477	103	28	—	—	87.52	77.44	93.33	—	—	489	122	26	89.72	91.73	86.67	9522.48	5189.57	586.12
2018	623	127	25	—	—	91.22	80.89	92.59	—	—	642	154	24	94.00	98.09	88.89	22100.17	5391.00	145.00
2019	645	137	23	—	—	93.07	85.09	92.00	—	—	668	156	23	96.39	96.89	92.00	15298.53	3482.00	77.00
2020	669	152	24	—	—	93.71	83.65	92.00	—	—	669	152	24	95.71	95.60	96.00	12916.40	2859.20	287.00

注：2006 年的《中国城乡建设统计年鉴》未统计镇乡特殊区域的总体/建设规划，设有村镇建设管理机构和本年规划编制投入以及自然村的总体/建设规划，故 2006 年的数据缺失。2006 年的《中国城乡建设统计年鉴》开始统计有总体/建设规划的行政村和自然村数量，截至 2016 年不再统计，故 2017～2020 年的数据缺失。

资料来源：2006～2020 年的《中国城乡建设统计年鉴》。

自然村是从 2007 年的 25573 个、17.46% 增加至 2016 年的 77012 个、51.55%。村镇建设管理机构设置方面，设有村镇建设管理机构的建制镇个数从 2006 年的 531 个增加至 2020 年的 669 个，占全部建制镇的比例从 2006 年的 68.96% 上升至 2020 年的 95.71%，设有村镇建设管理机构的乡的个数从 2006 年的 151 个增加至 2020 年的 152 个，占全部乡的比例从 2006 年的 70.23% 上升至 2020 年的 95.60%，这一指标在镇乡级特殊区域是从 2007 年的 63.83% 上升至 2020 年的 96.00%。规划编制投入方面，建制镇、乡、镇乡级特殊区域的规划编制投入分别从 2006 年的 10202.00 万元、528.00 万元、2007 年的 122.00 万元增加至 2020 年的 12916.40 万元、2859.20 万元、287.00 万元。

3.3　农村居民参与人居环境整治的现状和存在的问题

3.3.1　农村居民对农村人居环境整治行动的了解程度

农村居民对农村人居环境整治行动的了解程度如图 3-5 所示。不难看出，24.07% 的农村居民的了解程度为一般，37.06% 的农村居民比较或非

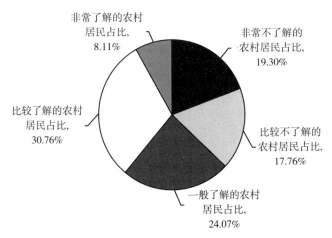

图 3-5　农村居民对农村人居环境整治行动的了解程度

常不了解，30.76%的农村居民表示比较了解，仅有8.11%的农村居民非常了解。由此可见，农村居民对农村人居环境整治行动的了解相对不足、还有一定提升余地。

3.3.2　农村居民参与人居环境整治认知

农村居民对参与人居环境整治的积极认知如表3-11所示。79.80%的农村居民比较或非常同意参与人居环境整治有益于促进村庄长远规划发展，88.80%的农村居民比较或非常同意参与人居环境整治有助于减少污染、改善生态环境，85.71%的农村居民比较或非常同意参与人居环境整治有益于提高生活质量，87.26%的农村居民比较或非常同意参与人居环境整治有助于减少疾病传播、促进身心健康，仅58.94%的农村居民比较或非常同意参与人居环境整治有利于获得表扬、尊重和增加声誉、好评。由此可见，农村居民对参与人居环境整治的经济和生态效益持有较高积极认知，但对部分社会效益的积极认知相对较少。

表3-11　　　　　　　　农村居民对参与人居环境整治的积极认知

积极认知	非常不同意	不太同意	一般	比较同意	非常同意
	频率（%）	频率（%）	频率（%）	频率（%）	频率（%）
参与农村人居环境整治有利于促进村庄长远规划发展	0.77	3.73	15.70	51.61	28.19
参与农村人居环境整治有利于减少污染、改善生态环境	0.39	1.80	9.01	54.95	33.85
参与农村人居环境整治有利于提高生活质量	0.39	2.32	11.58	54.44	31.27
参与农村人居环境整治有利于减少疾病传播、促进身心健康	0.51	1.03	11.20	54.83	32.43
参与农村人居环境整治有利于获得表扬、尊重和增加声誉、好评	1.67	9.40	29.99	43.11	15.83

农村居民对参与人居环境整治的消极认知如表3-12所示。40%以上农村居民比较或非常同意参与人居环境整治需要花费很多金钱、精力、时

间，24.83% 的农村居民比较或非常认同参与人居环境整治太麻烦，22.26% 的农村居民比较或非常同意参与人居环境整治投入多、效益低，仅有不到 40% 农村居民反对上述观点，说明农村居民对参与人居环境整治的成本投入持有一定消极认知。

表 3 - 12　　　　农村居民对参与人居环境整治的消极认知

消极认知	非常 不同意	不太 同意	一般	比较 同意	非常 同意
	频率 (%)	频率 (%)	频率 (%)	频率 (%)	频率 (%)
参与农村人居环境整治需要花费很多金钱	14.16	21.88	21.49	33.08	9.40
参与农村人居环境整治需要花费很多精力	14.93	19.31	22.14	34.62	9.01
参与农村人居环境整治需要花费很多时间	14.41	19.69	23.29	33.85	8.75
参与农村人居环境整治太麻烦	17.63	27.80	29.73	21.36	3.47
参与农村人居环境整治投入多、效益低	9.91	34.88	32.95	19.69	2.57

3.3.3　农村居民参与人居环境整治意愿

农村居民参与人居环境整治意愿如图 3 - 6 所示。可以发现，对于整治农村人居环境，94.34% 的农村居民表现出了较为强烈的参与意愿，仅有 5.66% 的农村居民不愿意加入人居环境整治队伍。

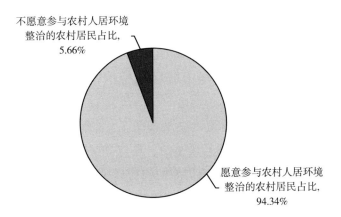

图 3 - 6　农村居民参与人居环境整治意愿

进一步询问农村居民对于不同人居环境整治措施的参与意愿（见图3-7），不难看出，农村居民参与意愿最为强烈的环境整治措施是集中处理生活垃圾，97.17%的农村居民愿意参与；其次是使用或改造冲水式卫生厕所，94.85%的农村居民愿意参与；再次是合理排放生活污水，92.54%的农村居民愿意参与这项措施；绿化村容村貌是4项环境整治措施中农村居民参与意愿相对较不强烈的，但也有84.94%的农村居民愿意参与。

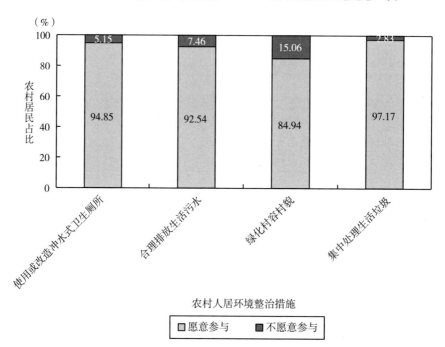

图3-7　农村居民对不同人居环境整治措施的参与意愿

3.3.4　农村居民在参与人居环境整治中的实际情况

农村居民参与人居环境整治决策如图3-8所示。不难看出，仅有0.90%的农村居民未参与人居环境整治，参与1项环境整治措施的农村居民占4.89%，参与2项环境整治措施的农村居民占17.76%，参与3项环境整治措施的农村居民占37.45%，还有39.00%的农村居民在4项环境整治措施上全部参与，说明农村居民普遍作出了人居环境整治参与决策，但参与措施的种类有待拓展。

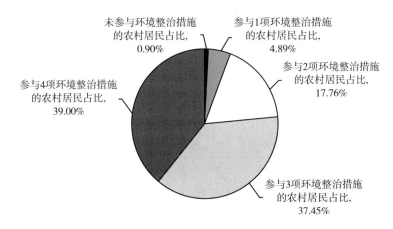

图 3 - 8　农村居民参与人居环境整治决策

进一步统计农村居民对不同人居环境整治措施的参与决策可知（见图 3 - 9），集中处理生活垃圾是参与农村居民数量最多的环境整治措施，有 92.66% 的农村居民选择该项措施；其次是使用或改造冲水式卫生厕所，84.81% 的农村居民作出了参与决策；再次是合理排放生活污水，73.75% 的农村居民实际参与其中；参与农村居民数量最少的环境整治措施是绿化村容村貌，仅有 57.53% 的农村居民作出了参与决策。

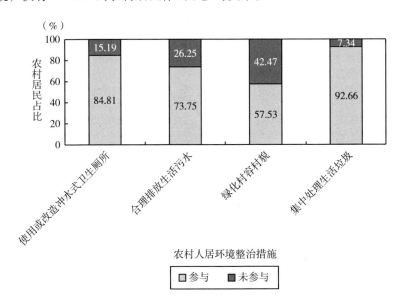

图 3 - 9　农村居民对不同人居环境整治措施的参与决策

农村居民参与人居环境整治方式如表 3 - 13 所示，包括参与投资、参与投劳、参与建言和参与监督 4 种情况，其中，监督是最受农村居民所青睐的参与方式，有 78.51% 的农村居民选择这一方式，其次是参与建言（76.19%）和参与投资（63.45%），选择以投劳方式参与人居环境整治的农村居民数量相对较少，仅占 40.54%。

表 3 - 13　　　　　　　农村居民参与人居环境整治方式

参与方式	频数（个）	频率（%）
参与投资	493	63.45
参与投劳	315	40.54
参与建言	592	76.19
参与监督	610	78.51

3.3.5　农村居民参与人居环境整治意愿和行为的悖离

农村居民参与人居环境整治意愿和行为悖离的情况如图 3 - 10 所示。不难看出，半数（52.25%）农村居民在参与人居环境整治上出现了意愿和行为的悖离，其中，近四成（36.81%）农村居民仅在 1 项环境整治措施参与上存在意愿和行为的悖离，存在 2 项环境整治措施参与意愿和行为悖离的农村居民有 12.35%，仅 3.09% 的农村居民在参与 3 项、4 项环境

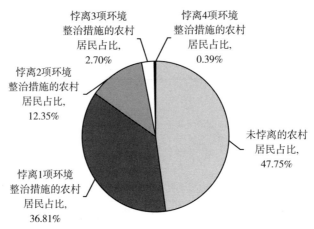

图 3 - 10　农村居民参与人居环境整治意愿和行为的悖离

整治措施上出现了意愿和行为悖离。

　　进一步统计农村居民对于不同人居环境整治措施参与意愿和行为的悖离情况可以发现（见图 3 - 11），绿化村容村貌是农村居民参与意愿和行为悖离最多的环境整治措施，31.66% 的农村居民属于这种情况；其次是合理排放生活污水，21.36% 的农村居民在参与这项环境整治措施上出现了意愿和行为的悖离；再次是使用或改造冲水式卫生厕所，12.61% 的农村居民存在参与意愿和行为的悖离；农村居民参与意愿和行为悖离最少的环境整治措施是集中处理生活垃圾，仅 5.53% 的农村居民属于上述情况。

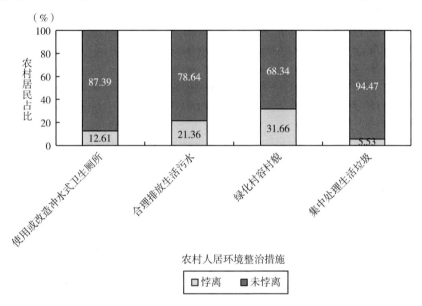

图 3 - 11　农村居民对不同人居环境整治措施参与意愿和行为的悖离

3.3.6　农村居民对村庄人居环境整治的效果评价

　　农村居民对村庄人居环境整治的效果评价如图 3 - 12 所示。不难看出，半数（50.32%）农村居民对村庄人居环境整治的效果评价较好或很好，31.66% 的农村居民表示村庄人居环境整治的效果一般，10.43% 的农村居民对村庄人居环境整治的效果评价较差，7.59% 的农村居民认为村庄人居环境整治效果很差，由此可见，我国农村人居环境整治工作还有一定深化空间。

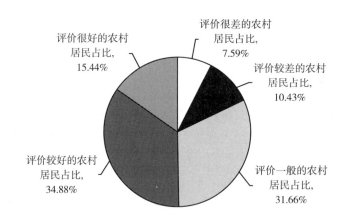

图 3 - 12　农村居民对村庄人居环境整治的效果评价

3.3.7　农村居民在参与人居环境整治过程中存在的问题

基于农村居民参与人居环境整治的现实表现，本章进一步总结概括其在参与人居环境整治过程中存在的问题，具体如下。

第一，农村居民对参与人居环境整治的认知和了解有待提高。

虽然政府部门在农村地区积极宣传了农村人居环境整治行动，但仅有 8.11% 的农村居民表示非常了解，还有 61.13% 的农村居民对这一行动的了解程度为一般及以下。此外，就参与农村人居环境整治而言，虽然八成左右农村居民对其经济、生态、社会效益持有较高认知，但仍有 41.06% 的农村居民对参与人居环境整治在获得表扬、尊重和增加声誉、好评等社会效益上的积极认知不足，甚至还有四成多农村居民对参与人居环境整治的金钱、精力、时间等成本投入持有消极认知。由此可知，农村居民对参与农村人居环境整治持有一定积极和消极认知，存在一定水平的认知冲突，因此，有必要提升农村居民对参与人居环境整治效益等正面信息的认知和了解。

第二，农村居民参与人居环境整治的措施种类、方式需要拓展。

虽然政府部门大力推行的环境整治措施得到了农村居民的普遍采用，仅有 0.90% 的农村居民还未作出参与决策，但参与全部 4 项环境整治措施的农村居民不到半数，且农村居民对于各项环境整治措施的参与情况不一；尤其是绿化村容村貌，不到六成（57.40%）农村居民参与其中。因此，农村居民参与人居环境整治的措施种类有待增加，亟须加大对绿化村容村貌措施的宣传和普及力度。此外，尽管目前农村居民在参与人居环境整治上的方式相对丰富，涉及投资（63.45%）、投劳（40.54%）、建言（76.19%）和监督（78.51%）4 个方面，但仍需多样化拓展；由此，除了继续鼓励农村居民以建言、监督方式参与人居环境整治，还应引导农村居民选择投资、投劳等其他方式，以达到最佳的村庄环境治理效果。

第三，农村居民普遍存在参与人居环境整治意愿和行为的悖离。

对于农村人居环境整治，虽然 94.34% 的农村居民表现出较为强烈的参与意愿，但只有 47.75% 的农村居民做到了"言行一致"，还有 52.25% 的农村居民存在参与意愿和行为的悖离，悖离 1 项、2 项、3 项、4 项环境整治措施的农村居民分别占 36.81%、12.35%、2.70%、0.39%；尤其是绿化村容村貌，31.66% 的农村居民在这项措施上出现了参与意愿和行为的悖离。由此，农村居民普遍在参与人居环境整治上口是"行"非，亦即农村居民参与人居环境整治意愿和行为悖离情况较为严峻，剖析这一局面出现的原因并予以缓解或扭转迫在眉睫，同时还应加大对绿化村容村貌等措施的推广和普及，增强农村居民对人居环境整治益处和必要性的认识。

第4章

外出务工、村庄认同的
测度及分析

本章一方面利用统计局公布的历年《农民工监测调查报告》《湖北农村统计年鉴》《湖北统计年鉴》，梳理了 2008～2020 年全国以及湖北省农村劳动力外出务工的特点；另一方面利用湖北省 777 份农村调研数据，描述了农村居民的外出务工和村庄认同特征，从而为后续研究奠定基础。

4.1 宏观视角下农村劳动力外出务工的特点剖析

4.1.1 全国农村劳动力外出务工的特点

4.1.1.1 全国农村劳动力外出务工的规模分析

2008～2020 年全国外出务工农民工的规模情况如图 4-1 所示。不难看出，我国外出务工农民工的规模不断扩大，但增速和占比均有所下降。具体来说，就规模而言，我国外出务工农民工规模整体呈现出扩大趋势，从 2008 年的 1.40 亿人增长到 2020 年的 1.70 亿人，年均增长率为 1.59%。就占比而言，虽然外出务工农民工在全国农民工总量中的比重一直过半，但总体呈现出下降的趋势，从 2008 年的 62.29% 减少至 2020 年的 59.38%。

就增速而言，2009～2020 年，外出务工农民工数量增长缓慢，由 3.50% 退至 -2.70%；值得注意的是，2020 年外出务工农民工数量首次出现负增长，这或许是由于 2020 年新冠疫情的暴发使得农村劳动力外出务工的脚步受阻。

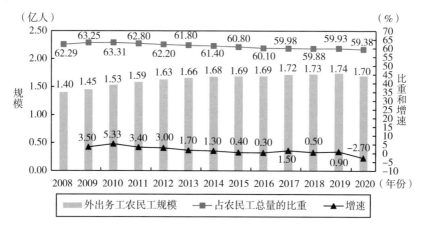

图 4 - 1   2008～2020 年全国外出务工农民工的规模

资料来源：2009～2020 年的《农民工监测调查报告》。

4.1.1.2   全国农村劳动力外出务工的流出和流入地区分析

根据 2009～2020 年全国各地区流出农民工数量可以发现（见表 4 - 1），就流出农民工数量而言，东部地区流出农民工数量最多，其次是中部、西部和东北地区；就流出农民工数量的年均增长率而言，西部地区流出农民工数量增长最多，其次是中部、东北和东部地区。具体来说，2009～2020 年，东部地区流出农民工数量最多，虽然流出农民工数量基本稳定在 10000 万人左右，但整体呈现出波动增长的趋势，从 2009 年的 10017 万人增长至 2020 年的 10124 万人，年均增长率为 0.10%。中部地区流出农民工数量呈现出波动上升的态势，从 2009 年的 7146 万人增加至 2020 年的 9447 万人，年均增长率为 2.57%。西部地区流出农民工数量呈现出逐年增长的趋势，从 2009 年的 5815 万人上升至 2020 年的 8034 万人，年均增长率最高，为 2.98%。东北地区流出农民工数量基本稳定在 900 万人左右，且增长趋势较为稳定，从 2015 年的 895 万人增加至 2020 年的 955 万人，年均增长率为 1.31%。

表 4 – 1 　　　　　　　　　　**2009 ~ 2020 年各地区流出农民工数量**　　　　　单位：万人

年份	东部地区流出农民工数量	中部地区流出农民工数量	西部地区流出农民工数量	东北地区流出农民工数量
2009	10017	7146	5815	—
2010	10468	7619	6136	—
2011	10790	7942	6546	—
2012	11191	8256	6814	—
2013	10454	9335	7105	—
2014	10664	9446	7285	—
2015	10760	9609	7378	895
2016	10400	9279	7563	929
2017	10430	9450	7814	958
2018	10410	9538	7918	970
2019	10416	9619	8051	991
2020	10124	9447	8034	955
年均增长率（%）	0.10	2.57	2.98	1.31

注：2015 年的《农民工监测调查报告》开始统计东北地区流出农民工数量，故 2009 ~ 2014 年的数据缺失。2015 年之前，京、津、冀、辽、沪、江、浙、闽、鲁、粤、琼 11 个省份被定为东部地区，晋、吉、黑、皖、赣、豫、鄂、湘 8 个省份被定为中部地区，蒙、桂、渝、川、贵、云、藏、陕、甘、青、宁、新 12 个省份被定为西部地区。2015 年之后，辽、吉、黑 3 省从原定划分区域中拿出、新增为东北地区，其他省份的区域划分不变。下同。

资料来源：2009 ~ 2020 年的《农民工监测调查报告》。

根据 2008 ~ 2020 年流入各地区农民工数量不难看出（见表 4 – 2），就流入农民工数量而言，东部地区流入农民工数量最多，其次是中部、西部、东北和其他地区；就流入农民工数量的年均增长率而言，中部地区流入农民工数量增长最多，其次是西部、东部、东北和其他地区。具体来说，2008 ~ 2020 年，流入东部地区的农民工数量最多，且流入农民工数量整体呈现出波动增长的趋势，从 2008 年的 9964 万人增长至 2020 年的 15132 万人，年均增长率为 3.54%。流入中部地区的农民工数量呈现出稳定上升的态势，从 2008 年的 1859 万人增加至 2020 年的 6227 万人，且年均增长率最高，为 10.60%。流入西部地区的农民工数量逐年增长，从 2008 年的 2165 万人增加至 2020 年的 6279 万人，年均增长率第二高，为 9.28%。流入东北地区的农民工数量基本在 900 万人上下浮动，且整体呈现出下降的趋势，从 2015 年的 859 万人减少至 2020 年的 853 万人，年均增长率为 - 0.14%。流入其他地区的农民工数量大致处于 70 万 ~ 80 万人区间，且整体呈现出波动下降的态势，从 2015 年的 72 万人减少至 2020 年的 69 万人，年均增长率为 - 0.85%。

表 4 - 2	2008 ~ 2020 年流入各地区农民工数量				单位：万人
年份	流入东部地区农民工数量	流入中部地区农民工数量	流入西部地区农民工数量	流入东北地区农民工数量	流入其他地区农民工数量
2008	9964	1859	2165	—	—
2009	9076	2477	2940	—	—
2010	16212	4104	3846	—	—
2011	16537	4438	4215	—	—
2012	16980	4706	4479	—	—
2013	16174	5700	4951	—	—
2014	16425	5793	5105	—	—
2015	16489	5977	5209	859	72
2016	15960	5746	5484	904	77
2017	15993	5912	5754	914	79
2018	15808	6051	5993	905	79
2019	15700	6223	6173	895	86
2020	15132	6227	6279	853	69
年均增长率（%）	3.54	10.60	9.28	- 0.14	- 0.85

注：2015 年的《农民工监测调查报告》开始统计流入东北地区农民工数量和流入其他地区农民工数量，故 2008 ~ 2014 年的数据缺失。

资料来源：2009 ~ 2020 年的《农民工监测调查报告》。

4.1.1.3　全国农村劳动力外出务工的省内外流动分析

2008 ~ 2020 年外出务工农民工省内外就业的数量及占比如图 4 - 2 所示。可以发现，外出务工农民工的就业半径呈现出缩小趋势，即越来越多的农民工选择在省内就业而非跨省流动。具体来说，2008 ~ 2020 年，在省内就业的外出务工农民工数量呈现出稳定上升的态势，从 2008 年的 0.66 亿人增长至 2020 年的 0.99 亿人，年均增长率为 3.50%，同时，省内就业外出务工农民工占外出务工农民工的比重也从 2008 年的 46.70% 增长至 2020 年的 58.40%。相比较而言，2008 ~ 2020 年，跨省就业的外出务工农民工数量呈现出下降的趋势，从 2008 年的 0.75 亿人减少至 2020 年的 0.71

亿人，年均增长率为 -0.49%，同时，跨省就业农民工占外出务工农民工的比重也从 2008 年的 53.30% 减少至 2020 年的 41.60%。

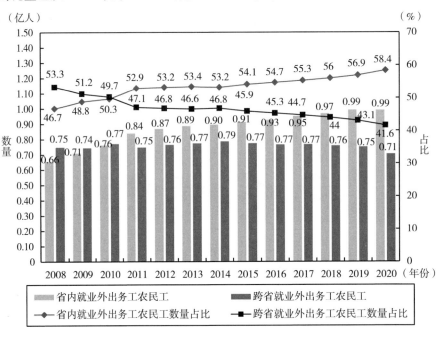

图 4 - 2　2008 ~ 2020 年外出务工农民工省内外就业的规模及占比

资料来源：2009 ~ 2020 年的《农民工监测调查报告》。

4.1.1.4　全国农村劳动力外出务工的个体特征分析

（1）性别。

2009 ~ 2020 年全国外出务工农民工的性别情况如图 4 - 3 所示。不难看出，外出务工农民工主要以男性为主。具体来说，2009 ~ 2020 年，男性农民工占比一直较高，且呈现出上升的趋势，从 2009 年的 65.10% 增长至 2020 年的 69.30%。与之相反的是，女性农民工占比呈现出下降的趋势，从 2009 年的 34.90% 减少至 2020 年的 30.70%。

（2）年龄。

2008 ~ 2020 年全国农民工的年龄分布情况如图 4 - 4 所示。可以发现，农民工年龄不断提高，且主体逐渐由 21 ~ 40 岁向 31 ~ 50 岁以上转变。具体来说，2008 ~ 2020 年，16 ~ 20 岁农民工的占比一直最低，且呈现出下降的态势，从 2008 年的 10.7% 下降至 2020 年的 1.6%。21 ~ 30 岁农民工的占比在 2008 ~ 2020 年期间下降的幅度最大，从 2008 年的 35.8% 减少至 2020 年的 21.1%，且总体呈现出下降的趋势。31 ~ 40 岁农民工的占比在 2008 ~ 2020 年期间变化幅度不大，基本稳定在 23% 左右，从 2008 年的 24.0% 增长至 2020 年的 26.7%。2008 ~ 2020 年，40 ~ 50 岁农民工的占比呈现出波动上升的态势，从 2008 年的 18.6% 增长至 2020 年的 24.2%。50 岁以上农民工的占比在 2008 ~ 2020 年期间逐年上升，且增长幅度最大，从 2008 年的 11.4% 增长至 2020 年的 26.4%。

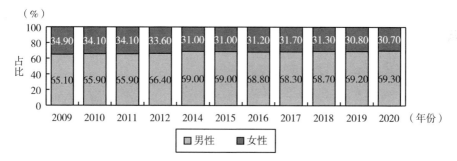

图 4 - 3　2009 ~ 2020 年全国外出务工农民工的性别

注：2013 年《全国农民工监测调查报告》未汇报外出务工农民工性别数据。2011 年、2012 年《全国农民工监测调查报告》未汇报外出务工农民工性别数据，故使用全部农民工性别数据替代。

资料来源：2009 ~ 2020 年的《农民工监测调查报告》。

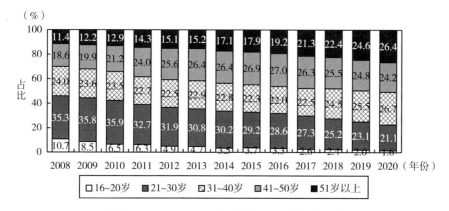

图 4 - 4　2008 ~ 2020 年全国农民工的年龄分布

资料来源：2009 ~ 2020 年的《农民工监测调查报告》。

（3）学历。

2009 ~ 2020 年全国农民工的学历情况如图 4 - 5 所示。不难看出，农民工大多为初中学历，但学历为高中及以上的人数不断上升。具体来说，2009～2020 年，不识字或识字很少的农民工占比一直稳定在 1.0% 左右，且总体呈现出下降的趋势，从 2009 年的 1.1% 下降至 2020 年的 1.0%。小学学历农民工的占比在 2009～2020 年期间整体表现出波动上升的态势，从 2009 年的 10.6% 增长至 2020 年的 14.7%。虽然初中学历农民工的占比在 2009～2020 年期间一直最高，但其下降幅度亦是最大，且呈现出波动下降的趋势，从 2009 年的 64.8% 缩减至 2020 年的 55.4%。高中学历农民工的占比在 2009～2020 年期间的波动增长态势明显，从 2009 年的 13.1% 扩大到 2020 年的 16.7%。2009～2020 年，高中以上学历农民工的占比基本在 10% 左右变化，且表现为波动增长的趋势，从 2009 年的 10.4% 升至 2020 年的 12.2%。

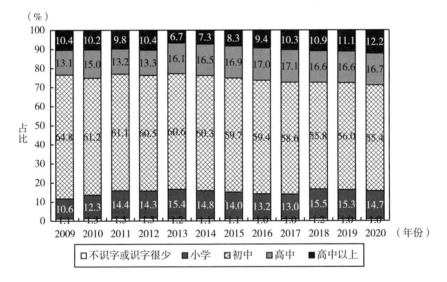

图 4 - 5　2009～2020 年全国农民工的学历
资料来源：2009～2020 年的《农民工监测调查报告》。

（4）收入。

2008～2020 年全国农民工的月平均收入情况如图 4 - 6 所示。可以发现，月平均收入逐年增长，但增速放缓。具体来说，就月平均收入而言，在 2008～2020 年期间，这一指标由 2008 年的 1340 元增加到 2020 年的 4072 元，并呈现出逐年上升的趋势。就增速而言，在 2008～2020 年期间，农民工的月平均收入增速呈现出波动下降趋势，从 2008 年的 5.7% 下降至 2020 年的 2.8%。

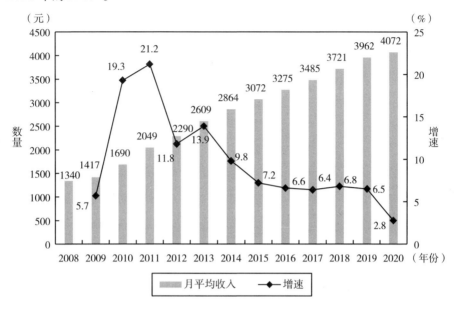

图 4 - 6　2008～2020 年全国农民工的月平均收入

资料来源：2009～2020 年的《农民工监测调查报告》。

4.1.2　湖北省农村劳动力外出务工的特点

4.1.2.1　湖北省农村劳动力外出务工的总量分析

2008～2020 年湖北省农村外出从业劳动力的规模、占比及增速如图 4 - 7 所示。不难看出，湖北省外出从业的农村劳动力规模持续扩大，且增速呈现出波动上升的态势，同时，外出从业劳动力在农村人口中的比重持续增加。具体来说，就规模而言，湖北省外出从业的农村劳动力规模呈现出扩大趋势，从 2008 年的 961.50 万人增长到 2020 年的 1143.72 万人，年均增长率为 1.46%。就占比而言，2008～2020 年，外出从业劳动力在乡村人口中的比重呈现出逐年增长的趋势，从 2008 年的 30.72% 增长到 2020 年的 53.36%，所占比重已超过半数。就增速而言，农村外出从业劳动力数量增长放缓，从 2008 年的 1.10% 降至 2020 年的 - 0.67%。

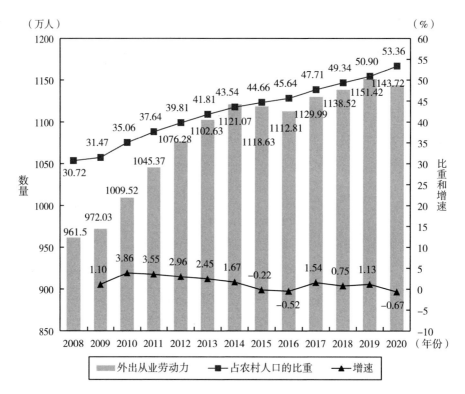

图 4 - 7　2008 ～ 2020 年湖北省农村外出从业劳动力的规模、占比及增速

资料来源：2009 ～ 2021 年的《湖北农村统计年鉴》《湖北统计年鉴》。

4.1.2.2　湖北省农村劳动力外出务工的个体特征分析

（1）性别。

2008 ～ 2020 年湖北省农村外出从业劳动力的性别情况如图 4 - 8 所示。可以发现，在湖北省农村外出从业劳动力中，男性较多，女性较少。具体来说，男性农村外出从业劳动力数量、占比均呈现出上升的趋势，男性农村外出从业劳动力数量从 2008 年的 559. 18 万人增长至 2020 年的 686. 21 万人，占比从 2008 年的 58. 16% 增长至 2020 年的 60. 00%。虽然女性农村外出从业劳动力数量呈现出波动上升的态势，从 2008 年的 402. 32 万人增长至 2020 年的 457. 51 万人，但所占比重却呈现出下降的趋势，从 2008 年的 41. 84% 减少至 2020 年的 40. 00%。

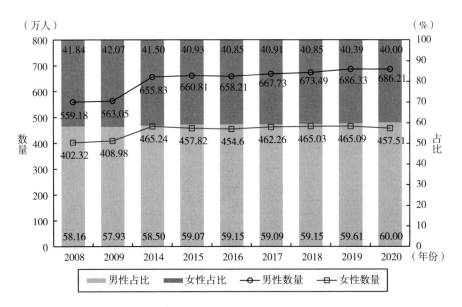

图 4 - 8　2008 ~ 2020 年湖北省农村外出从业劳动力的性别

注：2011 ~ 2014 年《湖北农村统计年鉴》未汇报外出从业劳动力性别数据。

资料来源：2009 ~ 2021 年的《湖北农村统计年鉴》。

（2）学历。

2008 ~ 2020 年湖北省农村外出从业劳动力的学历情况如表 4 - 3 所示。不难看出，湖北省的农村劳动力大多读到初中便外出从业，但高中及以上学历的从业者数量不断上升。具体来说，2008 ~ 2020 年，小学及以下学历的外出从业劳动力数量从 2008 年的 146.46 万人下降至 2020 年的 114.72 万人，占比从 2008 年的 15.23% 下降至 2020 年的 10.03%，两个指标均呈现出逐年下降的趋势；此外，2008 ~ 2020 年期间，小学及以下学历的外出从业劳动力数量增长大多为负值，年均增长率仅为 - 2.01%。虽然初中学历的外出从业劳动力数量呈现出波动上升的趋势，从 2008 年的 607.78 万人增长至 2020 年的 622.55 万人，但年均增长率仅有 0.20%，且初中学历的外出从业劳动力占所有外出从业劳动力的比重呈现出逐年降低的态势，由 2008 年的 63.21% 缩至 2020 年的 54.44%，减幅最大。高中及以上学历的外出从业劳动力数量、占所有外出从业劳动力的比重在 2008 ~ 2020 年期间均稳定上升，数量从 2008 年的 207.26 万人增长至 2020 年的 406.44 万人，占比从 2008 年的 21.56% 增长至 2020 年的 35.54%，增长幅度最大；

此外，2008～2020 年期间，高中及以上学历外出从业劳动力的年均增长率为 5.77%，虽然高中及以上学历的外出从业劳动力数量一直在增加，但速度渐渐变慢，由 2009 年的 10.35% 退至 2020 年的 1.32%。

表 4-3　　　　2008～2020 年湖北省农村外出从业劳动力的学历

年份	小学及以下			初中			高中及以上		
	数量（万人）	增速（%）	占比（%）	数量（万人）	增速（%）	占比（%）	数量（万人）	增速（%）	占比（%）
2008	146.46		15.23	607.78		63.21	207.26		21.56
2009	139.35	-4.85	14.34	603.97	-0.63	62.14	228.72	10.35	23.53
2010	137.50	-1.33	13.61	620.94	2.81	61.46	251.92	10.14	24.93
2011	135.91	-1.16	13.00	628.65	1.24	60.14	280.81	11.47	26.86
2012	139.73	2.81	12.98	639.31	1.70	59.40	297.24	5.85	27.62
2013	135.54	-3.00	12.29	636.87	-0.38	57.76	330.22	11.10	29.95
2014	132.61	-2.16	11.83	639.01	0.34	57.00	349.45	5.82	31.17
2015	127.79	-3.63	11.42	631.12	-1.23	56.42	359.72	2.94	32.1
2016	124.94	-2.23	11.23	625.31	-0.92	56.19	362.56	0.79	32.58
2017	123.59	-1.08	10.94	629.45	0.66	55.70	376.95	3.97	33.36
2018	123.35	-0.19	10.83	624.40	-0.80	54.84	390.77	3.67	34.32
2019	120.83	-2.04	10.49	629.44	0.81	54.67	401.15	2.66	34.84
2020	114.72	-5.06	10.03	622.55	-1.09	54.44	406.44	1.32	35.54
年均增长率（%）	-2.01			0.2			5.77		

资料来源：2009～2021 年的《湖北农村统计年鉴》。

（3）年龄。

2009～2020 年湖北省农村外出从业劳动力的年龄分布情况如表 4-4 所示。可以发现，21～49 岁的劳动力最多，50 岁以上的从业者数量逐渐增加，20 岁以下的逐渐减少。具体来说，2009～2020 年，20 岁以下从业者数量从 2009 年的 174.71 万人下降至 2020 年的 138.25 万人，占比从 2009 年的 17.97% 下降至 2020 年的 12.09%，两个指标均呈现出波动下降的趋势；此外，20 岁以下外出从业劳动力的年均增长率仅为 -2.11%，且增速不但多为负值，更是从 2010 年的 3.53% 下降至 2020 年的 -4.45%，这意味着 20 岁以下外出从业劳动力数量缩减速度加快。21～49 岁的外出从业者数量、占比均呈现出波动增长趋势，数量从 2009 年的 684.54 万人增长至 2020 年的 821.00 万人，占比从 2009 年的 70.42% 上升至 2020 年的 71.79%；此外，虽然这类从业者的年均增长率为 1.67%，且增速大多为正值，但速度逐渐放缓，从 2010 年的 3.24% 下降至 2020 年的 0.18%。50 岁以上的外出从业者数量从 2009 年的 112.77 万人增长至 2020 年的 184.47 万人，占比从 2009 年的 11.60% 增长至 2020 年的 16.13%，且这两个指标在 2009～2020 年期间均表现出逐年上升的态势；此外，虽然 50 岁以上外出从业劳动力的年均增长率为 4.58%，且增速最快，但增长的速度逐渐放缓，从 2010 年的 8.10% 下降至 2020 年的 −1.44%。

表 4-4 　　　　　2009～2020 年湖北省农村外出从业劳动力的年龄

年份	20 岁以下			21～49 岁			50 岁以上		
	数量 （万人）	增速 （%）	占比 （%）	数量 （万人）	增速 （%）	占比 （%）	数量 （万人）	增速 （%）	占比 （%）
2009	174.71		17.97	684.54		70.42	112.77		11.60
2010	180.87	3.53	17.92	706.75	3.24	70.00	121.91	8.10	12.08
2011	173.73	−3.95	16.62	740.05	4.71	70.79	131.59	7.94	12.59
2012	174.69	0.55	16.23	756.33	2.20	70.27	145.26	10.39	13.50
2013	169.86	−2.76	15.40	783.71	3.62	71.08	149.06	2.62	13.52
2014	176.84	4.11	15.77	781.79	−0.24	69.73	162.44	8.98	14.49
2015	166.91	−5.62	14.92	785.03	0.41	70.18	166.69	2.62	14.90
2016	157.43	−5.68	14.15	787.94	0.37	70.81	167.44	0.45	15.05
2017	152.91	−2.87	13.53	803.37	1.96	71.10	173.71	3.74	15.37
2018	149.42	−2.28	13.12	811.47	1.01	71.27	177.64	2.26	15.60
2019	144.69	−3.17	12.57	819.56	1.00	71.18	187.17	5.36	16.26
2020	138.25	−4.45	12.09	821.00	0.18	71.79	184.47	−1.44	16.13
年均增长率（%）	−2.11			1.67			4.58		

资料来源：2009～2021 年的《湖北农村统计年鉴》。

（4）外出从业时长。

2008～2020 年湖北省农村劳动力外出从业的时长情况如图 4-9 所示。不难看出，大部分湖北省农村劳动力外出从业的时长为 6 个月以上。具体来说，外出从业时长为 1～3 个月的劳动力数量呈现出波动上升的态势，从

2008 年的 78.33 万人增长至 2020 年的 95.18 万人。外出从业时长为 3~6
个月的劳动力数量在 2009~2020 年期间整体呈现出上升的趋势，从 2008
年的 161.68 万人增长至 2020 年的 250.04 万人。2008~2020 年，外出从业
时长为 6 个月以上的劳动力数量呈现出波动上升的趋势，从 2008 年的
721.49 万人增长至 2020 年的 798.50 万人。

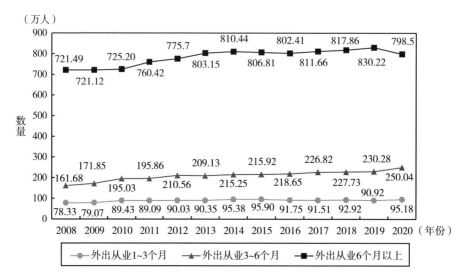

图 4-9　2008~2020 年湖北省农村劳动力外出从业的时长

资料来源：2009~2021 年的《湖北农村统计年鉴》。

（5）外出从业收入。

2008~2020 年湖北省农村劳动力外出从业的月收入情况如表 4-5 所示。
可以发现，湖北省农村劳动力外出从业的月收入不断提高，且收入区间大
多为 3000 元以上。具体来说，2008~2020 年，外出从业月收入 1000 元以
下的劳动力数量、占所有外出从业劳动力的比重均呈现出逐年下降的趋
势，数量从 2008 年的 283.34 万人下降至 2020 年的 20.37 万人，占比从
2008 年的 29.47% 下降至 2020 年的 1.78%；此外，外出从业月收入 1000
元以下劳动力的年均增长率最低，仅为 -19.70%，且一直负增长，从
2009 年的 -12.98% 下降至 2020 年的 -10.97%，这意味着外出从业月收
入 1000 元以下的劳动力数量缩减迅速。外出从业月收入 1001~2000 元的
劳动力数量、占所有外出从业劳动力的比重均呈现出波动下降态势，数量

表 4－5　2008～2020 年湖北省农村劳动力外出从业的月收入

年份	1000 元以下			1001～2000 元			2001～3000 元			3001 元以上		
	数量（万人）	增速（%）	占比（%）	数量（万人）	增速（%）	占比（%）	数量（万人）	增速（%）	占比（%）	数量（万人）	增速（%）	占比（%）
2008	283.34		29.47	435.45		45.29	152.17		15.83	90.54		9.42
2009	246.55	-12.98	25.36	441.40	1.37	45.41	182.54	19.96	18.78	101.53	12.14	10.45
2010	208.24	-15.54	20.64	446.46	1.15	44.25	230.62	26.34	22.86	123.71	21.85	12.26
2011	174.84	-16.04	16.73	421.53	-5.58	40.32	286.51	24.23	27.41	162.49	31.35	15.54
2012	135.15	-22.70	12.56	395.59	-6.15	36.76	352.04	22.87	32.71	193.50	19.08	17.98
2013	115.47	-14.56	10.47	371.80	-6.01	33.72	382.87	8.76	34.72	232.49	20.15	21.09
2014	87.28	-24.41	7.79	334.58	-10.01	29.84	419.75	9.63	37.44	279.46	20.20	24.93
2015	61.46	-29.58	5.49	265.87	-20.54	23.77	406.60	-3.13	36.35	384.70	37.66	34.39
2016	53.14	-13.54	4.78	248.00	-6.72	22.29	411.09	1.10	36.94	400.58	4.13	36.00
2017	43.03	-19.03	3.81	226.75	-8.57	20.07	431.74	5.02	38.21	428.47	6.96	37.92
2018	29.65	-31.09	2.60	182.74	-19.41	16.05	395.71	-8.35	34.76	530.43	23.80	46.59
2019	22.88	-22.83	1.99	157.12	-14.02	13.65	382.16	-3.42	33.19	589.26	11.09	51.18
2020	20.37	-10.97	1.78	141.92	-9.67	12.41	365.41	-4.38	31.95	616.02	4.54	53.86
年均增长率（%）		-19.70			-8.92			7.57			17.33	

资料来源：2009～2021 年的《湖北农村统计年鉴》。

从 2008 年的 435.45 万人减少至 2020 年的 141.92 万人，占比从 2008 年的 45.29% 下降至 2020 年的 12.41%；此外，外出从业月收入 1001～2000 元劳动力的年均增长率为 -8.92%，且增速呈现出波动下降趋势，从 2009 年的 1.37% 下降至 2020 年的 -9.67%。2008～2020 年，外出从业月收入 2001～3000 元的劳动力数量、占所有外出从业劳动力的比重呈现出波动上升趋势，数量从 2008 年的 152.17 万人增长至 2020 年的 365.41 万人，占比从 2008 年的 15.83% 增长至 2020 年的 31.95%；此外，虽然外出从业月收入 2001～3000 元的劳动力的年均增长率为 7.57%，且增速却呈现出波动下降趋势，从 2009 年的 19.96% 下降至 2020 年的 -4.38%。外出从业月收入 3001 元以上的劳动力数量、占所有外出从业劳动力的比重在 2008～2020 年期间逐年上升，数量从 2008 年的 90.54 万人增长至 2020 年的 616.02 万人，占比从 2008 年的 9.42% 增长至 2020 年的 53.86%；此外，虽然外出从业月收入 3001 元以上劳动力的年均增长率最高，为 17.33%，且增速一直为正值，但增长的速度逐渐放缓，从 2009 年的 12.14% 下降至 2020 年的 4.54%。

（6）外出从业地点。

2008～2020 年湖北省农村劳动力外出从业的地点分布情况如表 4-6 所示。不难看出，湖北省农村劳动力外出从业地点以省外为主，其次是省内县外、县内乡外、港、澳、台与境外。具体来说，去县内乡外从业的劳动力数量、占所有外出从业劳动力的比重在 2008～2020 年期间均呈现出波动上升的趋势，数量从 2008 年的 139.27 万人增长至 2020 年的 194.79 万人，占比从 2008 年的 14.48% 增长至 2020 年的 17.03%。2008～2020 年，去省内县外从业者的数量从 2008 年的 218.58 万人增长至 2020 年的 314.55 万人，占比从 2008 年的 22.73% 增长至 2020 年的 27.50%，这两个指标均呈现出波动上升的趋势。去省外从业者的数量、比重在 2008～2020 年期间一直最多，数量从 2008 年的 600.31 万人增长至 2020 年的 632.40 万人，但占比却从 2008 年的 62.43% 下降至 2020 年的 55.29%。2008～2020 年，去港、澳、台从业的劳动力数量、占所有外出从业劳动力的比重均呈现出波动下降的态势，数量从 2008 年的 2.14 万人减少至 2020 年的 0.91 万人，占比从 2008 年的 0.22% 下降至 2020 年的 0.08%。去境外从业的劳动力数量、占所有外出从业劳动力的比重在 2008~2020 年期间变化不大，数量从 2008 年的 1.20 万人下降至 2020 年的 1.08 万人，占比从 2008 年的 0.22% 下降至 2020 年的 0.09%。

表 4-6　　　　2008~2020 年湖北省农村劳动力外出从业的地点分布

年份	县内乡外		省内县外		省外		港、澳、台地区		境外	
	数量（万人）	占比（%）	数量（万人）	占比（%）	数量（万人）	占比（%）	数量（万人）	占比（%）	数量（万人）	占比（%）
2008	139.27	14.48	218.58	22.73	600.31	62.43	2.14	0.22	1.20	0.12
2009	144.65	14.88	242.63	24.97	582.63	59.95	1.32	0.14	0.83	0.09
2010	156.94	15.54	260.58	25.80	589.65	58.39	1.28	0.13	1.23	0.12
2011	163.48	15.62	278.11	26.58	600.54	57.39	2.39	0.23	0.85	0.08
2012	170.74	15.86	282.04	26.20	619.04	57.51	2.36	0.22	2.10	0.20
2013	178.81	16.21	287.69	26.08	631.09	57.21	3.26	0.30	1.78	0.16
2014	191.93	17.12	294.82	26.29	627.59	55.96	3.94	0.35	2.81	0.25
2015	191.83	17.15	295.49	26.41	624.67	55.83	4.55	0.41	2.09	0.19
2016	185.54	16.68	308.05	27.69	613.39	55.13	3.33	0.30	2.50	0.22
2017	193.02	17.09	311.75	27.60	622.23	55.09	1.49	0.13	1.50	0.13
2018	195.03	17.13	310.42	27.26	629.91	55.32	1.70	0.15	1.46	0.13
2019	195.07	16.94	314.83	27.34	638.31	55.43	1.79	0.16	1.40	0.12
2020	194.79	17.03	314.55	27.50	632.40	55.29	0.91	0.08	1.08	0.09

资料来源：2009~2021 年的《湖北农村统计年鉴》。

微观视角下农村居民外出务工的特征分析

基于第 2 章的概念界定，本章从外出务工人数、外出务工收入、外出务工时长 3 个方面进行特征分析。

4.2.1　外出务工人数分析

外出务工人数情况如表 4-7 所示。可以发现，七成多（71.56%）农村居民家中有成员外出务工，仅有 28.44% 的农村居民表示家中无成员外出务工，说明对农村居民而言，家庭成员外出务工现象极为普遍。进一步统计外出务工人数占比发现，仅24.71%的农村居民家中有一半成员外出务工，还有75.29%的农村居民家中外出务工成员人数未过半。

表4-7　　　　　　　　　　　　外出务工人数

项目	选项	频数（个）	频率（%）
是否外出务工	是	556	71.56
	否	221	28.44
外出务工人数占比（%）	<50	585	75.29
	≥50	192	24.71

4.2.2　外出务工收入分析

外出务工收入情况如表4-8所示。不难看出，近六成（59.71%）农村居民的家庭外出务工收入为5万元及以下，23.55%的农村居民依靠家庭成员外出务工获得5万~10万元收入，仅16.73%农村居民的家庭外出务工收入达到10万元以上。进一步统计外出务工收入占比发现，47.62%农村居民的外出务工收入在家庭总收入中的占比过半，52.38%农村居民的外出务工收入比重未及50%，说明外出务工尚未成为农村居民获取收入的主要途径。

表4-8　　　　　　　　　　　　外出务工收入

项目	选项	频数（个）	频率（%）
务工收入（万元）	≤1	298	38.35
	(1，5]	166	21.36
	(5，10]	183	23.55
	(10，15]	65	8.37
	>15	65	8.37
收入占比（%）	<50	407	52.38
	≥50	370	47.62

4.2.3　外出务工时长分析

外出务工时长情况如表 4 - 9 所示。不难看出，近六成（58.69%）农村居民的家庭成员外出务工时长超过 6 个月，四成（41.31%）农村居民的家庭成员属于 6 个月以下的短期外出务工。

表 4 - 9　　　　　　　　　外出务工时长

工作时长（月）	频数（个）	频率（%）
<6	321	41.31
≥6	456	58.69

 4.3 **村庄认同的测度与分析**

4.3.1　村庄认同的测度

基于第 2 章的概念界定，本章从情感认同和功能认同两个维度对村庄认同进行测度。

4.3.1.1　测量指标说明

情感认同指的是农村居民和村庄的情感联结及对村庄成员身份的接纳（唐林等，2019b；李芬妮等，2020a），包括村庄情感和身份认同，采用 8 个指标进行测度。具体来说，村庄情感指的是农村居民在生活和成长过程中对村庄形成的认同、依恋、归属等感觉（胡珺等，2017；李芬妮等，2020a），参考杨振山等（2019）、辛自强和凌喜欢（2015）、李芬妮等（2020a）的研究，采用"我居住的村庄对我有特殊的情感意义""我想一直住在这个村子""村子让我有家一样的感觉""我很喜欢目前生活的村庄"进行测度。身份认同指的是农村居民对村庄成员身份的接纳和认同，参考杨振山等（2019）、冯婧（2016）的研究，采用

"我认可自己是村庄的一份子""我愿意向其他人介绍说我是这个村子的""我认可自己是本地人""我愿意为村庄的发展与建设贡献力量、承担责任"进行测算。功能认同指的是农村居民对村庄提供经济、制度、文化等功能状况的满意和认可（辛自强和凌喜欢，2015），包括自治认同、生活认同、文化认同、经济认同，采用 8 个指标进行测度。具体来说，文化认同指的是农村居民对当地特定文化、价值观念的体认（徐宁宁等，2021；黄方，2019），参考唐林等（2019b）、王学婷等（2020）、李芬妮等（2020a）文献，采用"我与本村绝大多数村民具有共用的价值观念""我认同并接受本村的传统习俗"进行测度；经济认同指的是农村居民对村庄经济发展的看法及认可程度，参考郑红娥和贺惠先（2008）、张志华（2012）等文献，采用"村民可以从村集体的经济发展中获益""我对我们村的经济发展前景十分乐观"进行测算；自治认同指的是农村居民对村庄管理水平和制度的认同感（汪伟全和赖天，2020），参考辛自强和凌喜欢（2015）、汪伟全和赖天（2020）等文献，采用"村子的村规民约与管理规范得到了大家的认可与遵守""我很认可村子的管理与建设水平"进行测度；生活认同指的是农村居民对村庄生活的满意和认同情况（汪伟全和赖天，2020），参考辛自强和凌喜欢（2015）、范钧等（2014）、杨振山等（2019）文献，采用"居住在这个村子生活很便利""村庄环境的满意程度"。上述指标的具体赋值方式如表 4 - 10 所示。

表 4 - 10　　　　　　　　　村庄认同指标的设定与赋值

维度	指标	指标描述	指标赋值
情感认同	村庄情感	我居住的村庄对我有特殊的情感意义	完全不同意 =1；不太同意 =2；一般 =3；比较同意 =4；完全同意 =5
		我想一直住在这个村子	
		村子让我有家一样的感觉	
		我很喜欢目前生活的村庄	
	身份认同	我认可自己是村庄的一份子	
		我愿意向其他人介绍说我是这个村子的	
		我认可自己是本地人	
		我愿意为村庄的发展与建设贡献力量，承担责任	

续表

维度	指标	指标描述	指标赋值
功能认同	自治认同	村子的村规民约、管理规范得到了大家的认可与遵守	非常不满意 = 1；不太满意 = 2；一般 = 3；比较满意 = 4；非常满意 = 5
		我很认可村子的管理与建设水平	
	生活认同	居住在这个村子，生活很便利	
		村庄环境的满意程度	
	文化认同	我与本村绝大多数村民具有共用的价值观念	完全不同意 = 1；不太同意 = 2；一般 = 3；比较同意 = 4；完全同意 = 5
		我认同并接受本村的传统习俗	
	经济认同	村民可以从村集体的经济发展中获益	
		我对我们村的经济发展前景十分乐观	

4.3.1.2　信度与效度检验

为验证情感认同和功能认同指标设置的合理性，本章借助 SPSS 22.0 软件，采用 Cronbach's α 值和 KMO 值进行信度与效度检验。一般来说，Cronbach's α 值超过 0.80、KMO 值超过 0.70，则意味着数据通过了检验，拥有较佳的信度与收敛效度。指标信度与效度检验结果如表 4 – 11 所示。不难看出，本书对村庄认同的指标设定是合理的。

表 4 – 11　　情感认同和功能认同指标的信度与效度检验结果

维度		指标	Cronbach's α 值	KMO 值
情感认同	村庄情感	我居住的村庄对我有特殊的情感意义	0.901	0.904
		我想一直住在这个村子		
		村子让我有家一样的感觉		
		我很喜欢目前生活的村庄		
情感认同	身份认同	我认可自己是村庄的一份子	0.901	0.904
		我愿意向其他人介绍说我是这个村子的		
		我认可自己是本地人		
		我愿意为村庄的发展与建设贡献力量，承担责任		

维度		指标	Cronbach's α 值	KMO 值
功能认同	自治认同	村子的村规民约、管理规范得到了大家的认可与遵守	0.845	0.813
		我很认可村子的管理与建设水平		
	生活认同	居住在这个村子，生活很便利		
		村庄环境的满意程度		
	文化认同	我与本村绝大多数村民具有共用的价值观念		
		我认同并接受本村的传统习俗		
	经济认同	村民可以从村集体的经济发展中获益		
		我对我们村的经济发展前景十分乐观		

4.3.1.3　村庄认同的测算

在验证上述指标的合理性后，本章首先借助熵值法，获取表征情感认同和功能认同各具体指标的权重。作为客观赋权法，熵值法依据指标所含信息的有序程度、给出具体权重，其优点在于：一是不太容易受到人为主观因素的干扰，可以较好体现数据本身的规律以及内在联系；二是计算操作容易，能够有效应对指标复杂且互相关联的情况。熵值法的具体步骤如下。

第一步，建立基础矩阵 $C = (c_{ij})$，c_{ij} 是农村居民 i 的第 j 个指标值，i 是整数且 $i \in [1, m]$，j 是整数且 $j \in [1, n]$。

第二步，测算农村居民 i 的第 j 个指标的比重 g_{ij}，计算公式如下：

$$g_{ij} = \frac{c_{ij}}{\sum_{i=1}^{m} c_{ij}} \tag{4-1}$$

第三步，测算信息熵 E_j，计算公式如下：

$$E_j = -K \sum_{i=1}^{m} g_{ij} \ln(g_{ij}) \tag{4-2}$$

第四步，测算信息效用评价值 D_j，计算公式如下：

$$D_j = 1 - E_j \tag{4-3}$$

第五步，测算指标权重 w_j，计算公式如下：

$$w_j = \frac{D_j}{\sum\limits_{j=1}^{m} D_j} \qquad (4-4)$$

第六步，测算综合评价值 v_j，计算公式如下：

$$v_i = \sum\limits_{j=1}^{m} w_j y_{ij} \qquad (4-5)$$

基于熵值法的情感认同和功能认同指标权重计算结果如表 4-12 所示。

表 4-12　　　　　　　　情感认同和功能认同指标权重计算结果

维度	指标	$\sum\limits_{i=1}^{m} g_{ij}\ln(g_{ij})$	K	E_j	D_j	$\sum\limits_{j=1}^{m} D_j$	w_j
情感认同	我居住的村庄对我有特殊的情感意义	-6.639		3.193	-2.193		0.125
	我想一直住在这个村子	-6.634		3.190	-2.190		0.125
	村子让我有家一样的感觉	-6.639		3.192	-2.192		0.125
	我很喜欢目前生活的村庄	-6.640		3.193	-2.193		0.125
	我认可自己是村庄的一份子	-6.642	0.481	3.194	-2.194	-17.535	0.125
	我愿意向其他人介绍说我是这个村子的	-6.641		3.193	-2.193		0.125
	我认可自己是本地人	-6.641		3.194	-2.194		0.125
	我愿意为村庄的发展与建设贡献力量，承担责任	-6.623		3.185	-2.185		0.125
功能认同	村子的村规民约、管理规范得到了大家的认可与遵守	-6.632		3.189	-2.189		0.125
	我很认可村子的管理与建设水平	-6.630		3.188	-2.188		0.125
	居住在这个村子，生活很便利	-6.634		3.190	-2.190		0.125
	村庄环境的满意程度	-6.634	0.481	3.190	-2.190	-17.513	0.125
	我与本村绝大多数村民具有共用的价值观念	-6.637		3.192	-2.192		0.125
	我认同并接受本村的传统习俗	-6.640		3.193	-2.193		0.125
	村民可以从村集体的经济发展中获益	-6.621		3.184	-2.184		0.125
	我对我们村的经济发展前景十分乐观	-6.625		3.186	-2.186		0.125

4.3.2 村庄认同的特征分析

为了消除各指标的量纲和单位差异以方便比较，本章进一步对降维后的情感认同和功能认同进行 Min-max 标准化处理，并对 Min-max 标准化处理后的情感认同和功能认同进行等权重加总取平均，最终得出农村居民的总体村庄认同，结果如表 4 – 13 所示。不难看出，农村居民的村庄认同程度均值为 0.751，其中，情感认同程度均值为 0.776，明显高于功能认同的 0.725，说明农村居民的村庄认同仍有待提升，尤其是功能认同。

表 4 – 13　　　　　　　　　　农村居民的村庄认同程度

维度	均值	标准差	最小值	最大值
情感认同	0.776	0.148	0	1
功能认同	0.725	0.141	0	1
村庄认同	0.751	0.135	0	1

第5章

外出务工、村庄认同对农村居民参与人居环境整治认知的影响

按照知情行理论和计划行为理论的观点，认知作为个体行为决策产生的首要环节，不仅对于理解个体的决策逻辑至关重要，同时关系着行为以及政策安排的效果好坏。为此，学者们围绕农村居民对参与人居环境整治认知展开热议，论证出农村居民对农村人居环境整治的参与认知能够驱动其意愿和行为（胡德胜等，2021；褚家佳，2021；赵新民等，2021；杨紫洪等，2021；林丽梅等，2017；邓正华等，2013；孙前路等，2020）。

然而遗憾的是，上述研究只关注了农村居民对参与人居环境整治的正面或积极认知，忽略了认知其实如同硬币的正反两面、具有二维性这一事实（严奉枭和颜廷武，2020）。具体来说，农村居民对参与人居环境整治或同时持有积极认知和消极认知，且这两种矛盾认知之间还会互相较量、进而产生对立冲突，亦即认知冲突。进一步，学者已意识到农村居民在秸秆还田和保护性耕作技术采用（郑纪刚和张日新，2021；严奉枭和颜廷武，2020）、宅基地产权（邹秀清等，2021）、化肥科学使用（崔元培等，2020）、生物农药施用（郭利京和赵瑾，2017）等方面的认知冲突，但缺乏对农村人居环境整治的讨论。可见，在探讨农村居民参与人居环境整治认知问题时，应对认知冲突给予足够关注。

此外，现有学者要么聚焦于农村居民参与人居环境整治的积极认知如何影响其参与意愿和行为（胡德胜等，2021；赵新民等，2021；褚家佳，2021；孙前路等，2020），要么从整体层面、寻找影响农村居民参与人居环境整治认知的因素（邓正华等，2013；杨紫洪等，2021；唐洪松，2020），而基于农村劳动力大量外出务工背景、探讨农村居民参与人居环境整治认知的文献较为鲜见。事实上，随着外界社会环境的变化，个体对待事物的认知亦将随之改变（李秀清等，2021）。而受城镇化、工业化进程与改革开放的影响，我国农村变化极大，以农村劳动力大量外出务工最为明显和深刻（邹杰玲等，2018），可见剖析外出务工对农村居民参与人居环境整治认知的影响诚有必要。

与此同时，已有针对农村居民参与人居环境整治认知的成果大多集中在性别（邓正华等，2013）、年龄（占敏露等，2018）、受教育程度（韩智勇等，2015）等个体特征，以及村规民约（杨紫洪等，2021）、地区经济发达程度（占敏露等，2018）等外部因素，较少关注村庄认同等心理情感因素在其中的作用。少数从认同视角切入的文献亦是通过理论分析、论证出农村居民的市民身份认同对其环境认知的正向作用（王亚星等，2021），借助微观调研数据、从实证角度进行探讨的文献并不多见。

基于此，本章将利用湖北省 777 份农村调研数据，从积极认知、消极认知、认知冲突三方面测度农村居民参与人居环境整治认知，实证检验外出务工、村庄认同在农村居民参与人居环境整治认知中的作用，以期丰富农村人居环境整治参与的相关讨论。

5.1 样本、模型和变量

5.1.1 样本特征

（1）个体特征。

农村居民的个体特征如表 5-1 所示。性别方面，男性农村居民相对较多，所占比重为 59.07%，女性农村居民相对较少，所占比重为 40.93%。

年龄方面，老年农村居民居多，所占比重为 47.10%，其次是中年农村居民，青年农村居民最少。受教育程度方面，超半数（50.71%）农村居民仅接受小学及以下教育，近四成（36.04%）农村居民的受教育程度为初中，读了高中（中专）的农村居民仅有 11.20%，受教育程度为大专及以上的农村居民最少，仅占 2.06%。健康程度方面，超六成（62.93%）农村居民表示健康程度较好或很好，认为自己一般健康的农村居民占 21.11%，13.64% 的农村居民回答健康程度较差，觉得自己健康程度很差的农村居民最少，仅有 2.32%。相关专业培训方面，仅 19.18% 的农村居民表示自己接受过人居环境整治相关专业培训，还有 80.82% 的农村居民未曾接受过相关专业培训。

表 5 - 1 　　　　　　　　　农村居民的个体特征

指标	分组	频数（个）	频率（%）
性别	女	318	40.93
	男	459	59.07
年龄/岁	≤44	82	10.55
	45~59	329	42.34
	≥60	366	47.10
受教育程度	未上学或不识字	101	13.00
	小学	293	37.71
	初中	280	36.04
	高中（中专）	87	11.20
	大专及以上	16	2.06
健康程度	很差	18	2.32
	较差	106	13.64
	一般	164	21.11
	较好	354	45.56
	很好	135	17.37
接受相关专业培训	是	149	19.18
	否	628	80.82

注：根据 WHO 的划分标准，农村居民年龄达到 44 岁为青年，达到 60 岁为老年，处在中间年龄段的农村居民为中年。

（2）家庭特征。

农村居民的家庭特征如表 5 - 2 所示。耕地规模方面，四成多（41.96%）

农村居民经营 5 亩以下的田地，耕作 50 亩以上田地的农村居民最少，仅占 5.41%。收入方面，家庭总收入为 5 万～10 万元的农村居民最多，占 26.77%，家庭总收入处于 10 万～20 万元的农村居民数量和家庭总收入为 1 万～5 万元的农村居民数量相当，家庭总收入为 20 万元以上的农村居民占 14.16%，家庭总收入不到 1 万元的农村居民最少，仅占 9.14%。家庭规模方面，近六成（57.92%）农村居民属于 3～5 人的中小型家庭，22.39% 农村居民的家庭规模为 6～8 人，17.76% 的农村居民拥有 2 人及以下的家庭规模，拥有 9 个及以上家庭成员的农村居民最少，所占比重为 1.93%。政治身份方面，仅有 16.47% 的农村居民表示家中有人当过村组以上干部，83.53% 的农村居民家中无人当过村组以上干部。亲友参与方面，六成多（65.38%）农村居民表示身边有亲友参与村庄人居环境整治，34.62% 的农村居民回答没有亲友参与村庄人居环境整治。

表 5-2　　　　　　　　　农村居民的家庭特征

指标	分组	频数（个）	频率（%）
耕地规模/亩	<5	326	41.96
	[5, 10]	217	27.93
	(10, 20]	129	16.60
	(20, 50]	63	8.11
	>50	42	5.41
家庭总收入/万元	≤1	71	9.14
	(1, 5]	190	24.45
	(5, 10]	208	26.77
	(10, 20]	198	25.48
	>20	110	14.16
家庭规模/个	≤2	138	17.76
	3～5	450	57.92
	6～8	174	22.39
	≥9	15	1.93
家中有人当过村组以上干部	是	128	16.47
	否	649	83.53
亲友参与村庄人居环境治理	是	508	65.38
	否	269	34.62

（3）村庄特征。

农村居民的村庄特征如表 5 - 3 所示。地形方面，半数（53.93%）农村居民居住在丘陵地形的村庄，村庄地形为平原的农村居民占 44.27%，1.80% 的农村居民表示本村地形为山地。村规民约方面，91.51% 的农村居民表示本村有村规民约，仅有 8.49% 的农村居民回答村里没有村规民约。乡镇驻地方面，村庄是乡镇政府所在地的农村居民仅占 18.28%，81.72% 的农村居民表示本村不是乡镇政府所在地。地方宗族方面，仅 27.03% 的农村居民表示本村有宗族祠堂，还有 72.97% 的农村居民回答村里无宗族祠堂。

表 5 - 3　　　　　　　　　　　农村居民的村庄特征

指标	分组	频数（个）	频率（%）
村庄地形	平原	344	44.27
	丘陵	419	53.93
	山地	14	1.80
村规民约	有	711	91.51
	无	66	8.49
乡镇驻地	是	142	18.28
	否	635	81.72
地方宗族	有	210	27.03
	无	567	72.97

5.1.2　变量选取

本章的被解释变量为农村居民参与人居环境整治认知。考虑农村居民对同一事物同时持有积极和消极认知的现象普遍存在，且积极认知和消极认知之间容易产生冲突（Setälä et al.，2014），故而本章对农村居民参与人居环境整治认知设定了农村居民对参与人居环境整治的积极认知、消极认知、认知冲突 3 个维度。在农村居民参与人居环境整治积极认知的变量设定中，本章参考了赵新民等（2021）、胡德胜等（2021）、孙前路等（2020）、晋荣荣等（2021）、张童朝等（2020a）研究；在农村居民参与人

居环境整治消极认知的变量设定中，本章参考了廖冰（2021）、张童朝等
（2019a）、严奉枭和颜廷武（2020）、晋荣荣等（2021）文献。为了进一步
验证上述指标设置的合理性，本章借助 SPSS 22.0 软件，采用 Cronbach's α
值和 KMO 值进行信度与效度检验，结果如表 5-4 所示。

表 5-4　　　　积极认知与消极认知指标的信度与效度检验结果

维度	指标	赋值方式	Cronbach's α 值	KMO 值
参与农村人居环境整治的积极认知	参与农村人居环境整治有利于促进村庄长远规划发展	完全不同意 =1；不太同意 =2；一般 =3；比较同意 =4；完全同意 =5	0.856	0.838
	参与农村人居环境整治有利于减少疾病传播、促进身心健康			
	参与农村人居环境整治有利于减少污染、改善生态环境			
	参与农村人居环境整治有利于提高生活质量与满意度			
	参与农村人居环境整治有利于获得表扬、尊重和增加声誉、好评			
参与农村人居环境整治的消极认知	参与农村人居环境整治需要花费很多金钱	完全不同意 =1；不太同意 =2；一般 =3；比较同意 =4；完全同意 =5	0.875	0.812
	参与农村人居环境整治需要花费很多精力			
	参与农村人居环境整治需要花费很多时间			
	参与农村人居环境整治太麻烦			
	参与农村人居环境整治投入多、效益低			

在验证指标的信度与效度后，参考沃尔科等（Volkow et al.，2016）、
郭利京和赵瑾（2017）、郑纪刚和张日新（2021）等学者的做法，本章采
用探索性因子分析方法结合态度矛盾测量公式（即 Griffin 公式）测算农村
居民对参与人居环境整治的认知冲突，即在科学构建积极认知与消极认知
的指标体系基础上，利用探索性因子分析方法提取出积极认知公因子与消
极认知公因子[1]，之后利用公式"（积极认知因子得分 + 消极认知因子得
分）/2 - ｜积极认知因子得分 - 消极认知因子得分｜ + A"[2]，计算出农村
居民对参与人居环境整治的认知冲突，结果如表 5-5 所示。

---

[1]　方差累计贡献率为67.55%，大于50%，说明提取的公因子较强地解释了原有变量所含信息。因子1即消极认知因子，因子2即消极认知因子。

[2]　A 是为了确保所得结果为正值而赋予的自然数，本书中 A =8。

表 5 - 5　　　　　农村居民参与人居环境整治认知冲突指标的分析结果

名称	含义与赋值	均值	标准差	因子1	因子2
参与农村人居环境整治的积极认知	参与农村人居环境整治有利于促进村庄长远规划发展	4.03	0.81	-0.023	0.752
	参与农村人居环境整治有利于减少疾病传播、促进身心健康	4.18	0.70	-0.003	0.883
	参与农村人居环境整治有利于减少污染、改善生态环境	4.20	0.70	-0.077	0.874
	参与农村人居环境整治有利于提高生活质量与满意度	4.14	0.73	-0.073	0.859
	参与农村人居环境整治有利于获得表扬、尊重和增加声誉、好评	3.62	0.92	-0.104	0.641
参与农村人居环境整治的消极认知	参与农村人居环境整治需要花费很多金钱	3.02	1.22	0.934	0.027
	参与农村人居环境整治需要花费很多精力	3.03	1.22	0.956	0.042
	参与农村人居环境整治需要花费很多时间	3.03	1.21	0.946	0.040
	参与农村人居环境整治太麻烦	2.65	1.10	0.731	-0.168
	参与农村人居环境整治投入多、效益低	2.70	0.98	0.419	-0.226

农村居民参与人居环境整治认知冲突的描述性统计分析结果如表 5 - 6 所示。不难看出，农村居民参与人居环境整治认知冲突均值为 6.89，说明农村居民在参与人居环境整治上既持有消极认知，又拥有积极认知，存在一定认知冲突。

表 5 - 6　　　　　　　　　变量的含义与赋值

变量名称	含义与赋值	均值	标准差
被解释变量			
农村居民参与人居环境整治的积极认知	按上述方法计算所得	0.00	1.00
农村居民参与人居环境整治的消极认知	按上述方法计算所得	0.00	1.00
农村居民参与人居环境整治的认知冲突	按上述方法计算所得	6.89	1.25
解释变量			
外出务工	外出务工人数在家庭总人口中所占的比重（%）	0.30	0.25
村庄认同	详见 4.3 节	0.75	0.14
控制变量			
性别	女 = 0，男 = 1	0.59	0.49

续表

变量名称	含义与赋值	均值	标准差
年龄	农村居民的实际年龄（岁）	58.68	11.58
受教育程度	农村居民的实际受教育年限（年）	6.55	3.94
健康程度	很差=1，较差=2，一般=3，较好=4，很好=5	3.62	1.00
接受相关专业培训	否=0，是=1	0.19	0.39
耕地规模	2020年家庭经营耕地规模（亩）	17.98	90.28
家庭总收入	2020年家庭年总收入（万元）	12.16	25.28
家庭规模	2020年家庭总人口数量（人）	4.28	1.73
家中有人当过村组以上干部	否=0，是=1	0.16	0.37
亲友参与村庄人居环境治理	否=0，是=1	0.65	0.48
村庄地形	平原=1，丘陵=2，山地=3	1.58	0.53
住处到村委会的距离	农村居民住处到村委会的距离（km）	1.36	10.91
村规民约	无=0，有=1	0.92	0.28
乡镇驻地	否=0，是=1	0.18	0.39
地方宗族	无=0，村庄有宗族祠堂=1	0.27	0.44
地区虚拟变量	黄石市=1，其他=0	0.21	0.41
	荆门市=1，其他=0	0.23	0.42
	潜江市=1，其他=0	0.23	0.42
	武汉市=1，其他=0	0.17	0.38
	襄阳市=1，其他=0	0.10	0.30

　　本章的解释变量包括外出务工和村庄认同。外出务工方面，参考王博和朱玉春（2018）、杜三峡等（2021）以及李芬妮等（2020a）的研究，本章使用"外出务工人数占家庭总人口比重"作为表征，并使用"外出务工收入占家庭总收入比重"替换原来的变量，以展开稳健性检验。村庄认同方面详见4.3节。

　　为排除干扰，本章还设置了个人特征、家庭特征和地区特征可能会影响农村居民参与人居环境整治认知的控制变量。为了控制个体特征的影响，本章设置了性别、年龄、受教育程度、健康程度和人居环境整治培训接受情况5个变量。就性别而言，部分学者认为女性往往倾向于和大自然维持着保护和保育的关系，而非掠夺和破坏（杨玉静，2010），会给予环境问题更多的关心（Blocker and Eckberg，1997），对农村生活环境的认知亦相对较高（邓正华等，2013）。但还有学者持相反态度，指出男性本身就比女性具备更高的学习能力与热情（何悦和漆雁斌，2020），同时在家庭中拥有"主外"的分工，认识环境治理等新事物的机会较多（邝佛缘等，2018）、接受新生事物的程度更深（李芬妮等，2019a；李芬妮等，2019b），掌握的环境知识多于女性（宋言奇，2010），由此，性别和农村居民参与人居环境整治认知之间的关系还有待讨论。年龄方面，已有学者论证出年龄同农村居民认知负相关（刘子飞和刘龙腾，2019），这主要是因为年龄越大的农村居民不仅在收集与认识新事物、思维及理念上的渠道较少、热情较小，同时拥有相对落后的接受与理解能力（邝佛缘等，2018；宋言奇，2010）。就受教育程度和农村居民参与人居环境整治认知之间的关系而言，认知理论指出受教育程度是影响个体认知发展的决定性因素（李根丽等，2016）；换言之，农村居民的受教育程度越高，不仅越能深刻理解整治村庄人居环境的必要性及国家相关政策要求（李芬妮等，2020b），同时还具备较强学习、了解和接受农村人居环境整治知识和信息的能力，从而有助于实现环保认知水平的提升。健康程度方面，村庄居住环境与农村居民健康状况息息相关，为了维持现有或追求更高的健康水平，健康程度越高的农村居民往往对农村环境卫生给予较高关注（李芬妮等，2021），亦会主动涉足和了解包括农村人居环境整治在内的环保领域，从而对农村人居环境整治持有较多的认知。就培训接受情况和农村居民参与人居环境整治认知之间的关系而言，农村居民在接受相关专业培训过程中，不仅容易积累有关农村人居环境整治知识、措施等内容，同时还能了解环境治理益处、必要性、重要性等信息，从而增强了认知水平。

　　家庭特征变量包括耕地规模、家庭总收入、家庭规模、家中是否有人当过村组以上干部和亲友参与村庄人居环境整治等 5 个变量。就耕地规模和农村居民参与人居环境整治认知之间的关系而言，由于质量不佳的村庄居住环境会引发农村居民的生产生活不便，耕地规模越大的农村居民产生的废弃物更多、处理需求更迫切，因而这类居民将更为主动了解有关环境治理方面的事物和信息，从而对农村人居环境整治持有较多认知。家庭总收入方面，马斯洛（Maslow，1943）的需求层次理论指出，只有达到一定收入水平、满足基本生存需求的农村居民才会追求更高层次需求，如关心环境问题等（张童朝等，2017；李芬妮等，2021），由此，家庭总收入水平越高的农村居民往往更为关注和在意有关改善农村人居环境的话题与知识，从而拥有较高认知水平。就家庭规模和农村居民参与人居环境整治认知之间的关系而言，一般来说，家庭规模越大、日常产生的各类废弃物越多（闵继胜和刘玲，2015），由此引致出住所环境污染、健康水平下降的可能性越大（唐林等，2019b），故而这类农村居民或因较强处理需求（赵新民等，2021）而积极了解农村人居环境整治等相关领域事物，从而认知水平较高。家中有人当过村组以上干部方面，村组以上干部是落实国家村庄环境治理安排的重要角色（张童朝等，2020c），不仅因本职工作需要而对当地环境污染的现状较为了解，有更多机会全面掌握、深入接触有关农村人居环境整治的政策文件和落地方案，同时还能准确、及时地向身边人传递村庄人居环境治理益处等信息，从而使得家中有人当过村组以上干部的农村居民对参与人居环境整治持有较高认知。亲友参与村庄人居环境整治方面，由于从众心理与群体效应的普遍存在（林丽梅等，2017；唐林等，2019b），当农村居民身边存在参与村庄人居环境整治的亲友时，亲友参与人居环境整治后的实际效果评价与良好口碑信息将扩充和加深农村居民对人居环境整治的认识范围和程度，从而增强认知水平。

地区特征变量包括村庄地形、住处到村委会的距离、村规民约、乡镇驻地和地方宗族等5个变量。就村庄地形和农村居民参与人居环境整治认知之间的关系而言，由于丘陵山地地形在一定程度上会减缓新生事物的传播速度、增大扩散难度、降低内容和信息的完整性和准确性，从而不利于农村居民对村庄人居环境整治等事物形成全面认知。住处到村委会的距离和乡镇驻地方面，所谓"近水楼台先得月"，村委会作为农村环境治理的基层实施机构（林丽梅等，2017），农村居民的住处到其距离越近，获取农村人居环境整治行动等国家政策安排的渠道越便利、接收有关内容和信息越一手和准确，解决农村人居环境整治疑虑和问题的速度越快，从而提高了认知水平；类似地，一般来说，为了展示政治成就，乡镇政府工作人员在开展工作时大多倾向于就近在周边村庄推广（Pan et al.，2017），由此，村庄是乡镇驻地的居民将较先接收到村庄居住环境治理等信息和政策安排，从而对农村人居环境整治产生更多认知和了解。就村规民约和农村居民参与人居环境整治认知之间的关系而言，已有研究证实，一方面，农村居民通过学习、了解与遵循村规民约中有关村庄环境治理与保护的行为规范，形成对农村人居环境整治的基本认知，另一方面，农村居民还将在村规民约制定的破坏环境卫生行为奖惩条例下加深对参与农村人居环境整治的认知（杨紫洪等，2021）。地方宗族方面，既有学者认为宗族的存在会导致农村居民的关系网络相对封闭，从而阻碍环境治理的传播和落实（肖永添，2018），但也有学者指出农村居民因宗族网络而具备信息获取优势（郭云南等，2014），由此，地方宗族对农村居民参与人居环境整治认知的影响亟待进一步论证。所有变量的含义与赋值如表 5-6 所示。

5.1.3　模型选择

由于农村居民对参与人居环境整治认知包括积极认知、消极认知与认知冲突 3 个维度，且这三个变量均是连续型变量，故本章利用 OLS 估计展开分析。具体模型如下：

$$\text{Cognition} = \alpha_0 + \alpha_1 \text{LM} + \alpha_2 \text{VI} + \alpha_3 \text{Control} + \varepsilon \qquad (5-1)$$

在式（5-1）中，Cognition 代表农村居民参与人居环境整治认知，包括积极认知、消极认知与认知冲突；LM 表示外出务工变量；VI 表示村庄认同变量；Control 是控制变量。α_0、α_1、α_2、α_3 代表待估系数；ε 代表随机扰动项。

5.2　回归结果与分析

5.2.1　农村居民参与人居环境整治积极认知的回归结果

运用 StataSE 15.0 软件，本章通过逐步纳入解释变量进行 OLS 估计，检验了外出务工、村庄认同对农村居民参与人居环境整治积极认知的影响，结果如表5-7所示。回归1是控制变量对农村居民参与人居环境整治积极认知影响的回归结果，回归2是在回归1基础上纳入外出务工和村庄认同的回归结果，不难看出，随着变量的纳入，F值从回归1的7.15增加至回归2的12.43，R^2从回归1的0.140增加至回归2的0.219，表明回归结果的解释力逐步增加。下述分析主要围绕回归2展开。

表5-7　　　　　农村居民参与人居环境整治积极认知的回归结果

变量名称	回归1		回归2	
	系数	边际效应	系数	边际效应
外出务工			0.358 ** (0.141)	0.358
村庄认同			2.194 *** (0.341)	2.194
性别	0.042 (0.072)	0.042	0.072 (0.069)	0.072
年龄	-0.010 *** (0.003)	-0.010	-0.013 *** (0.003)	-0.013
受教育程度	0.016 (0.010)	0.016	0.012 (0.009)	0.012
健康程度	0.055 (0.038)	0.054	-0.001 (0.038)	-0.001
接受相关专业培训	-0.039 (0.090)	-0.039	-0.033 (0.089)	-0.033
耕地规模	-0.000 (0.001)	0.000	0.000 (0.001)	0.000
家庭总收入	0.004 ** (0.002)	0.004	0.002 (0.002)	0.002
家庭规模	-0.025 (0.020)	-0.025	-0.030 (0.019)	-0.030
家中有人当过村组以上干部	0.095 (0.088)	0.095	0.056 (0.088)	0.056
亲友参与村庄人居环境治理	0.516 *** (0.088)	0.516	0.355 *** (0.089)	0.355
村庄地形	-0.170 (0.124)	-0.170	-0.268 ** (0.112)	-0.268
住处到村委会的距离	-0.003 *** (0.001)	-0.003	-0.002 *** (0.001)	-0.002
村规民约	0.022 (0.137)	0.022	-0.025 (0.135)	-0.025
乡镇驻地	-0.104 (0.097)	-0.104	-0.102 (0.091)	-0.102
地方宗族	-0.114 (0.127)	-0.114	-0.116 (0.133)	-0.116
地区虚拟变量	已控制		已控制	
观察值	777		777	
F	7.15		12.43	
R^2	0.140		0.219	

注：** 和 *** 分别表示在5%和1%的水平上显著。括号内为稳健标准误。

从表5-7回归2中可以看出，外出务工在5%的统计水平上正向显著，且边际效应值为0.358，表明外出务工强化农村居民对参与人居环境

整治的积极认知。原因或在于，外出务工拓宽了农村居民的信息获取渠道
与社交网络，增强对农村人居环境整治相关政策的了解，使得农村居民更
能意识到环境治理的益处（唐林等，2021），从而提升了对参与农村人居
环境整治的积极认知。

由表 5 - 7 回归 2 可知，村庄认同在 1% 的统计水平上正向显著，且边
际效应值为 2.194，意味着村庄认同增强农村居民对参与人居环境整治的
积极认知。可能的解释是，村庄认同越高的农村居民越重视有益于村庄建
设与长远发展的事物（李芬妮等，2020b；唐林等，2019b），如农村居住
环境治理等，从而提高了自身对参与人居环境整治必要性、重要性、益处
等方面的积极认知。

表 5 - 7 回归 2 结果显示，年龄在 1% 的统计水平上负向显著，且边际
效应值为 - 0.013，说明农村居民越年轻、对参与农村人居环境整治的积极
认知越高。这或许是由于，年龄越小的农村居民思维越活跃、观念越开
放，认识与接受新生、先进事物的能力越强，从而越容易积累有关参与农
村人居环境整治的积极认知。

由表 5 - 7 回归 2 可知，亲友参与村庄人居环境整治在 1% 的统计水平
上正向显著，且边际效应值为 0.355，表明农村居民周围参与村庄人居环
境整治的亲友越多、其对参与农村人居环境整治的积极认知越高。可能的
解释是，参与村庄人居环境整治的亲友会依据其参与后的实际效果，释放
出农村人居环境整治措施在改善村容村貌、减少疾病传染、提高生活质量
等方面的真实口碑信息，从而使得农村居民对参与人居环境整治的积极认
知有所提升。

从表 5 - 7 回归 2 中可以发现，村庄地形在 5% 的统计水平上负向显
著，且边际效应值为 - 0.268，意味着居住在平原地形村庄的农村居民对参
与人居环境整治的积极认知更高。这或许是因为，相较于山地丘陵等地形，
地形平坦的平原村庄具有较低封闭性（李芬妮等，2019c），有助于农村人
居环境整治等先进事物传播与扩散的同时，还方便环境治理设施的修建，
从而助益于农村人居环境整治行动的推进和农村居民积极认知的提升。

表 5 - 7 回归 2 结果显示，住处到村委会的距离在 1% 的统计水平上负
向显著，且边际效应值为 - 0.002，意味着住处到村委会距离越近的农村居

民对参与农村人居环境整治的积极认知更高。可能的原因是，农村居民的居住地离村委会越近、越容易从村委会获取有关农村人居环境整治的正面内容与信息，从而增加了对参与农村人居环境整治的积极认知。

5.2.2　农村居民参与人居环境整治消极认知的回归结果

运用 StataSE 15.0 软件，本章采取逐步纳入变量的方式进行 OLS 估计，检验外出务工、村庄认同对农村居民参与人居环境整治消极认知的影响，结果如表 5 - 8 所示。回归 3 是控制变量对农村居民参与人居环境整治消极认知影响的回归结果，回归 4 是在回归 3 的基础上纳入外出务工和村庄认同的回归结果，不难看出，随着变量的纳入，F 值从回归 3 的 4.65 增加至回归 4 的 9.41，R^2 从回归 3 的 0.092 增加至回归 4 的 0.182，表明回归结果的解释力逐步增加。下述分析主要围绕回归 4 展开。

表 5 - 8　　　　农村居民参与人居环境整治消极认知的回归结果

变量名称	回归 3		回归 4	
	系数	边际效应	系数	边际效应
外出务工			0.389 *** (0.141)	0.389
村庄认同			- 2.298 *** (0.288)	- 2.298
性别	0.155 * (0.080)	0.155	0.152 ** (0.074)	0.152
年龄	- 0.005 (0.004)	- 0.005	- 0.002 (0.004)	- 0.002
受教育程度	- 0.003 (0.012)	- 0.003	0.001 (0.011)	0.001
健康程度	- 0.078 * (0.042)	- 0.078	- 0.033 (0.040)	- 0.033
接受相关专业培训	- 0.165 * (0.096)	- 0.165	- 0.163 * (0.091)	- 0.163
耕地规模	0.000 (0.001)	0.000	0.001 (0.001)	0.001
家庭总收入	- 0.003 (0.002)	- 0.003	- 0.004 (0.002)	- 0.004
家庭规模	- 0.007 (0.022)	- 0.007	- 0.006 (0.020)	- 0.006
家中有人当过村组以上干部	- 0.051 (0.101)	- 0.051	0.030 (0.098)	0.030
亲友参与村庄人居环境治理	- 0.425 *** (0.076)	- 0.425	- 0.256 *** (0.077)	- 0.256
村庄地形	- 0.032 (0.120)	- 0.032	0.048 (0.124)	0.048
住处到村委会的距离	0.003 *** (0.001)	0.003	0.002 *** (0.001)	0.002
村规民约	- 0.021 (0.143)	- 0.021	0.010 (0.141)	0.010

续表

变量名称	回归 3		回归 4	
	系数	边际效应	系数	边际效应
乡镇驻地	0.081（0.104）	0.081	0.091（0.103）	0.091
地方宗族	0.223（0.143）	0.223	0.187（0.141）	0.187
地区虚拟变量	已控制		已控制	
观察值	777		777	
F	4.65		9.41	
R^2	0.092		0.182	

注：＊和＊＊＊分别表示在10%和1%的水平上显著。括号内为稳健标准误。

从表 5-8 回归 4 中不难看出，外出务工在 1% 的统计水平上正向显著，且边际效应值为 0.389，表明外出务工强化农村居民对参与人居环境整治的消极认知。可能的解释是，外出务工降低了农村居民的利益感知（唐林等，2019c）、提高了参与成本（黄云凌，2020；闵继胜和刘玲，2015；李芬妮等，2020a），使得农村居民生出自身及家人难以享受到同未外出居民相当的居住环境改善等整治利益的想法，从而引发出参与农村人居环境整治成本高、效益低等消极认知。

由表 5-8 回归 4 可知，村庄认同在 1% 的统计水平上负向显著，且边际效应值为 -2.298，意味着村庄认同降低农村居民对参与人居环境整治的消极认知。原因或在于，村庄认同有助于降低农村居民参与村庄事务的心理成本、增强参与人居环境整治的收益预期（李芬妮等，2020a），从而使得农村居民不易对参与人居环境整治产生成本高、效益低等消极认知。

从表 5-8 回归 4 中可以发现，性别在 5% 的统计水平上正向显著，且边际效应值为 0.152，说明男性农村居民更易对参与人居环境整治产生消极认知。可能的解释是，较之于女性农村居民，男性农村居民不仅较少关注环境问题，同时更倾向于从逐利角度开发环境资源（杨玉静，2010），从而更易对参与农村人居环境整治生出消极认知。

由表 5-8 回归 4 可知，接受相关专业培训在 10% 的统计水平上负向显著，且边际效应值为 -0.163，表明农村居民接受的专业培训越多、越不易对参与农村人居环境整治产生消极认知。这或许是由于，接受专业培训的农村居民更容易获取和积累村庄人居环境整治益处、必要性、重要性等信息，看待农村人居环境整治更为清醒和全面，从而不易对参与农村人居环境整治形成消极认知。

表5-8回归4结果显示，亲友参与村庄人居环境整治在1%的统计水平上负向显著，且边际效应值为-0.256，说明周围参与村庄人居环境整治的亲友越多、农村居民参与人居环境整治的消极认知越低。可能的原因是，农村居民身边参与的亲友越多、越易从中获取有关农村人居环境整治参与的良好客观评价，从而不易产生消极认知。

从表5-8回归4中不难看出，住处到村委会的距离在1%的统计水平上正向显著，且边际效应值为0.002，意味着住处到村委会距离越远的农村居民对参与人居环境整治的消极认知更高。这或许是由于农村居民的居住地离村委会越远，越难及时从村委会获取农村人居环境整治内容与信息，亦不易有效解决治理村庄居住环境过程中出现的问题和疑虑，从而引发出一定程度的消极认知或认识不足。

5.2.3　农村居民参与人居环境整治认知冲突的回归结果

运用StataSE 15.0软件，本章采取逐步纳入变量的方式进行OLS估计，检验外出务工、村庄认同对农村居民参与人居环境整治认知冲突的影响，结果如表5-9所示。回归5是控制变量对农村居民参与人居环境整治认知冲突影响的回归结果，回归6是在回归5的基础上纳入外出务工和村庄认同的回归结果，不难看出，随着变量的纳入，F值从回归5的3.10增加至回归6的4.10，R^2从回归5的0.067增加至回归6的0.090，表明回归结果的解释力逐步增加。下述分析主要围绕回归6展开。

表5-9　　　　农村居民参与人居环境整治认知冲突的回归结果

变量名称	回归5		回归6	
	系数	边际效应	系数	边际效应
外出务工			0.499 *** (0.178)	0.499
村庄认同			-1.161 *** (0.405)	-1.161
性别	0.132 (0.098)	0.132	0.141 (0.096)	0.141
年龄	-0.008 * (0.005)	-0.008	-0.006 (0.005)	-0.006

续表

变量名称	回归 5		回归 6	
	系数	边际效应	系数	边际效应
受教育程度	0.003 (0.015)	0.003	0.005 (0.015)	0.005
健康程度	-0.046 (0.051)	-0.046	-0.028 (0.051)	-0.028
接受相关专业培训	-0.079 (0.124)	-0.079	-0.075 (0.123)	-0.075
耕地规模	-0.001 (0.001)	-0.001	-0.000 (0.001)	0.000
家庭总收入	0.001 (0.003)	0.001	-0.000 (0.003)	0.000
家庭规模	-0.019 (0.026)	-0.019	-0.020 (0.026)	-0.020
家中有人当过村组以上干部	0.116 (0.118)	0.116	0.172 (0.114)	0.172
亲友参与村庄人居环境治理	0.008 (0.111)	0.008	0.094 (0.115)	0.094
村庄地形	-0.073 (0.145)	-0.073	-0.041 (0.148)	-0.041
住处到村委会的距离	0.003 ** (0.001)	0.003	0.002 ** (0.001)	0.002
村规民约	0.254 (0.183)	0.254	0.262 (0.182)	0.262
乡镇驻地	0.085 (0.123)	0.085	0.095 (0.125)	0.095
地方宗族	0.427 ** (0.171)	0.427	0.394 ** (0.166)	0.394
地区虚拟变量	已控制		已控制	
观察值	777		777	
F	3.10		4.10	
R^2	0.067		0.090	

注：** 表示在5%的水平上显著。括号内为稳健标准误。

由表5-9回归6可知，外出务工在1%的统计水平上正向显著，且边际效应值为0.499，表明外出务工引发农村居民对参与人居环境整治的认知冲突。可能的原因是，外出务工促使农村居民对参与人居环境整治产生积极认知和消极认知，这两种较高水平的矛盾认知互相较量进而引致出认知冲突。

从表5-9回归6中不难发现，村庄认同在1%的统计水平上负向显著，且边际效应值为-1.161，意味着村庄认同抑制农村居民对参与人居环境整治产生认知冲突。这或许是因为，村庄认同在增强农村居民对参与人居环境整治积极认知的同时，亦降低了其对参与人居环境整治的消极认知，从而使得农村居民不易对参与人居环境整治出现认知冲突。

从表5-9回归6中可以看出，住处到村委会的距离在5%的统计水平上正向显著，且边际效应值为0.002，表明农村居民住处到村委会的距离越远、越可能对参与农村人居环境整治产生认知冲突。可能的解释是，农村居民的居住地离村委会越远，对参与农村人居环境整治产生消极认知的可能性越大、对参与农村人居环境整治生出积极认知的概率越小，从而越易出现认知冲突。

表5-9回归6结果显示，地方宗族在5%的统计水平上正向显著，且边际效应值为0.394，说明地方有宗族的农村居民更易对参与人居环境整治产生认知冲突。这可能是由于宗族存在抑制农村居民关系网络的可能（肖永添，2018），导致农村居民对人居环境整治的认知相对不足或片面，从而在一定程度上引发了认知冲突。

5.2.4　回归结果的稳健性检验

本章采取以下方法证明上述结果的稳健性：第一种是平滑样本奇异值；考虑到微观调研时，农村居民可能策略性"低报"或礼貌性"高报"其真实想法，从而使得调查样本出现首尾奇异值。为了消除特异值对回归结果的不利影响，本章运用 Winsorize 方法对样本上下5%的特异值进行平滑处理后重新回归。第二种是替换变量；本章运用"外出务工收入占比"替换原有外出务工变量"外出务工人数占比"后重新回归，结果如表5-10所示。不难看出，外出务工在农村居民参与人居环境整治积极认知、消极认知和认知冲突模型中的系数为正且通过了显著性检验，村庄认同在农村居民参与人居环境整治积极认知模型中的系数为正、在农村居民参与人居环境整治消极认知和认知冲突模型中的系数为负且通过了显著性检验，这一发现同表5-7、表5-8、表5-9大体一致，从而证明了回归结果的稳健性。

表5-10　　　　外出务工、村庄认同影响农村居民参与环境整治
认知的稳健性检验结果

变量名称	积极认知		消极认知		认知冲突	
	平滑样本奇异值	替换变量	平滑样本奇异值	替换变量	平滑样本奇异值	替换变量
外出务工	0.287 ** (0.136)	0.206 ** (0.093)	0.406 *** (0.143)	0.212 ** (0.092)	0.482 *** (0.183)	0.260 ** (0.122)

续表

变量名称	积极认知		消极认知		认知冲突	
	平滑样本奇异值	替换变量	平滑样本奇异值	替换变量	平滑样本奇异值	替换变量
村庄认同	2.404 ***	2.179 ***	−2.319 ***	−2.313 ***	−1.095 ***	−1.181 ***
	(0.301)	(0.354)	(0.305)	(0.287)	(0.416)	(0.412)
控制变量	已控制	已控制	已控制	已控制	已控制	已控制
观察值	777	777	777	777	777	777
F	12.32	11.68	8.53	8.75	3.49	3.60
R^2	0.233	0.217	0.182	0.179	0.088	0.086

注：*** 表示在1%的水平上显著。括号内为稳健标准误。

5.3　外出务工和村庄认同影响的异质性分析

进一步，本章运用 SUEST 方法，分析外出务工、村庄认同在农村居民参与人居环境整治认知中的异质性影响。需要说明的是，本章仅就组间系数差异显著的变量展开讨论。

5.3.1　受教育程度异质性分析

本章将受教育年限高于均值的样本划为高受教育程度组，反之则为低受教育程度组，进行 SUEST 检验，以考察外出务工、村庄认同在影响农村居民参与人居环境整治认知中的受教育程度差异，结果如表 5－11 所示。可以看出，在农村居民参与人居环境整治认知冲突模型中，低受教育程度组的村庄认同变量未通过显著性检验，而高受教育程度组的村庄认同变量在1%的统计水平上负向显著，且 p-value 在1%的统计水平上显著异于零，表明村庄认同对不同受教育程度农村居民参与人居环境整治认知冲突的影响具有明显差异，村庄认同在抑制高受教育程度农村居民对参与人居环境整治产生认知冲突上的作用力更强。可能的解释是，高受教育程度农村居民在接收和理解"保护环境""绿水青山就是金山银山"等理念上的能力较强，对村庄人居环境污染后果、环境整治益处认识得更为透彻与清晰（李芬妮等，2020b），环境保护意识更高（Cacioppe et al.，2008；苏淑仪等，2020），世界观更广泛（Goeldner and Ritchie，2009），故而不易对参与农村人居环境整治产生认知冲突。

表5-11　　　　　　　　　受教育程度异质性回归结果

变量名称	回归7（认知冲突）		
	高受教育程度	低受教育程度	p-value
外出务工	0.331（0.244）	0.510*（0.267）	0.620
村庄认同	-2.376***（0.515）	-0.126（0.563）	0.003***
控制变量	已控制	已控制	
观察值	383	394	
F	2.69	1.89	
R^2	0.135	0.097	

注：*和***分别表示在10%和1%的水平上显著。括号内为稳健标准误。p-value为运用SUEST检验外出务工、村庄认同在不同组间系数差异显著性而得。

5.3.2　外出务工时长异质性分析

本章将外出务工时长为6个月及以上的样本划为长期外出务工组，反之则为短期外出务工组，进行SUEST检验，以考察外出务工、村庄认同在影响农村居民参与人居环境整治认知中的外出务工时长差异，结果如表5-12所示。由表5-12回归8可知，在农村居民参与人居环境整治消极认知模型中，长期外出务工组的村庄认同变量在1%的统计水平上负向显著，而短外期务工组的村庄认同变量在1%的统计水平上负向显著，且村庄认同变量在短期外出务工组的系数大于长期外出务工组，p-value在5%的统计水平上显著异于零，表明村庄认同均有助于降低长期外出务工和短期外出务工农村居民对参与人居环境整治的消极认知，但影响存在明显差异，村庄认同在抑制短期外出务工农村居民参与人居环境整治消极认知上的作用强于长期外出务工农村居民。可能的原因是，短期外出务工农村居民因离开村庄时间较短，利益感知略多于长期外出务工农村居民，对参与农村人居环境整治的消极认知亦会较少，故而村庄认同在缓解短期外出务工农村居民参与人居环境整治消极认知上的影响更强。

表 5 – 12　　　　　　　　　　外出务工时长异质性回归结果

变量名称	回归 8（消极认知）			回归 9（认知冲突）		
	长期外出务工	短期外出务工	p-value	长期外出务工	短期外出务工	p-value
外出务工	0.409 (0.251)	0.214 (0.233)	0.568	0.364 (0.314)	0.382 (0.327)	0.968
村庄认同	− 1.615 *** (0.387)	− 3.064 *** (0.422)	0.012 ***	− 0.524 (0.540)	− 1.879 *** (0.555)	0.080 *
控制变量	已控制	已控制		已控制	已控制	
观察值	456	321		456	321	
F	3.47	5.06		2.31	2.39	
R^2	0.150	0.272		0.105	0.150	

注：* 和 *** 分别表示在 10% 和 1% 的水平上显著。括号内为稳健标准误。p-value 为运用 SUEST 检验外出务工、村庄认同在不同组间系数差异显著性而得。

由表 5 – 12 回归 9 可知，在农村居民参与人居环境整治认知冲突模型中，长期外出务工组的村庄认同变量未通过显著性检验，而短期外出务工组的村庄认同变量在 1% 的统计水平上负向显著，且 p-value 在 10% 的统计水平上显著异于零，表明村庄认同对长期外出务工和短期外出务工农村居民参与人居环境整治认知冲突的影响具有明显差异，村庄认同在抑制短期外出务工农村居民对参与人居环境整治产生认知冲突上的作用更强。可能的解释是，村庄认同有助于增强农村居民对参与人居环境整治的积极认知，且在缓解短期外出务工农村居民参与人居环境整治消极认知上的作用强于长期外出务工农村居民，故而村庄认同在抑制短期外出务工农村居民参与人居环境整治认知冲突上的作用亦会强于长期外出务工农村居民。

5.3.3　乡镇驻地异质性分析

本章依据村庄是否为乡镇驻地，将村庄是乡镇驻地的样本划为村庄为乡镇驻地组，反之则为村庄非乡镇驻地组，进行 SUEST 检验，以考察外出务工、村庄认同在影响农村居民参与人居环境整治认知中的乡镇驻地差异，结果如表 5 – 13 所示。由表 5 – 13 回归 10 可知，在农村居民参与人居环境整治消极认知模型中，村庄非乡镇驻地组的外出务工变量在1%的统计水平上正向显著，而村庄为乡镇驻地组的外出务工变量未通过显著性检验，且p-value在10%的统计水平上显著异于零，表明外出务工在强化村庄非乡镇驻地居民参与农村人居环境整治消极认知上的作用更大。可能的原因是，村庄非乡镇驻地居民往往在获取政策安排、信息等驻地资源上不及村庄为乡镇驻地居民，不易获悉对农村人居环境整治的全面了解和认知，因此，外出务工更易增强村庄非乡镇驻地居民对参与农村人居环境整治的消极认知。

表 5 - 13　　　　　　　　乡镇驻地异质性回归结果

变量名称	回归10（消极认知）			回归11（认知冲突）		
	村庄为乡镇驻地	村庄非乡镇驻地	p-value	村庄为乡镇驻地	村庄非乡镇驻地	p-value
外出务工	-0.119 (0.300)	0.504*** (0.148)	0.062*	-0.449 (0.338)	0.687*** (0.192)	0.004***
村庄认同	-2.329*** (0.825)	-2.229*** (0.298)	0.909	-0.751 (0.881)	-1.220*** (0.429)	0.633
控制变量	已控制	已控制		已控制	已控制	
观察值	142	635		142	635	
F	1.74	7.46		1.77	3.26	
R^2	0.213	0.204		0.216	0.101	

注：*和***分别表示在10%和1%的水平上显著。括号内为稳健标准误。p-value为运用SUEST检验外出务工、村庄认同在不同组间系数差异显著性而得。

由表 5 - 13 回归11可知，在农村居民参与人居环境整治认知冲突模型中，村庄非乡镇驻地组的外出务工变量在1%的统计水平上正向显著，而村庄为乡镇驻地组的外出务工变量未通过显著性检验，且p-value在1%的统计水平上显著异于零，表明外出务工在促使村庄非乡镇驻地居民参与农村人居环境整治认知冲突上的作用更大。可能的解释是，外出务工会强化农村居民参与人居环境整治的积极认知，且在增强村庄非乡镇驻地居民参与农村人居环境整治消极认知上的作用强于村庄为乡镇驻地居民，故而在引发村庄非乡镇驻地居民参与农村人居环境整治认知冲突上的作用亦会强于村庄为乡镇驻地居民。

第6章

外出务工、村庄认同 对农村居民参与人居 环境整治意愿的影响

按照"认知→意愿→行为"的逻辑顺序，在上一章分析农村居民参与人居环境整治认知后，本章将论证外出务工、村庄认同在农村居民参与人居环境整治意愿中的具体作用。

就外出务工和农村居民参与人居环境整治意愿之间的关系而言，部分学者指出外出务工不仅让农村居民感受到了现代都市生活的舒适与便利、养成爱卫生、关注健康的生活习惯，同时实现了储蓄和认知的积累、支付能力的增强以及社会网络的建立，从而增强了农村居民为环境治理捐款的意愿（唐林等，2021；褚家佳，2021；杨卫兵等，2015）。但也有学者持相反的观点，认为农村居民依靠外出务工获得收入后会将生活工作重心逐渐移出村庄，降低对村域环境的依赖度和环境治理收益的期望值，从而不愿意参与农村人居环境整治（朱凯宁等，2021；卢秋佳等，2019；张静和吴丽丽，2021）。综上，学者们尚未就外出务工对农村居民参与人居环境整治意愿的影响达成共识，且普遍将外出务工作为控制变量进行分析，专门针对外出务工展开讨论的文献相对少见。

此外，少数聚焦外出务工对农村居民参与人居环境整治意愿影响的文献（唐林等，2021；张静和吴丽丽，2021）不仅未关注村庄认同等心理情感因素在其中所发挥的"化学作用"，更未意识到外出务工和村庄认同之间或许存在"联动性"，由此得出的结论或不足以解释农村居民积极性疲软、参与性不足的内在原因，衍生的政策安排也或难以充分号召居民加入农村人居环境整治队伍。

基于此，本章利用 777 份湖北省调查数据，借助计量方法，探究外出务工、村庄认同对农村居民参与人居环境整治意愿的影响，以期实现对已有研究的有益补充，并为顺利推进农村人居环境整治行动、激发农村居民参与热情提供一个新的思路。

6.1　变量说明与模型设定

6.1.1　变量说明

本章的被解释变量是农村居民参与人居环境整治意愿，通过考察农村居民是否愿意参与人居环境整治作为表征，"愿意"赋值为"1"，"不愿意"赋值为"0"。

本章的解释变量包括外出务工和村庄认同。具体介绍详见 5.1.2 节和 4.3 节。

本章的控制变量设置同第 5 章一样。个体特征变量包括性别、年龄、受教育程度、健康程度和培训接受情况等 5 个变量。就性别而言，既有学者指出男性农村居民更愿意加入环境治理队伍（卢秋佳等，2019），理由是男性的视野更为开阔（史恒通等，2017），对新生事物的接受程度更高（李芬妮等，2019b），更关注公共领域、愿意在村庄事务上积极发声（贾蕊和陆迁，2019），以显示自身影响力（李芬妮等，2021）。也有学者认为女性农村居民具备更高的环境治理意愿（Steel，1996），依据是女性因长时间滞留在村，接触和参与村务的机会更多（辛自强和凌喜欢，2015），加之其更加在意生活品质以及家人生活的舒适度与健康度（苏淑仪等，2020；杨玉静，2010），故而改善村庄环境的意愿也更为强烈（李芬妮等，2020b）。由此，性别和农村居民参与人居环境整治意愿之间的关系有待进一步讨论。就年龄的影响而言，学术界言人人殊，持正向影响观点的一方指出年龄大的农村居民往往长时间居住在村，更熟悉村庄生态环境等事务，而村域环境质量的高低同其生活舒适度、满意度（李芬妮等，2020b）以及健康状况（汪红梅和代昌祺，2020；李芬妮等，2021）关系紧密，因此，年龄大的农村居民更愿意改善人居环境；另一方则发出了不同声音，认为年龄小的农村居民不仅尚未形成生活惯性（汪红梅和代昌祺，2020），同时拥有较强的认知、理解和接纳新生事物能力（李芬妮等，2019a；唐林等，2020；张童朝等，2020b），从而更愿意参与环境整治。就受教育程度而言，通常来看，接受教育越多的农村居民越容易接受先进观点与做法（李芬妮等，2020b），对于农村人居环境整治的重要性认知与了解水平也越高（汪红梅和代昌祺，2020；唐林等，2020），因而在村里倡导整治人居环境时配合的意愿越大（苏淑仪等，2020）。围绕健康状况和农村居民参与人居环境整治意愿之间的关系，学术界既有正相关的声音，又存在二者负相关的观点。前者的依据是健康状况越差的农村居民越具备改善环境污染的需求，从而更易表现出强烈的参与意愿（杨卫兵等，2015）；后者的理由在于健康状况越佳的农村居民越具备接触、了解新生事物以及践行环保行为的体能，从而越愿意参与人居环境整治。就培训接受情况而言，学者们普遍就其对农村居民参与人居环境整治意愿的促进作用达成共识，这是因为参加培训的农村居民对环境治理益处、必要性、重要性等内容的认知和了解更深，从而具备更强的参与意愿。

家庭特征变量包括耕地规模、家庭总收入、家庭规模、家中有人当过村组以上干部和亲友参与村庄人居环境整治等 5 个变量。就耕地规模和农村居民参与人居环境整治意愿之间的关系而言，耕地作为农村居民的非货币化财富之一，农村居民经营的耕地面积越大、财富状况越佳、越讲究和在意生活环境质量（孙前路，2019），故而在参与农村人居环境整治上表现出更为迫切的意愿。就家庭总收入而言，马斯洛（Maslow，1943）认为个体对环境问题的关心是其安全需求的体现（张童朝等，2017），只有收入达到一定水平的农村居民才拥有追求更好生活品质和宜居环境的诉求，由此，家庭收入水平越高的农村居民越在意环境质量，从而越愿意参与农村人居环境整治（李芬妮等，2021；胡卫卫，2019；赵新民等，2021；Zeng et al.，2016）。就家庭规模而言，由于人口数量越多的家庭产生的生活废弃物体量越大（唐林等，2019b；闵继胜和刘玲，2015）、对于干净卫生环境的期望越殷切（赵新民等，2021），故而越愿意响应号召、参与农村人居环境整治。围绕家中有人当过村组以上干部同农村居民参与人居环境整治意愿之间的关系，学者们尚存在争议，一方认为当过村组以上干部的家庭成员往往更能领悟国家大力整治农村人居环境的意义，也更愿意率先响应号召（赵新民等，2021），而农村居民受此类家庭成员带头表率的影响，亦更愿意配合参与（唐林等，2020）；另一方则指出当过村组以上干部的农村居民深知整治人居环境难度之大（汪红梅等，2018），在任干部更倾向于在增产增收上大展拳脚而非绩效相对不明显的环境治理（汪红梅和代昌祺，2020），而卸任干部则因带头参与的压力不复存在而不愿参与（汪红梅等，2018）。就亲友参与村庄人居环境整治而言，受从众心理的驱动，农村居民极易在周围居民影响下出现羊群效应（李芬妮等，2019b），故而当农村居民身边有亲友参与村庄人居环境整治时，其同样也会表现出较为强烈的参与意愿。

地区特征变量包括村庄地形、住处到村委会的距离、村规民约、乡镇驻地和地方宗族等5个变量。研究发现，平原地形的村庄更有利于收集、转运生产生活废弃物和建设集中处理设施（李芬妮等，2021），而村规民约已被证实有助于激发农村居民参与人居环境整治意愿（唐林等，2021；杨紫洪等，2021）。就住处到村委会的距离和乡镇驻地而言，农村居民住处到村委会的距离越小意味着其越处于村委服务和管辖的核心地带，更易接收村委会传达和宣扬的整治人居环境指令和知识，从而较易被辐射带动、产生参与意愿；同理，如果村庄是乡镇政府所在地，居住在该类村庄的居民能较为及时接收农村人居环境整治的知识科普和措施安排，从而受"近朱者赤"的影响而生出强烈参与意愿。就地方宗族而言，有学者提出宗族网络将冲击农村环境治理效率（肖永添，2018），还有学者指出宗族网络可以通过增强农村居民的信息获取、交流互动、技能学习能力进而提高其治理和保护环境可能性，由此，地方宗族对农村居民参与人居环境整治意愿的影响尚需进一步证实。

进一步，本章将第5章的被解释变量——农村居民参与人居环境整治认知纳入模型，采用逐步检验回归系数方法（温忠麟等，2004）以验证其在外出务工和村庄认同影响农村居民参与人居环境整治意愿中的中介作用。具体来说，计划行为理论认为认知是农村居民意愿产生的先决条件（Sauer and Fischer，2010），农村居民越认可参与人居环境整治在减少疾病传播、促进农村发展上的作用，越肯定参与生活污水治理助力于村庄旅游的开展和生态环境的优化（褚家佳，2021），认同村庄绿化建设具备经济、生态和社会效益且有益于改善环境质量（秦光远和程宝栋，2019），认为有必要将旱厕改造为冲水式厕所（黄华和姚顺波，2021），产生参与意愿的可能性越大（汪红梅等，2018；孙前路等，2020；胡卫卫，2019），由此，农村居民对参与人居环境整治的积极认知将激发其参与意愿。同理，当农村居民生出参与人居环境整治费钱、费力、费时、麻烦、效益低等消极认知时，自然不愿意参与其中，亦即农村居民对参与人居环境整治的消极认知抑制其参与意愿。此外，当农村居民对参与人居环境整治具有较高认知冲突时，容易忧虑参与环境整治结果不如人意，陷入纠结万分和迟疑不定的境地（郭利京和赵瑾，2017），从而表现出较低的参与意愿（严奉枭和颜廷武，2020），由此，本章认为农村居民对参与人居环境整治的认知冲突会抑制其参与意愿。所有变量的含义与赋值如表6－1所示。

表6－1　　　　　　　　　　变量的选择与赋值

变量名称	含义与赋值	均值	标准差
被解释变量			
农村居民参与人居环境整治意愿	无＝0，有＝1	0.94	0.24
解释变量			
外出务工	外出务工人数在家庭总人口中所占的比重（%）	0.30	0.25
村庄认同	详见4.3章节	0.75	0.14
控制变量			
性别	女＝0，男＝1	0.59	0.49
年龄	农村居民的实际年龄（岁）	58.68	11.58
受教育程度	农村居民的实际受教育年限（年）	6.55	3.94
健康程度	很差＝1，较差＝2，一般＝3，较好＝4，很好＝5	3.62	1.00
接受相关专业培训	否＝0，是＝1	0.19	0.39
耕地规模	2020年家庭经营耕地规模（亩）	17.98	90.28

变量名称	含义与赋值	均值	标准差
家庭总收入	2020 年家庭年总收入（万元）	12.16	25.28
家庭规模	2020 年家庭总人口数量（人）	4.28	1.73
家中有人当过村组以上干部	否 = 0，是 = 1	0.16	0.37
亲友参与村庄人居环境治理	否 = 0，是 = 1	0.65	0.48
村庄地形	平原 = 1，丘陵 = 2，山地 = 3	1.58	0.53
住处到村委会的距离	农村居民住处到村委会的距离（km）	1.36	10.91
村规民约	无 = 0，有 = 1	0.92	0.28
乡镇驻地	否 = 0，是 = 1	0.18	0.39
地方宗族	无 = 0，村庄有宗族祠堂 = 1	0.27	0.44
农村居民参与人居环境整治的积极认知	详见 5.1.2 节	0.00	1.00
农村居民参与人居环境整治的消极认知	详见 5.1.2 节	0.00	1.00
农村居民参与人居环境整治的认知冲突	详见 5.1.2 节	6.89	1.25
地区虚拟变量	黄石市 = 1，其他 = 0	0.21	0.41
	荆门市 = 1，其他 = 0	0.23	0.42
	潜江市 = 1，其他 = 0	0.23	0.42
	武汉市 = 1，其他 = 0	0.17	0.38
	襄阳市 = 1，其他 = 0	0.10	0.30

6.1.2　模型设定

考虑到农村居民参与人居环境整治意愿是典型二分类变量，故本章采用 Binary Probit 模型予以讨论。模型的基本形式为：

$$\text{prob}(\text{Willingness} = 0 | X_i) = 1 - \Phi(X_i \alpha) \qquad (6-1)$$

$$\text{prob}(\text{Willingness} > 0 | X_i) = \Phi(X_i \alpha) \qquad (6-2)$$

式（6-1）代表农村居民不愿意参与，式（6-2）代表农村居民愿意参与；$\Phi(\cdot)$ 是标准正态分布的累积分布函数，Willingness 代表农村居民参与人居环境整治意愿；X_i 是外出务工、村庄认同和控制变量；α 是待估系数，i 是观测样本 i。

此外，考虑不同村庄认同度下外出务工对农村居民参与人居环境整治意愿的影响或存在差异，故本章构建门槛回归模型展开分析。模型的基本形式为：

$$Y_{it} = \mu_i + \beta_1' x_{it} + \varepsilon_{it}, if\ q \leqslant \gamma$$

$$Y_{it} = \mu_i + \beta_2' x_{it} + \varepsilon_{it}, if\ q > \gamma \qquad (6-3)$$

在式（6-3）中，Y_{it}代表农村居民是否愿意参与人居环境整治，q 是阈值变量，即农村居民的村庄认同程度，γ 是要估计的阈值。式（6-3）可以写成：

$$Y_{it} = \mu_i + \beta_1' x_{it} \times I(q \leqslant \gamma) + \beta_2' x_{it} \times I(q > \gamma) + \varepsilon_{it} \qquad (6-4)$$

式（6-4）可以有效识别出不同村庄认同度下外出务工对农村居民参与人居环境整治意愿的影响在阈值以下和阈值以上的差异。其中，ε 服从独立齐次分布，I 是指标函数。估计原理是基于最小残差平方和（SSR）。

6.2　结果与分析

6.2.1　Binary Probit 模型回归结果与分析

本章借助 StataSE 15.0 软件，通过逐步引入解释变量构建 Binary Probit 模型，具体如表 6-2 所示。回归 1 是控制变量对农村居民参与人居环境整治意愿影响的回归结果，回归 2 是在回归 1 基础上纳入外出务工和村庄认同的回归结果，回归 3 是在回归 2 基础上纳入中介变量的回归结果，不难看出，随着变量的纳入，Wald chi^2 从回归 1 的 56.14 增加至回归 3 的 99.17，Log pseudolikelihood 从回归 1 的 -161.856 增加至回归 3 的 -143.444，Pseudo R^2 从回归 1 的 0.101 增加至回归 3 的 0.204，表明回归结果的解释力逐步增加。下述分析主要围绕回归 3 展开。

表 6-2　　　　　农村居民参与人居环境整治意愿的回归结果

变量名称	回归 1		回归 2		回归 3	
	系数	边际效应	系数	边际效应	系数	边际效应
外出务工			-0.538* (0.297)	-0.055	-0.718** (0.299)	-0.071

续表

变量名称	回归 1		回归 2		回归 3	
	系数	边际效应	系数	边际效应	系数	边际效应
村庄认同			2.988 *** (0.506)	0.304	2.545 *** (0.595)	0.251
性别	0.138 (0.165)	0.015	0.147 (0.174)	0.015	0.180 (0.184)	0.018
年龄	0.012 (0.008)	0.001	0.007 (0.009)	0.001	0.011 (0.009)	0.001
受教育程度	−0.017 (0.017)	−0.002	−0.028 (0.019)	−0.003	−0.033 (0.021)	−0.003
健康程度	0.157 ** (0.075)	0.017	0.119 (0.084)	0.012	0.133 (0.084)	0.013
接受相关专业培训	0.751 *** (0.273)	0.083	0.737 ** (0.292)	0.075	0.708 ** (0.290)	0.070
耕地规模	−0.003 ** (0.001)	0.000	−0.003 *** (0.001)	0.000	−0.004 *** (0.001)	0.000
家庭总收入	0.011 ** (0.005)	0.001	0.011 ** (0.005)	0.001	0.011 ** (0.005)	0.001
家庭规模	0.087 ** (0.043)	0.010	0.085 * (0.045)	0.009	0.102 ** (0.046)	0.010
家中有人当过村组以上干部	0.418 (0.275)	0.046	0.364 (0.293)	0.037	0.347 (0.293)	0.034
亲友参与村庄人居环境治理	0.257 (0.157)	0.028	0.046 (0.177)	0.005	−0.079 (0.179)	−0.008
村庄地形	−0.293 (0.306)	−0.032	−0.382 (0.299)	−0.039	−0.355 (0.318)	−0.035
住处到村委会的距离	0.023 (0.032)	0.002	0.048 (0.065)	0.005	0.063 (0.079)	0.006
村规民约	−0.135 (0.274)	−0.015	−0.190 (0.292)	−0.019	−0.180 (0.316)	−0.018
乡镇驻地	0.128 (0.220)	0.014	0.122 (0.225)	0.012	0.213 (0.225)	0.021

续表

变量名称	回归1		回归2		回归3	
	系数	边际效应	系数	边际效应	系数	边际效应
地方宗族	0.022 (0.376)	0.002	0.220 (0.427)	0.022	0.217 (0.452)	0.021
农村居民参与人居环境整治的积极认知					0.323** (0.141)	0.032
农村居民参与人居环境整治的消极认知					−0.048 (0.102)	−0.005
农村居民参与人居环境整治的认知冲突					−0.053 (0.115)	−0.005
地区虚拟变量	已控制		已控制		已控制	
观察值	777		777		777	
Wald chi^2	56.14		106.37		99.17	
Log pseudolikelihood	−161.856		−148.451		−143.444	
Pseudo R^2	0.101		0.176		0.204	

注：*、** 和 *** 分别表示在10%、5%和1%的水平上显著。括号内为稳健标准误。

由表6-2回归3可知，外出务工在5%的统计水平上负向显著，且边际效应值为−0.071，表明外出务工抑制农村居民参与人居环境整治意愿。可能的解释是，外出务工将引发农村居民生活面向由村内向村外转变、女性决策的出现、利益感知的降低、参与环境治理机会成本的增加，从而导致农村居民难以对农村人居环境整治生出参与意愿。

从表6-2回归3中可以看出，村庄认同在1%的统计水平上正向显著，且边际效应值为0.251，意味着村庄认同激发农村居民参与人居环境整治意愿。这或许是由于，村庄认同不仅有利于降低农村居民的利己心态、推动树立集体行为目标、提高对村庄长远发展和建设的重视和关心度，同时还将增强农村居民对参与人居环境整治获得宜居生活环境、村庄好评与声誉的积极认知，从而大大激发农村居民的参与意愿。

表6-2回归3的结果显示，接受相关专业培训在5%的统计水平上正向显著，且边际效应值为0.070，说明农村居民接受的专业培训越多、参与农村人居环境整治的意愿越大。可能的原因是，农村居民依靠相关培训

能够实现对人居环境整治的充分认知与全面了解，包括参与农村人居环境整治效益、必要性和意义等内容，从而产生了较为强烈的参与意愿。

由表 6-2 回归 3 可知，耕地规模在 1% 的统计水平上负向显著，且边际效应值为 -0.0004，表明耕地规模越大的农村居民越不愿意参与人居环境整治。这或许是因为，经营较大规模耕地将花费农村居民更多心血和体力，使其没有多余时间、精力用在清洁和治理居住环境等非生产性事务上，从而不太愿意投身农村人居环境整治。

表 6-2 回归 3 的结果显示，家庭总收入在 5% 的统计水平上正向显著，且边际效应值为 0.001，意味着家庭总收入越高、农村居民参与人居环境整治意愿越强烈。可能的解释是，收入水平越高的农村居民对居住环境品质要求更高（张童朝等，2017），改善生活环境卫生状况的需求更强烈，加之其具备较好经济实力，能够承担环境整治费用（李芬妮等，2020a），故而越愿意参与其中。

从表 6-2 回归 3 中不难发现，家庭规模在 5% 的统计水平上正向显著，且边际效应值为 0.010，表明家庭规模越大、农村居民参与人居环境整治意愿越大。这或许是由于，农村居民的家庭规模同其生活废弃物产量正相关（唐林等，2019b；闵继胜和刘玲，2015），由此，出于解决废弃物、改善环境卫生的迫切需求（赵新民等，2021），这类农村居民投身农村人居环境整治的意愿越强烈。

由表 6-2 回归 3 可知，农村居民参与人居环境整治积极认知在 5% 的统计水平上正向显著，且边际效应值为 0.032，这不仅说明农村居民对参与人居环境整治的积极认知越多、参与意愿越强烈，同时结合表 6-2 回归 2 以及表 5-8 回归 2 可知，农村居民参与人居环境整治积极认知还在外出务工、村庄认同影响农村居民参与人居环境整治意愿中发挥了中介作用，意味着外出务工通过增强农村居民参与人居环境整治积极认知、进而在一定程度上激发其参与意愿。可能的解释是，社会心理学认为认同和态度同行为意向呈现出正相关关系，即个体对某一行为更积极的态度和基于该行为的更强认同感有助于增加其参与的可能性（Stedman，2002）；由此，农村居民越能清晰意识到参与人居环境整治在促进村庄长远规划发展、促进身心健康、改善生态环境、提高生活质量、收获他人表扬和增加声誉等方面的重要作用，对于实际参与人居环境整治后的预期收益越高，越愿意响应号召、参与其中（赵新民等，2021）。

6.2.2　村庄认同的效应检验

为了探究村庄认同在外出务工影响农村居民参与人居环境整治意愿中的作用，本章将外出务工和村庄认同的交互项纳入模型。考虑到交互项与原变量之间可能存在较高的相关性，在构建交互项之前，本章对原变量进行中心化处理，即将原变量分别减去其均值后重新回归，结果如表 6-3 所示。不难发现，外出务工和村庄认同的交互项在 1% 的统计水平上正向显著，表明村庄认同在外出务工影响农村居民参与人居环境整治意愿中起到显著的负向调节作用，亦即外出务工对农村居民参与人居环境整治意愿的抑制作用会随着村庄认同的增强而减弱。

表 6-3　　　　　　　　外出务工和村庄认同的交互项回归结果

变量名称	回归 4
外出务工	0.117 （0.426）
村庄认同	2.033 *** （0.730）
外出务工×村庄认同	13.17 *** （3.350）
控制变量	已控制
观察值	777
Wald chi^2	96.07
Log pseudolikelihood	-132.984
Pseudo R^2	0.262

注：*** 表示在 1% 的水平上显著。括号内为稳健标准误。

进一步，本章采用门槛回归模型，探究不同村庄认同度下外出务工对农村居民参与人居环境整治意愿的影响，结果如表 6-4 所示。可以看出，不同村庄认同度下外出务工对农村居民参与人居环境整治意愿的影响有所差别，且存在明显的门槛值。具体来说，当农村居民的村庄认同度低于

0.634 时，外出务工抑制其参与农村人居环境整治意愿；当村庄认同度高于 0.634 但弱于 0.698 时，外出务工对农村居民参与人居环境整治意愿的负向影响不再显著；当农村居民的村庄认同度高于 0.698 时，外出务工的系数由负变为正，即随着农村居民的村庄认同持续增强，外出务工的正向作用得以强化并显著促进其愿意投身农村人居环境整治。

表 6-4　　　　　　　　　　村庄认同的门槛效应检验结果

Order	门槛	SSR
1	0.634	37.444
2	0.698	36.837
Region1	系数	标准误
外出务工	-0.769***	0.081
Region2	系数	标准误
外出务工	-0.145	0.093
Region3	系数	标准误
外出务工	0.079**	0.039
控制变量	已控制	
地区虚拟变量	已控制	

注：*、** 和 *** 分别表示在 10%、5% 和 1% 的水平上显著。

6.2.3　实证结果的稳健性检验

为了验证上述结果的可信性，本章运用 OLS 估计和以"外出务工收入占比"替换原有变量 2 个方法进行稳健性检验，结果如表 6-5 所示。不难发现，外出务工在农村居民参与人居环境整治意愿模型中的系数为负且通过了显著性检验，村庄认同在农村居民参与人居环境整治意愿模型中的系数为正且通过了显著性检验，外出务工和村庄认同的交互项在农村居民参与人居环境整治意愿模型中的系数为正且通过了显著性检验，这一发现同表 6-2、表 6-3 大体一致，从而证明了实证结果的稳健性。

表 6-5　　外出务工、村庄认同对农村居民参与意愿影响的稳健性检验结果

变量名称	OLS 估计		替换变量	
	回归 5	回归 6	回归 7	回归 8
外出务工	-0.093 ** (0.043)	-0.085 ** (0.038)	-0.454 ** (0.225)	-0.203 (0.257)
村庄认同	0.299 *** (0.095)	0.230 *** (0.069)	2.725 *** (0.627)	2.681 *** (0.695)
外出务工×村庄认同		1.408 *** (0.199)		3.287 ** (1.543)
控制变量	已控制	已控制	已控制	已控制
地区虚拟变量	已控制	已控制	已控制	已控制
观察值	777	777	777	777
F	1.89	3.13	—	—
R^2	0.084	0.135	—	—
Wald chi^2	—	—	88.68	101.20
Log pseudolikelihood	—	—	-143.841	-141.717
Pseudo R^2	—	—	0.202	0.213

注：** 和 *** 分别表示在 5% 和 1% 的水平上显著。括号内为稳健标准误。

6.3　外出务工、村庄认同对农村居民参与人居环境整治意愿的异质性影响

考虑到不同特征农村居民会表现出不同人居环境整治参与意愿，本章进一步运用 SUEST 方法，分析外出务工、村庄认同在农村居民参与人居环境整治意愿中的异质性影响。需要说明的是，本章仅就组间系数差异显著的变量展开讨论。

6.3.1　外出务工、村庄认同对农村居民参与意愿影响的性别异质性分析

本章将男性农村居民划为男性组，反之则为女性组，进行 SUEST 检验，以考察外出务工、村庄认同在影响农村居民参与人居环境整治意愿中

的性别差异，结果如表6-6所示。不难看出，男性组的外出务工变量未通过显著性检验，而女性的外出务工变量在5%的统计水平上负向显著，且p-value在10%的统计水平上显著异于零，表明外出务工对不同性别农村居民参与人居环境整治意愿的影响具有明显差异，外出务工在抑制女性农村居民参与人居环境整治意愿上的作用更大。可能的解释是，外出务工本身就能抑制农村居民参与人居环境整治意愿，而女性农村居民受传统性别观念影响，视野比男性农村居民窄小，时间和精力亦更多分配在私人领域和家庭内部维护上（Anton and Lawrence，2014；贾蕊和陆迁，2019），而非在农村人居环境整治等村庄公共事务上积极发声（李芬妮等，2020a）。因此，女性农村居民更易因外出务工而降低参与农村人居环境整治意愿。

表6-6　　　　外出务工、村庄认同对农村居民参与意愿影响的
性别异质性回归结果

变量名称	男性	女性	p-value
外出务工	-0.022 (0.050)	-0.198 ** (0.078)	0.057 *
村庄认同	0.271 ** (0.127)	0.398 *** (0.144)	0.509
控制变量	已控制	已控制	
观察值	459	318	
F	2.33	1.78	
R^2	0.114	0.127	

注：* 、** 和 *** 分别表示在10% 、5%和1%的水平上显著。括号内为稳健标准误。p-value为运用SUEST检验外出务工、村庄认同在不同组间系数差异显著性而得。

6.3.2　外出务工、村庄认同对农村居民参与意愿影响的代际异质性分析

参考李芬妮和张俊飚（2021）的做法，本章以1975年为界，将出生在此节点之前的样本划为老一代组，反之则为新生代组，进行SUEST检验，以考察外出务工、村庄认同在影响农村居民参与人居环境整治意愿中的代际差异，结果如表6-7所示。不难看出，新生代组的外出务工变量在

5%的统计水平上负向显著，而老一代组的外出务工变量未通过显著性检验，p-value 在10%的统计水平上显著异于零，表明外出务工对新老两代农村居民参与人居环境整治意愿的影响具有明显差异，外出务工在抑制新生代农村居民参与人居环境整治意愿上的作用更强。可能的原因是，相较于老一代农村居民，新生代农村居民成长于城镇化快速发展和市场经济繁荣背景下，具备较为突出的逐利动机（李芬妮和张俊飚，2021），故而更易因外出务工而转移生活面向、降低利益感知，进而不愿参与农村人居环境整治。

表6-7 外出务工、村庄认同对农村居民参与意愿影响的
代际异质性回归结果

变量名称	新生代	老一代	p-value
外出务工	-0.281 ** (0.120)	-0.061 (0.044)	0.084 *
村庄认同	0.482 *** (0.155)	0.222 ** (0.091)	0.148
控制变量	已控制	已控制	
观察值	102	675	
F	2.29	2.11	
R^2	0.416	0.072	

注：*、** 和 *** 分别表示在10%、5%和1%的水平上显著。括号内为稳健标准误。p-value 为运用 SUEST 检验外出务工、村庄认同在不同组间系数差异显著性而得。

6.3.3 外出务工、村庄认同对农村居民参与意愿影响的宗族异质性分析

参考郭云南等（2014）、仇焕广等（2017）、陶东杰等（2019）的做法，本章以村庄有无祠堂作为地方宗族的具体表征，将村中有祠堂的样本划为地方有宗族组，反之则为地方无宗族组，进行 SUEST 检验，以考察外出务工、村庄认同在影响农村居民参与人居环境整治意愿中的宗族差异，结果如表6-8所示。不难看出，地方有宗族组的外出务工变量在1%的统计水平上负向显著，而地方无宗族组的外出务工变量未通过显著性检验，且 p-value 在10%的统计水平上显著异于零，表明外出务工对地方有宗族

和地方无宗族农村居民参与人居环境整治意愿的影响具有明显差异，外出务工在抑制地方有宗族农村居民参与人居环境整治意愿上的作用更大。可能的原因是，与地方无宗族的农村居民相比，地方有宗族的农村居民能凭借宗族成员之间的信息共享、互惠接济而实现流动性约束的缓解以及负面冲击的抵御，从而摆脱后顾之忧、产生外出务工倾向（郭云南等，2014），而外出务工对农村居民参与人居环境整治意愿的抑制作用已为学者们所证实，由此，从这一角度来看，地方有宗族的农村居民更易受外出务工的负向影响而降低投身农村人居环境整治意愿。

表6-8　　　外出务工、村庄认同对农村居民参与意愿影响的
宗族异质性回归结果

变量名称	地方有宗族	地方无宗族	p-value
外出务工	-0.199 *** (0.068)	-0.037 (0.049)	0.052 *
村庄认同	0.769 *** (0.152)	0.037 (0.075)	0.000 ***
控制变量	已控制	已控制	
观察值	210	567	
F	4.36	1.71	
R^2	0.362	0.071	

注：* 和 *** 分别表示在 10% 和 1% 的水平上显著。括号内为稳健标准误。p-value 为运用 SUEST 检验外出务工、村庄认同在不同组间系数差异显著性所得。

进一步，地方有宗族组的村庄认同变量在 1% 的统计水平上正向显著，而地方无宗族组的村庄认同变量未通过显著性检验，且 p-value 在 1% 的统计水平上显著异于零，表明村庄认同对地方有宗族和地方无宗族农村居民参与人居环境整治意愿的影响具有明显差异，村庄认同在推动地方有宗族农村居民参与人居环境整治意愿上的作用更大。可能的解释是，村庄认同本身有助于激发农村居民参与人居环境整治意愿，而宗族在农村地区扮演着非正式社会保障机制的角色（仇焕广等，2017），能够为农村居民提供一定医疗、信息、教育、资金支撑，使其产生较高村庄生活安全感（陶东杰等，2019），从而增强了农村居民对村庄的责任感与主人翁意识、愿意"回馈乡梓"为改善村庄环境贡献力量。

第7章

外出务工、村庄认同对农村居民参与人居环境整治行为响应的影响

在厘清农村居民对参与人居环境整治的认知水平和意愿倾向基础上，本章将进一步讨论农村居民参与人居环境整治的实际行为。

梳理已有关于农村居民参与人居环境整治行为响应的文献不难发现，学者们大多关注农村居民参与人居环境整治决策，即农村居民是否参与人居环境整治（唐林等，2019c；任重和陈英华，2018）或参与农村人居环境整治的措施种类（李芬妮等，2021），忽略了农村居民选择以何种方式参与人居环境整治（汪红梅等，2018；蔡起华和朱玉春，2015），亦即外出务工、村庄认同会否引发农村居民在参与人居环境整治上展现出多元化参与方式？这是既有研究尚未进行深入探讨的重要话题。

此外，少数探讨农村居民参与村庄事务治理方式的文献大多局限于投劳和投资这两种，并以样本选择模型、最小二乘法展开分析（秦国庆等，2019；蔡起华和朱玉春，2015；汪红梅等，2018）。但农村居民参与人居环境整治方式实则还涵盖建设、建言、监督、维护等（秦国庆等，2019；胡德胜等，2021；许骞骞等，2021；杨柳等，2018），且因参与方式之间并不排斥，农村居民存在同时采取多种方式参与人居环境整治的可能性。

由于农村居民参与人居环境整治方式关系着村庄居住环境治理效果的优劣，对于全面剖析农村居民参与人居环境整治行为响应亦十分重要，因此，本章利用湖北省 777 份农村调研数据，从参与农村人居环境整治决策和参与农村人居环境整治方式两方面度量农村居民参与人居环境整治行为响应，辅以合适计量方法，探讨外出务工、村庄认同对农村居民参与人居环境整治行为响应的影响，从而为村庄居住环境整治机制的优化、农村居民参与积极性的有效调动提供一定参考。

7.1　变量设定与模型选取

7.1.1　变量设定

本章的被解释变量是农村居民参与人居环境整治的行为响应，包括农村居民参与人居环境整治决策和农村居民参与人居环境整治方式 2 个维度。其中，参考已有研究（李芬妮等，2021；李芬妮等，2020b），农村居民参与人居环境整治决策以农村居民实际参与使用或建造冲水式卫生厕所、合理排放生活污水、集中处理生活垃圾、绿化村容村貌这 4 项环境整治措施个数为表征，包括未参与、参与 1 项、参与 2 项、参与 3 项、参与 4 项环境整治措施 5 种情况，依次赋值为"0""1""2""3""4"。参考胡德胜等（2021）、许骞骞等（2021）的研究，农村居民参与人居环境整治方式即农村居民参与人居环境整治的方式选择，包括参与投资、参与投劳、参与建言、参与监督。

本章的解释变量包括外出务工和村庄认同。具体介绍详见 5.1.2 节和 4.3 节。

本章的控制变量设置同第 5、第 6 章一样。个体特征变量包括性别、年龄、受教育程度、健康程度和培训接受情况等 5 个变量。性别方面，既有学者认为在"男工女耕"背景下，女性因长期留在村庄、有更多机会接触和参与地方公共事务而成为环境治理的主要参与者，加之其更加在意生活细节、追求品质生活，因而响应农村人居环境整治的积极性更高（李芬妮等，2020b）；又有学者指出男性作为家中顶梁柱（汪红梅和代昌祺，2020），其行为处事往往从家庭整体收益最大化出发，而整治后的舒适人居环境具备较强外溢性，故而男性更倾向于投入劳动力、参与农村人居环境整治（汪红梅等，2018）。关于年龄和农村居民参与人居环境整治行为响应之间的关系，学者们尚未达成共识，一方认为年龄大的农村居民往往留守在村的时间更久，较为熟悉村庄生态环境和公共事务，加之村域环境的优劣直接影响其居住的舒适度与满意度，因此，这类农村居民更可能响应行动以改善并提升生活品质（李芬妮等，2020b）；另一方指出年老的农村居民往往"安于现状"、不愿意改变长期形成的卫生习惯（任重和陈英华，2018），而年轻居民具备更高环保理念，能够更为清晰地理解农村环境治理的重要性、较易践行和实施各项环境整治措施，从而更可能积极响应、投身其中。在受教育程度方面，受教育程度越高的农村居民对"保护环境""绿水青山就是金山银山""可持续发展"等环境保护理念认识得更为透彻与清晰（Cacioppe et al.，2008），也容易吸收、消化、运用环境整治措施，故而参与农村人居环境整治的概率更大。但健康状况对农村居民参与人居环境整治行为响应的影响尚存在争议，持积极影响观点的学者认为，身体健康状况越好的农村居民不仅具备实施环境整治行为的体能，同时为了维持现有或追求更高健康水平，这类农村居民会格外关注村庄环境卫生，从而表现出较高参与积极性（李芬妮等，2020b）；持消极影响观点的学者指出，健康状况越好的农村居民反而不太在意生活环境和身体健康之间的关系，因此，健康水平较低的农村居民参与人居环境整治的可能性更大（唐林等，2019c）。在培训接受情况方面，能够参加培训的农村居民往往在学习、理解、实践能力上具备一定优势，同时依靠培训能够形成较高环境治理认知、掌握实施环境整治措施的技能，从而更可能践行农村人居环境整治。

家庭特征变量包括耕地规模、家庭总收入、家庭规模、家中有人当过村组以上干部和亲友参与村庄人居环境整治等 5 个变量。就耕地规模和农村居民参与人居环境整治行为响应之间的关系而言，既有学者认为耕地是农村居民非货币化财富的体现，经营大规模耕地的居民往往更为讲究生活环境质量（孙前路，2019），从而越可能投身于农村人居环境整治；也有学者指出较大耕地面积会使居民的工作重心、劳动力和经济资源更多配置在农业生产上（唐林等，2019a），进而疏于对农村人居环境整治的关注和投入。家庭总收入方面，布迪厄（2004）认为个体的实践活动受经济条件拘囿，经济资本不仅是农村居民参与人居环境整治的重要前提，同时也是经济实力的体现；经济资本水平越高的农村居民越具备修建卫生厕所、支付垃圾和污水处理等村庄环境治理所需费用的资金能力，同时还更加追求生活品质和宜居环境（张童朝等，2017），因而响应农村人居环境整治行动的可能性更高（李芬妮等，2021）。针对家庭规模对农村居民参与人居环境整治行为响应的影响，一方观点认为人口数量越多的家庭往往承受越重的抚养和赡养压力，故而对于环境治理等无法看见即时收益的事物兴趣索然（苏淑仪等，2020；唐林等，2019a）；另一方观点认为家庭规模较大的农村居民不仅拥有较大体量的生活废弃物（唐林等，2019b；闵继胜和刘玲，2015），同时从村庄环境这一公共品中所获效益亦会愈发可观（汪红梅等，2018），故而加入农村人居环境整治队伍的概率越大。家中有人当过村组以上干部方面，一般来说，能当村组以上干部的成员本身在学识、能力、认知上胜于他人（唐林等，2019a），亦会在响应农村人居环境整治行动上身先士卒，而受村干部辐射和表率作用影响（李芬妮等，2019c），家中有村组以上干部成员的农村居民亦会积极响应、投身行动。亲友参与村庄人居环境整治方面，由于农村居民生活在熟人社会场域，受群体参照效应、羊群效应和从众效应影响（林丽梅等，2017），行为处事大多参照周遭群体，因此，当身边有亲友响应农村人居环境整治行动、投身其中时，农村居民也会做出同质化行为选择（康佳宁等，2018；张宁宁等，2020）。

地区特征变量包括村庄地形、住处到村委会的距离、村规民约、乡镇驻地和地方宗族等5个变量。就村庄地形和农村居民参与人居环境整治行为响应之间的关系而言，相较于地形为山地丘陵的村庄，地形为平原村庄的交通更为便利（李芬妮等，2019c），更易于农村居民获取人居环境整治等新事物信息和知识，从而提升了农村居民产生实际参与行为的概率。乡镇驻地和住处到村委会的距离方面，研究发现，乡镇政府所在地的村庄往往更易获取环境治理资金、设施等投入（Pan et al.，2017），类似地，住处到村委会的距离越近，农村居民参与便利性越好、信息获取成本越低，从而越易响应农村人居环境整治行动。就村规民约对农村居民参与人居环境整治行为响应的影响而言，研究指出，村规民约可以借助设立模范称号、舆论指责、损失声誉、居民间互动影响等方式，引发农村居民产生合意行为（李芬妮等，2019a），故而居住在有村规民约村子的居民参与农村人居环境整治的可能性更大。围绕地方宗族和农村居民参与人居环境整治行为响应之间的关系，既有学者认为宗族的存在会增加农村居民在环境治理上达成合作的难度（肖永添。2018），又有学者指出地方宗族能够促使农村居民出现集体行动（伍骏骞等，2016），由此地方宗族的具体作用方向有待考察。

进一步，本章将第 6 章的被解释变量——农村居民参与人居环境整治意愿纳入模型，采用逐步检验回归系数方法（温忠麟等，2004）以验证其在外出务工和村庄认同影响农村居民参与人居环境整治行为响应中的中介作用。农村居民意愿和行为之间的关系一直饱受学者们争议，一方面，态度行为理论、TRA 理论、PMT 理论、TPB 理论均指出个体意愿能够驱动其行为，例如孙前路等（2020）通过理论分析发现农村居民参与人居环境整治意愿能促使其出现实际行为响应，廖冰（2021）利用江西 873 份样本数据和 SEM 模型论证出农村居民对居住环境治理的付费意愿是其产生实际行为的中间机制。另一方面，也有学者指出个体的参与愿意不一定能驱动其行为（孙前路等，2020），因此，有必要进一步考察农村居民参与人居环境整治意愿对其行为响应的影响。

需要注意的是，村庄认同可能同农村居民参与人居环境整治决策相互影响，产生内生性问题，导致回归结果的估计有偏。这是因为随着农村居民参与人居环境整治的程度加深，农村人居环境整治行动带来的村庄居住环境提质亮化或使得农村居民增强对村庄的认同度，从而引发内生性问题（李芬妮等，2020a；胡卫卫，2019），对经验判断产生干扰。为了解决这一问题，本章使用"在村居住年限"作为村庄认同的工具变量，采取 CMP 方法进行分析。理由是：首先，正如地方认同和居住时间正相关一样（Marcouyeux and Fleury-Bahi，2011），一般来说，农村居民在村居住时间越长、对村庄的认同度越高（李芬妮等，2020a；Goudy，1990；辛自强和凌喜欢，2015），满足工具变量与内生变量相关性的条件；其次，农村居民在村居住时长同其参与农村人居环境整治并没有直接关联，满足工具变量的外生性要求（李芬妮等，2020a）。因此，"在村居住年限"是一个合适的工具变量。所有变量的含义与赋值如表 7 – 1 所示。

表 7 – 1　　　　　　　　　变量的定义和赋值

变量名称	含义与赋值	均值	标准差
被解释变量			
农村居民参与人居环境整治决策	未参与 =0，参与 1 项 =1，参与 2 项 =2，参与 3 项 =3，参与 4 项 =4	3.09	0.91
农村居民参与人居环境整治方式	参与投资 =1，否则 =0	0.63	0.48
	参与投劳 =1，否则 =0	0.41	0.49
	参与建言 =1，否则 =0	0.76	0.43
	参与监督 =1，否则 =0	0.79	0.41
被解释变量			
外出务工	外出务工人数在家庭总人口中所占的比重（%）	0.30	0.25
村庄认同	详见 4.3 节	0.75	0.14
控制变量			
性别	女 =0，男 =1	0.59	0.49
年龄	农村居民的实际年龄（岁）	58.68	11.58
受教育程度	农村居民的实际受教育年限（年）	6.55	3.94
健康程度	很差 =1，较差 =2，一般 =3，较好 =4，很好 =5	3.62	1.00
接受相关专业培训	否 =0，是 =1	0.19	0.39
耕地规模	2020 年家庭经营耕地面积（亩）	17.98	90.28
家庭总收入	2020 年家庭年总收入（万元）	12.16	25.28
家庭规模	2020 年家庭总人口数量（人）	4.28	1.73
家中有人当过村组以上干部	否 =0，是 =1	0.16	0.37
亲友参与村庄人居环境治理	否 =0，是 =1	0.65	0.48
村庄地形	平原 =1，丘陵 =2，山地 =3	1.58	0.53
住处到村委会的距离	农村居民住处到村委会的距离（km）	1.36	10.91
村规民约	无 =0，有 =1	0.92	0.28
乡镇驻地	否 =0，是 =1	0.18	0.39
地方宗族	无 =0，村庄有宗族祠堂 =1	0.27	0.44
农村居民参与人居环境整治意愿	详见 6.1.1 节	0.94	0.24

变量名称	含义与赋值	均值	标准差
地区虚拟变量	黄石市 =1，其他 =0	0.21	0.41
	潜江市 =1，其他 =0	0.23	0.42
	襄阳市 =1，其他 =0	0.23	0.42
	荆门市 =1，其他 =0	0.17	0.38
	武汉市 =1，其他 =0	0.10	0.30
工具变量			
在村居住年限	农村居民在村居住年限（年）	49.96	17.74

7.1.2　模型选取

（1）农村居民参与人居环境整治决策。

由于农村居民参与人居环境整治决策以农村居民参与人居环境整治措施个数为表征，包括 0、1、2、3、4 五种情况，呈现出递进关系，因此，本章选择 Ordered Probit 模型进行分析。具体模型如下：

$$Y = \begin{cases} 0, \text{若 } Y^* \leq \lambda_0 \\ 1, \text{若 } \lambda_0 < Y^* \leq \lambda_1 \\ 2, \text{若 } \lambda_1 < Y^* \leq \lambda_2 \\ 3, \text{若 } \lambda_2 < Y^* \leq \lambda_3 \\ 4, \text{若 } Y^* > \lambda_3 \end{cases} \qquad (7-1)$$

在式（7-1）中，Y^* 为不可观测的潜变量，λ_0、λ_1、λ_2、λ_3 表示待估参数。Ordered Probit 模型只有当扰动项分布符合正态分布时方可实现，由此，基准模型如下：

$$Y^* = \alpha LM + \beta VI + \delta Control + \varepsilon \qquad (7-2)$$

在式（7-2）中，LM 表示外出务工变量，VI 表示村庄认同变量，Control 表示控制变量，ε 为残差项。

进一步，考虑到村庄认同和农村居民参与人居环境整治决策之间的内生性，且农村居民参与人居环境整治决策属于离散型变量，这就导致基于连续变量的 2SLS 回归等工具变量方法不适用，故而本章借助 CMP 方法进行工具变量法的 Ordered Probit 模型分析。

CMP 方法被广泛用于纠正 Ordered Probit 基准回归中可能存在的内生偏误，是基于 SUR（似不相关回归）和 MLE（极大似然估计法）建立起递归方程，进而实现两或多阶段回归。因此，在式（7-2）前应加入由工具变量法得出的村庄认同和工具变量之间的诱导方程，如下式所示：

$$VI = \beta_{IV} Years + \gamma Control + \varepsilon \qquad (7-3)$$

在式（7-3）中，VI 表示村庄认同变量，Years 为工具变量，Control 表示控制变量，γ 为待估参数，ε 为误差项。

（2）农村居民参与人居环境整治方式。

由于农村居民在实际参与人居环境整治过程中往往会同时以投资、投劳、建言、监督等方式参与，且上述方式之间并不排斥，由此，在研究个体参与行为的方式选择上，Multivariate Probit 模型多受学者们青睐，如潘丹和孔凡斌（2015）、王青文等（2016）和杨歌谣等（2020），以解决不同模型的误差项相关问题。进一步，考虑到只有实际具备农村人居环境整治参与行为的居民方有参与方式一说，即农村居民参与人居环境整治方式具有样本选择偏误，但以往能够解决样本选择偏误的模型，如 Heckman、PSM 等，无法满足本章期望同时观测农村居民参与投资、投劳、建言、监督的研究目的。因此，本章将计算 imr（逆米尔斯比率）并将其作为控制变量纳入回归分析中，即本章构建了一个包含 imr 的 Multivariate Probit 模型以解决样本选择偏误、提高估计结果精度。模型的具体形式如下：

$$Y_{ij}^* = \beta_i X_j + \mu_j + imr \quad (i=1,2,3,4; j=1,2,\cdots,n)$$

$$Y_{ij} = \begin{cases} 1, 如果\ Y_{ij}^* > 0 \\ 0, 如果\ Y_{ij}^* \leq 0 \end{cases} \qquad (7-4)$$

在式（7-4）中，j 为第 j 位农村居民，i 表示投资、投劳、建言、监督 4 种参与农村人居环境整治方式；Y_{ij}^* 表示不可观测的潜变量；Y_{ij} 是最终结果变量，若 $Y_{ij}^* > 0$，则 $Y_{ij} = 1$，表示农村居民 j 以方式 i 参与；X 表示影响农村居民参与人居环境整治方式的因素；β_j 为相应的估计系数；μ 为随机扰动项，服从多元正态分布 MVN（0，ψ）。

协方差矩阵 ψ 如下：

$$\psi = \begin{bmatrix} 1 & \rho_{12} & \rho_{13} & \rho_{14} \\ \rho_{12} & 1 & \rho_{23} & \rho_{24} \\ \rho_{13} & \rho_{23} & 1 & \rho_{34} \\ \rho_{14} & \rho_{24} & \rho_{34} & 1 \end{bmatrix} \qquad (7-5)$$

在式（7-5）中，若非对角线上的元素值不为 0，意味着农村居民选择不同方式参与人居环境整治存在关联，构建 Multivariate Probit 模型展开探讨确有必要。

7.2 外出务工、村庄认同对农村居民参与人居环境整治决策的影响

7.2.1　模型回归结果与分析

本章借助 StataSE 15.0 软件展开验证，回归 1 是控制变量的 Ordered Probit 模型回归结果，回归 2 是在回归 1 的基础上纳入外出务工和村庄认同的 Ordered Probit 模型回归结果，回归 3 是纳入外出务工、村庄认同和控制变量的 CMP 方法估计结果，回归 4 是纳入外出务工、村庄认同、控制变量和中介变量的 CMP 方法估计结果，具体如表 7-2 所示。回归 3 的结果显示，atanhrho_12 在 10% 的统计水平上显著，说明 CMP 方法估计结果比 Ordered Probit 模型要好，因此，下述分析主要围绕回归 4 展开。

表 7-2　　　　　农村居民参与人居环境整治决策的回归结果

变量名称	回归 1 （Ordered Probit）	回归 2 （Ordered Probit）	回归 3 （CMP）	回归 4 （CMP）
外出务工		-0.410 ** (0.160)	-0.291 * (0.170)	-0.308 * (0.161)
村庄认同		0.929 ** (0.396)	5.086 *** (1.948)	5.052 *** (1.937)

变量名称	回归1 （Ordered Probit）	回归2 （Ordered Probit）	回归3 （CMP）	回归4 （CMP）
性别	0.012 (0.090)	0.005 (0.091)	0.040 (0.090)	0.041 (0.090)
年龄	−0.006 (0.004)	−0.008 * (0.004)	−0.011 *** (0.004)	−0.011 *** (0.004)
受教育程度	0.008 (0.011)	0.006 (0.011)	−0.003 (0.013)	−0.004 (0.013)
健康程度	−0.016 (0.045)	−0.030 (0.045)	−0.124 * (0.066)	−0.120 * (0.063)
接受相关专业培训	0.301 ** (0.122)	0.304 ** (0.120)	0.262 ** (0.118)	0.270 ** (0.114)
耕地规模	−0.003 *** (0.001)	−0.003 *** (0.001)	−0.002 *** (0.001)	−0.003 *** (0.001)
家庭总收入	0.006 ** (0.003)	0.007 ** (0.003)	0.004 (0.003)	0.004 (0.003)
家庭规模	0.054 ** (0.023)	0.055 ** (0.023)	0.041 (0.026)	0.043 * (0.025)
家中有人当过村组以上干部	−0.060 (0.119)	−0.106 (0.120)	−0.199 * (0.119)	−0.193 (0.118)
亲友参与村庄人居环境治理	0.127 (0.092)	0.060 (0.097)	−0.264 (0.186)	−0.256 (0.179)
村庄地形	0.100 (0.125)	0.077 (0.120)	−0.108 (0.138)	−0.112 (0.142)
住处到村委会的距离	−0.006 *** (0.001)	−0.006 *** (0.001)	−0.003 (0.002)	−0.003 (0.002)
村规民约	0.097 (0.134)	0.096 (0.140)	0.004 (0.171)	0.001 (0.173)
乡镇驻地	0.322 *** (0.118)	0.311 *** (0.120)	0.257 ** (0.128)	0.261 ** (0.127)
地方宗族	0.073 (0.211)	0.099 (0.212)	0.112 (0.210)	0.115 (0.209)
农村居民参与人居环境 整治意愿				−0.194 (0.292)
atanhrho_12			−0.591 * (0.354)	−0.585 * (0.341)

续表

变量名称	回归 1 (Ordered Probit)	回归 2 (Ordered Probit)	回归 3 (CMP)	回归 4 (CMP)
地区虚拟变量	已控制	已控制	已控制	已控制
观察值	777	777	777	777
Wald chi^2	116. 35	130. 25	830. 81	844. 50
Log pseudolikelihood	−918. 580	−911. 122	−376. 587	−362. 145
Pseudo R^2	0. 040	0. 048	—	—

注：＊、＊＊和＊＊＊分别表示在 10%、5% 和 1% 的水平上显著。括号内为稳健标准误。

由表 7 - 2 回归 4 可知，外出务工在 10% 的统计水平上负向显著，表明外出务工阻碍农村居民参与人居环境整治决策的作出。可能的解释是，家庭外出务工成员占比越大，农村居民的生活面向越倾向于村外、出现女性决策的可能性越大（李芬妮等，2020a）、感知人居环境改善等整治利益越少（唐林等，2019c）、参与的心理和机会成本越高（黄云凌，2020；闵继胜和刘玲，2015；李芬妮等，2020a），故而在参与农村人居环境整治上的积极性较弱。

从表 7 - 2 回归 4 中可以看出，村庄认同在 1% 的统计水平上正向显著，意味着村庄认同促使农村居民作出参与人居环境整治决策。这或许是由于，农村居民的村庄认同度越高，意味着其从心理上接受并认可村庄成员身份（吴晓燕，2011），对村庄长远发展和建设的重视和关心越多（唐林等，2019b；贺雪峰，2013），对参与人居环境整治所获得的宜居生活环境等共同利益认知越多，从而作出参与农村人居环境整治决策的可能性更高。

表 7 - 2 回归 4 结果显示，年龄在 1% 的统计水平上负向显著，说明年纪越小的农村居民越可能作出人居环境整治参与决策。可能的原因是，农村居民的年龄越小，对农村人居环境整治等新事物的接受与学习能力越强，拥有的环保意识和认知越多，从而参与农村人居环境整治的可能性越大。

从表 7 - 2 回归 4 中不难发现，健康程度在 10% 的统计水平上负向显著，表明农村居民的健康状况越差、做出农村人居环境整治参与决策的概率越大。这或许是因为，健康状况越差的农村居民越关注生活环境和身体健康之间的关系，越期望通过改善居住地环境卫生以提高自身健康程度，从而越可能做出参与农村人居环境整治决策。

由表7－2回归4可知，接受相关专业培训在5%的统计水平上正向显著，意味着农村居民接受的专业培训越多、越可能做出农村人居环境整治参与决策。可能的解释是，农村居民通过相关专业培训，学习、掌握了参与农村人居环境整治效益、具体实践措施等内容，因而参与农村人居环境整治的可能性较大。

从表7－2回归4中可以看出，耕地规模在1%的统计水平上负向显著，意味着农村居民的耕地规模越小、做出农村人居环境整治参与决策的概率越大。这或许是由于，当农村居民经营的耕地规模较大时，意味着其可能将大部分时间和精力分配到农业生产经营活动中，从而无暇顾及环境卫生这类非生产性事务，较小概率做出参与农村人居环境整治决策。

表7－2回归4结果显示，家庭规模在10%的统计水平上正向显著，表明农村居民的家庭规模越大、做出农村人居环境整治参与决策的概率越大。可能的原因是，家庭规模越大的农村居民产生的生活废弃物体量越大（唐林等，2019b；闵继胜和刘玲，2015）、环境治理效用越多（汪红梅等，2018），从而越可能参与农村人居环境整治。

从表7－2回归4中不难发现，乡镇驻地在5%的统计水平上正向显著，说明村庄是乡镇驻地的农村居民越可能做出人居环境整治参与决策。这或许是由于，当村庄是乡镇政府所在地时，农村居民在接收国家治理村庄环境指令和安排的及时性和全面性越强，从而越容易被辐射带动而参与农村人居环境整治。

7.2.2　估计结果的稳健性检验

本章运用替换模型和以"外出务工收入占比"替换原有变量2个方法进行稳健性检验，结果如表7－3所示（囿于篇幅，本章只汇报了二阶段回归结果）。不难发现，外出务工在农村居民参与人居环境整治决策模型中的系数为负且通过了显著性检验，村庄认同在农村居民参与人居环境整治决策模型中的系数为正且通过了显著性检验，这一发现同表7－2大体一致，从而证明了估计结果的稳健性。

表 7 - 3　　　　　外出务工、村庄认同对农村居民参与决策影响的
稳健性检验结果

变量名称	替换模型（2SLS）	替换变量（CMP 方法）
外出务工	− 0. 281 * (0. 146)	− 0. 269 ** (0. 114)
村庄认同	5. 525 ** (2. 798)	5. 080 *** (1. 926)
控制变量	已控制	已控制
atanhrho_12	—	− 0. 589 * (0. 341)
观察值	777	777
F	11. 29	—
Wald chi^2	166. 76	849. 89
Log pseudolikelihood	—	− 361. 147

注：* 、** 和 *** 分别表示在 10% 、5% 和 1% 的水平上显著。括号内为稳健标准误。

7.2.3　外出务工、村庄认同对农村居民参与决策影响的异质性分析

个体的环境治理行为会因个体特征、村庄特征的不同而出现差异（李芬妮等，2020b），因此，本章运用 SUEST 方法，分析外出务工、村庄认同在不同特征农村居民参与人居环境整治决策中的异质性影响。需要说明的是，本章仅就组间系数差异显著的变量展开讨论。

（1）性别异质性分析。

本章以性别为依据，将男性样本划为男性组，反之则为女性组，进行 SUEST 检验，以考察外出务工、村庄认同在影响农村居民参与人居环境整治决策中的性别差异，结果如表 7 - 4 所示。不难看出，男性组的村庄认同变量在 1% 的统计水平上正向显著，而女性的村庄认同变量未通过显著性检验，且 p-value 在 5% 的统计水平上显著异于零，表明村庄认同对男性和女性农村居民参与人居环境整治决策的影响具有明显差异，村庄认同在推动男性农村居民做出人居环境整治参与决策上的作用更大。可能的解释是，相较于女性农村居民，男性农村居民具备更为开阔的视野、更高的环

境治理认知（史恒通等，2017）和更强的接受与掌握新生事物能力，对家庭整体利益和公共领域事务的关注度亦更高（汪红梅等，2018；李芬妮等，2020a），加之村庄认同已被证实能够促使农村居民做出参与人居环境整治决策，故而男性农村居民更易受村庄认同影响而积极参与。

表 7 - 4　　　　外出务工、村庄认同对农村居民参与决策影响的
性别异质性回归结果

变量名称	男性	女性	p-value
外出务工	- 0. 411 ** (0. 183)	- 0. 155 (0. 195)	0. 339
村庄认同	1. 274 *** (0. 420)	- 0. 141 (0. 441)	0. 020 **
控制变量	已控制	已控制	
观察值	459	318	
F	3. 49	3. 07	
R^2	0. 150	0. 186	

注：** 和 *** 分别表示在 5% 和 1% 的水平上显著。括号内为稳健标准误。p-value 为运用 SUEST 检验外出务工、村庄认同在不同组间系数差异显著性而得。

（2）代际异质性分析。

参考李芬妮和张俊飚（2021）的做法，本章以 1975 年为界，将出生在此节点之前的样本分为老一代组，反之则为新生代组，进行 SUEST 检验，以考察外出务工、村庄认同在影响农村居民参与人居环境整治决策中的代际差异，结果如表 7 - 5 所示。可以发现，新生代组的外出务工变量在 1% 的统计水平上负向显著，而老一代组的外出务工变量未通过显著性检验，且 p-value 在 1% 的统计水平上显著异于零，表明外出务工对新老两代农村居民参与人居环境整治决策的影响具有明显差异，外出务工在抑制新生代农村居民做出人居环境整治参与决策上的作用更强。可能的原因是，不同于老一代农村居民，新生代农村居民成长于城镇化快速发展和市场经济繁荣背景下、逐利动机更强（李芬妮和张俊飚，2021），故而更易受外出务工影响而转移生活面向、降低利益感知、出现较高参与心理和机会成本，从而不易做出农村人居环境整治参与决策。

表7－5　　　　　外出务工、村庄认同对农村居民参与决策影响的
代际异质性回归结果

变量名称	新生代	老一代	p-value
外出务工	－1.470*** (0.336)	－0.218 (0.139)	0.001***
村庄认同	1.423** (0.629)	0.611* (0.333)	0.254
控制变量	已控制	已控制	
观察值	102	675	
F	3.06	3.04	
R^2	0.460	0.093	

注：*、** 和 *** 分别表示在10%、5%和1%的水平上显著。括号内为稳健标准误。

（3）培训接受异质性分析。

本章依据农村居民的培训接受情况，将参与相关培训的样本划为接受培训组，反之则为未接受培训组，进行 SUEST 检验，以考察外出务工、村庄认同在影响农村居民参与人居环境整治决策中的培训接受差异，结果如表7－6所示。不难看出，接受培训组的村庄认同变量在1%的统计水平上正向显著，而未接受培训组的村庄认同变量未通过显著性检验，且 p-value 在10%的统计水平上显著异于零，表明村庄认同对接受培训与未接受培训农村居民参与人居环境整治决策的影响具有明显差异，村庄认同在推动接受培训农村居民做出人居环境整治参与决策上的作用更大。可能的解释是，较之于未接受培训的农村居民，接受培训的农村居民因受过村庄环境治理知识教育与措施指导，具备较多环境整治益处、必要性、重要性等认知，加之学者们已论证出村庄认同在推动农村居民做出人居环境整治参与决策上的重要作用，由此，接受培训农村居民更易在村庄认同影响下而投身人居环境整治。

表7－6　　　　　外出务工、村庄认同对农村居民参与决策影响的
培训接受异质性结果

变量名称	接受培训	未接受培训	p-value
外出务工	－0.151 (0.312)	－0.380*** (0.146)	0.506

续表

变量名称	接受培训	未接受培训	p-value
村庄认同	2.048 *** (0.778)	0.521 (0.355)	0.074 *
控制变量	已控制	已控制	
观察值	149	628	
F	2.58	2.87	
R^2	0.311	0.094	

注: * 和 *** 分别表示在10%和1%的水平上显著。括号内为稳健标准误。

（4）宗族异质性分析。

参考郭云南等（2014）、仇焕广等（2017）、陶东杰等（2019）的做法，本章以村庄有无祠堂作为地方宗族的具体表征，将村中有祠堂的样本划为地方有宗族组，反之则为地方无宗族组，进行 SUEST 检验，以考察外出务工、村庄认同在影响农村居民参与人居环境整治决策中的宗族差异，结果如表7-7所示。可以发现，地方有宗族组的外出务工变量在1%的统计水平上负向显著，而地方无宗族组的外出务工变量未通过显著性检验，且 p-value 在5%的统计水平上显著异于零，表明外出务工对地方有宗族和地方无宗族农村居民参与人居环境整治决策的影响具有明显差异，外出务工在阻碍地方有宗族农村居民做出人居环境整治参与决策上的作用更强。这或许是由于，与地方无宗族的农村居民相比，地方有宗族的农村居民会因宗族的影响而产生较高外出务工倾向（郭云南等，2014），而外出务工对农村居民参与人居环境整治决策的阻碍作用已为学者们所揭示，由此，地方有宗族的农村居民更易受外出务工的负向影响而不参与人居环境整治。

表7-7　　　　外出务工、村庄认同对农村居民参与决策影响的

宗族异质性回归结果

变量名称	地方有宗族	地方无宗族	p-value
外出务工	-0.733 *** (0.245)	-0.135 (0.151)	0.038 **
村庄认同	0.520 (0.517)	0.611 * (0.354)	0.885
控制变量	已控制	已控制	

续表

变量名称	地方有宗族	地方无宗族	p-value
观察值	210	567	
F	4.27	2.22	
R^2	0.334	0.082	

注：＊、＊＊和＊＊＊分别表示在10%、5%和1%的水平上显著。括号内为稳健标准误。

 ## 7.3　外出务工、村庄认同对农村居民参与人居环境整治方式的影响

7.3.1　Multivariate Probit 模型回归结果与分析

本章借助 StataSE 15.0 软件，通过逐步引入解释变量构建 Multivariate Probit 模型，具体如表 7-8 所示。回归 5 是控制变量对农村居民参与人居环境整治方式的回归结果，回归 6 是在回归 5 基础上纳入外出务工和村庄认同的回归结果，回归 7 是在回归 6 基础上纳入中介变量的回归结果，不难看出，随着变量的纳入，Wald chi^2 从回归 5 的 237.30 增加至回归 7 的 328.35，Log likelihood 从回归 5 的 -1614.273 增加至回归 7 的 -1555.893，表明回归结果的解释力逐步增加。下述分析主要围绕回归 7 展开。

由表 7-8 回归 7 可知，外出务工在参与投资模型中 1% 的统计水平上正向显著、在参与建言模型中 5% 的统计水平上正向显著，表明外出务工促使农村居民以投资、建言方式参与人居环境整治。可能的解释是，外出务工不仅实现了农村居民经济资本的积累（齐振宏等，2021；李芬妮和张俊飚，2021），使其具备支付农村人居环境整治费用的经济实力，同时还增强了农村居民的环境保护理念（吴建，2012）、提升了环保认知水平（邝佛缘等，2018；黄婧轩等，2018），从而促使农村居民以投资、建言方式参与农村人居环境整治。而外出务工之所以未能影响农村居民以投劳、监督方式参与农村人居环境整治，或许是因为投劳与监督方式的采用均需耗费一定人力，前者离不开劳动力的直接投入，后者需要劳动力在日常生活

表7－8　农村居民参与人居环境整治方式的回归结果

变量名称	回归5 参与投资	回归5 参与投劳	回归5 参与建言	回归5 参与监督	回归6 参与投资	回归6 参与投劳	回归6 参与建言	回归6 参与监督	回归7 参与投资	回归7 参与投劳	回归7 参与建言	回归7 参与监督
外出务工					1.281*** (0.218)	0.277 (0.197)	0.478** (0.224)	0.090 (0.207)	1.268*** (0.218)	0.275 (0.197)	0.474** (0.226)	0.080 (0.208)
村庄认同					1.517*** (0.424)	1.267*** (0.400)	3.540*** (0.457)	1.118*** (0.409)	1.566*** (0.427)	1.270*** (0.403)	3.552*** (0.460)	1.141*** (0.412)
性别	-0.167 (0.111)	0.010 (0.104)	0.199* (0.116)	0.171 (0.115)	-0.121 (0.114)	0.031 (0.105)	0.268** (0.121)	0.185 (0.115)	-0.119 (0.114)	0.031 (0.105)	0.268** (0.121)	0.186 (0.115)
年龄	-0.002 (0.005)	-0.005 (0.005)	0.001 (0.005)	0.000 (0.006)	-0.003 (0.005)	-0.006 (0.005)	-0.002 (0.006)	-0.001 (0.006)	-0.003 (0.005)	-0.006 (0.005)	-0.002 (0.006)	-0.001 (0.006)
受教育程度	0.009 (0.014)	0.000 (0.014)	0.004 (0.015)	0.016 (0.016)	0.005 (0.015)	-0.002 (0.014)	-0.005 (0.017)	0.015 (0.016)	0.004 (0.015)	-0.002 (0.014)	-0.005 (0.017)	0.015 (0.016)
健康程度	0.028 (0.054)	0.052 (0.052)	0.015 (0.057)	-0.038 (0.058)	-0.025 (0.056)	0.020 (0.053)	-0.068 (0.061)	-0.062 (0.059)	-0.023 (0.056)	0.020 (0.053)	-0.068 (0.062)	-0.061 (0.059)
接受相关专业培训	-0.204 (0.139)	0.118 (0.133)	0.354** (0.168)	0.144 (0.155)	-0.209 (0.143)	0.126 (0.134)	0.409** (0.180)	0.141 (0.155)	-0.201 (0.143)	0.127 (0.134)	0.411** (0.180)	0.145 (0.156)
耕地规模	-0.001 (0.001)	-0.002* (0.001)	-0.001 (0.001)	-0.001 (0.001)	0.000 (0.001)	-0.002* (0.001)	-0.001 (0.002)	-0.001 (0.001)	0.000 (0.001)	-0.002* (0.001)	-0.001 (0.002)	-0.001 (0.001)
家庭总收入	0.009*** (0.004)	0.000 (0.003)	0.007* (0.004)	0.000 (0.003)	0.004 (0.004)	-0.002 (0.003)	0.006 (0.005)	-0.001 (0.003)	0.004 (0.004)	-0.002 (0.003)	0.006 (0.005)	-0.001 (0.003)
家庭规模	0.050* (0.029)	0.037 (0.028)	0.033 (0.031)	0.029 (0.030)	0.042 (0.030)	0.037 (0.028)	0.034 (0.032)	0.029 (0.030)	0.043 (0.030)	0.037 (0.028)	0.034 (0.032)	0.030 (0.030)
家中有人当过村组以上干部	-0.067 (0.134)	0.178 (0.128)	0.338** (0.158)	0.113 (0.146)	-0.022 (0.139)	0.162 (0.130)	0.259 (0.165)	0.074 (0.147)	-0.016 (0.139)	0.162 (0.130)	0.260 (0.166)	0.077 (0.147)

续表

变量名称	回归 5				回归 6				回归 7			
	参与投资	参与投劳	参与建言	参与监督	参与投资	参与投劳	参与建言	参与监督	参与投资	参与投劳	参与建言	参与监督
亲友参与村庄人居环境治理	0.296***(0.114)	0.023(0.110)	0.200*(0.117)	0.219*(0.116)	0.206*(0.121)	-0.066(0.114)	-0.032(0.126)	0.152(0.120)	0.207*(0.121)	-0.066(0.114)	-0.032(0.126)	0.153(0.120)
村庄地形	-0.414**(0.190)	0.029(0.174)	0.350*(0.190)	0.350*(0.194)	-0.518***(0.192)	-0.033(0.177)	0.213(0.197)	0.306(0.195)	-0.528***(0.192)	-0.032(0.177)	0.211(0.197)	0.300(0.196)
住处到村委会的距离	0.004(0.009)	-0.007(0.007)	-0.072(0.048)	0.001(0.006)	0.008(0.017)	-0.006(0.007)	-0.055(0.051)	0.001(0.006)	0.009(0.019)	-0.006(0.007)	-0.055(0.051)	0.001(0.006)
村规民约	0.169(0.185)	0.249(0.177)	-0.027(0.181)	-0.133(0.190)	0.126(0.190)	0.225(0.178)	-0.066(0.187)	-0.157(0.191)	0.120(0.190)	0.224(0.178)	-0.067(0.187)	-0.155(0.191)
乡镇驻地	-0.090(0.152)	-0.246*(0.145)	-0.055(0.164)	0.092(0.163)	-0.076(0.155)	-0.240(0.146)	-0.024(0.172)	0.101(0.164)	-0.076(0.155)	-0.241*(0.146)	-0.024(0.172)	0.100(0.164)
地方宗族	-0.141(0.205)	0.297(0.196)	0.209(0.227)	0.173(0.225)	-0.182(0.212)	0.294(0.197)	0.175(0.236)	0.166(0.226)	-0.179(0.212)	0.293(0.197)	0.175(0.236)	0.166(0.227)
农村居民参与人居环境整治意愿									-0.191(0.211)	-0.011(0.209)	-0.042(0.214)	-0.096(0.220)
imr	-2.556***(0.604)	-1.804***(0.593)	-1.291**(0.517)	-1.261**(0.520)	-2.626***(0.637)	-1.563***(0.597)	-0.727(0.549)	-0.993*(0.533)	-2.690***(0.642)	-1.569***(0.598)	-0.739(0.553)	-1.031*(0.539)
地区虚拟变量	已控制				已控制				已控制			
观察值	777				777				777			
Wald chi²	237.30				327.36				328.35			
Log likelihood	-1614.273				-1556.416				-1555.893			
Prob > chi²	0.000				0.000				0.000			

注：*、**和***分别表示在 10%、5% 和 1% 的水平上显著。括号内为标准误。

中付出精力和时间，而外出务工在一定程度上影响了农村居民的家庭劳动力供给（Li et al.，2022）、降低了劳动力在村时间（唐林等，2019c），故而外出务工未能影响农村居民以投劳、监督方式参与人居环境整治。

从表7-8回归7不难看出，在参与投资、参与投劳、参与建言、参与监督模型中，村庄认同均在1%的统计水平上正向显著，这意味着村庄认同促使农村居民以投资、投劳、建言、监督方式参与人居环境整治。这或许是由于，村庄认同不仅降低了农村居民的利己心态、增强共同利益认知，同时还助推农村居民树立集体行为目标、增强村庄成员身份意识与主人翁观念。由此，所谓"造福桑梓""回馈乡里"，村庄认同度较高的农村居民较易对投资、投劳、建言、监督等参与方式产生选择倾向。

表7-8回归7结果显示，性别在参与建言模型中5%的统计水平上正向显著，说明男性农村居民更可能以建言方式参入居环境整治。可能的原因是，男性农村居民的视野更为开阔（史恒通等，2017），更关注公共领域、愿意在公共事务上积极发声（贾蕊和陆迁，2019）以显示自身影响力（李芬妮等，2021），因此更可能以建言献策方式参与农村人居环境整治。

从表7-8回归7中可以发现，接受相关专业培训在参与建言模型中5%的统计水平上正向显著，表明接受过相关专业培训农村居民更可能以建言方式参与人居环境整治。这或许是由于接受过相关专业培训的农村居民在学习培训过程中了解过治理居住环境的知识和具体措施，拥有较高环境认知水平，更易看到村庄在人居环境整治上的有待改进之处，因此更可能以建言献策方式参与农村人居环境整治。

由表7-8回归7可知，耕地规模在参与投劳模型中10%的统计水平上负向显著，意味着耕地规模越小的农村居民更可能以投劳方式参与人居环境整治。可能的解释是，经营较大规模的耕地往往会耗费农村居民更多人力和精力，从而没有多余劳力用于农村人居环境整治。

从表7-8回归7中可以发现，亲友参与村庄人居环境治理在参与投资模型中10%的统计水平上正向显著，说明亲友参与村庄人居环境治理越多的农村居民更可能以投资方式参与人居环境整治。这或许是由于，农村居民普遍具有从众心理，当身边有亲友参与村庄人居环境治理时，农村居民也将随之参与并模仿亲友参与人居环境整治的方式，如为生活垃圾处理付费、投资等。

表7-8回归7结果显示，村庄地形在参与投资模型中1%的统计水平上负向显著，意味着居住在平原地形村庄的农村居民更可能以投资方式参与人居环境整治。可能的原因是，在地形平坦的平原村庄修建垃圾桶、污水管道、厕所等环境整治设施的可行性较高、难度较小、成本较低，从而在一定程度上增强了农村居民的收益预期与回报率、促使其以投资方式参与。

从表7-8回归7不难看出，乡镇驻地在参与投劳模型中10%的统计水平上负向显著，说明村庄非乡镇驻地的农村居民更可能以投劳方式参与人居环境整治。这或许是因为，居住在非乡镇政府所在地的农村居民因缺乏相应驻地资源而可能拥有较低环境认知水平、较少与市场接触的机会、较慢流动的要素（王震和辛贤，2022），从而在建言、监督等智力参与和投资等财力参与的方式选择上较为不足，倾向于人力参与这种成本相对较低的方式。

7.3.2　村庄认同的调节效应检验

为了探究村庄认同在外出务工影响农村居民参与人居环境整治方式中的作用，本章将外出务工和村庄认同的交互项纳入模型。考虑到交互项与原变量之间可能存在较高的相关性，在构建交互项之前，本章对原变量进行中心化处理，即将原变量分别减去其均值后重新回归，结果如表7-9所示。不难发现，在参与投资、参与建言模型中，外出务工和村庄认同的交互项均在1%的统计水平上正向显著，表明村庄认同在外出务工影响农村居民参与人居环境整治方式中起到显著的正向调节作用，即外出务工在推动农村居民以投资、建言方式参与人居环境整治中的积极作用会随着村庄认同的增强而增强。

表7-9　　　　　　　村庄认同的调节效应检验结果

变量名称	回归8			
	参与投资	参与投劳	参与建言	参与监督
外出务工	1.288 ***	0.292	0.604 **	0.062
	(0.223)	(0.198)	(0.237)	(0.208)

续表

变量名称	回归 8			
	参与投资	参与投劳	参与建言	参与监督
村庄认同	1.682***	1.277***	3.852***	1.138***
	(0.435)	(0.402)	(0.488)	(0.408)
外出务工×村庄认同	4.248***	-0.999	4.894***	-0.805
	(1.648)	(1.453)	(1.895)	(1.317)
控制变量	已控制			
观察值	777			
Wald chi²	333.85			
Log likelihood	-1547.379			
Prob > chi²	0.000			

注：**和***分别表示在5%和1%的水平上显著。括号内为稳健标准误。

7.3.3　外出务工、村庄认同对农村居民参与方式影响的稳健性检验

为了验证上述结果的可信性，本章首先运用 Winsorize 方法对样本上下5%的特异值进行平滑处理，结果如表 7-10 所示。可以看出，外出务工在参与投资、参与建言模型中的系数为正且通过了显著性检验，村庄认同在参与投资、参与投劳、参与建言、参与监督模型中的系数为正且通过了显著性检验，外出务工和村庄认同的交互项在参与投资、参与建言模型中的系数为正且通过了显著性检验，这一发现同表 7-8、表 7-9 大体一致，初步验证了本章结果的稳健性。

表 7-10　　　　　　　稳健性检验结果——平滑样本奇异值

变量名称	回归 9				回归 10			
	参与投资	参与投劳	参与建言	参与监督	参与投资	参与投劳	参与建言	参与监督
外出务工	1.220***	0.296	0.489**	0.068	1.224***	0.319	0.610**	0.067
	(0.220)	(0.200)	(0.228)	(0.211)	(0.223)	(0.201)	(0.238)	(0.210)
村庄认同	1.611***	1.446***	3.577***	1.024**	1.761***	1.443***	3.864***	0.962**
	(0.429)	(0.410)	(0.467)	(0.418)	(0.437)	(0.410)	(0.490)	(0.417)

续表

变量名称	回归9				回归10			
	参与投资	参与投劳	参与建言	参与监督	参与投资	参与投劳	参与建言	参与监督
外出务工×村庄认同					4.010** (1.749)	-1.429 (1.628)	4.356** (1.992)	-1.997 (1.647)
控制变量	已控制				已控制			
观察值	777				777			
Wald chi^2	340.22				347.66			
Log likelihood	-1554.648				-1546.643			
Prob > chi^2	0.000				0.000			

注：** 和 *** 分别表示在5%和1%的水平上显著。括号内为稳健标准误。

进一步，本章运用"外出务工收入占比"替换原有外出务工变量，结果如表7-11所示。不难发现，外出务工在参与投资、参与建言模型中的系数为正且通过了显著性检验，村庄认同在参与投资、参与投劳、参与建言、参与监督模型中的系数为正且通过了显著性检验，外出务工和村庄认同的交互项在参与投资、参与建言模型中的系数为正且通过了显著性检验，这一发现同表7-8、表7-9大体一致，从而进一步证明了本章结果的稳健性。

表7-11　　　　　　　　稳健性检验结果——替换变量

变量名称	回归11				回归12			
	参与投资	参与投劳	参与建言	参与监督	参与投资	参与投劳	参与建言	参与监督
外出务工	0.430*** (0.138)	0.188 (0.130)	0.364** (0.150)	0.060 (0.142)	0.472*** (0.140)	0.186 (0.130)	0.554*** (0.161)	0.028 (0.143)
村庄认同	1.594*** (0.423)	1.269*** (0.403)	3.540*** (0.461)	1.135*** (0.412)	1.681*** (0.426)	1.283*** (0.404)	3.965*** (0.488)	1.126*** (0.411)
外出务工×村庄认同					2.577*** (0.993)	-1.232 (0.944)	4.320*** (1.166)	-1.491 (0.947)
控制变量	已控制				已控制			
观察值	777				777			
Wald chi^2	310.81				329.92			
Log likelihood	-1567.357				-1550.543			
Prob > chi^2	0.000				0.000			

注：** 和 *** 分别表示在5%和1%的水平上显著。括号内为稳健标准误。

7.3.4　外出务工、村庄认同对农村居民参与方式影响的异质性分析

考虑到农村居民的个体特征、家庭特征、村庄特征会引发其在参与人居环境整治方式上产生差异，本章进一步运用 SUEST 方法，分析外出务工、村庄认同对农村居民参与人居环境整治方式的异质性影响。需要说明的是，本章仅就组间系数差异显著的变量展开讨论。

（1）代际异质性分析。

参考李芬妮和张俊飚（2021）的做法，本章以 1975 年为界，将出生在此节点之前的样本分为老一代组，反之则为新生代组，进行 SUEST 检验，以考察外出务工、村庄认同在影响农村居民参与人居环境整治方式中的代际差异，结果如表 7 - 12 所示。由表 7 - 12 回归 13 可知，在参与投资模型中，新生代组的村庄认同变量在 1% 的统计水平上正向显著，而老一代组的村庄认同变量在 5% 的统计水平上正向显著，且村庄认同变量在新生代组的系数大于老一代组，p-value 在 1% 的统计水平上显著异于零；由表 7 - 12 回归 14 可知，在参与建言模型中，新生代组的村庄认同变量在 1% 的统计水平上正向显著，老一代组的村庄认同变量在 1% 的统计水平上正向显著，且村庄认同变量在新生代组的系数大于老一代组，p-value 在 5% 的统计水平上显著异于零；由表 7 - 12 回归 15 可知，在参与监督模型中，新生代组的村庄认同变量在 1% 的统计水平上正向显著，老一代组的村庄认同变量未通过显著性检验，p-value 在 1% 的统计水平上显著异于零；上述结果表明村庄认同对新老两代农村居民参与人居环境整治方式的影响存在明显差异，较之于老一代农村居民，村庄认同在推动新生代农村居民以投资、建言、监督方式参与人居环境整治上的作用更大。可能的原因是，一方面，得益于我国义务教育的大力推行和社会经济的迅速发展，相较于老一代农村居民，新生代农村居民往往具备更高的受教育程度和认知水平（徐细雄和淦未宇，2011），更能理解治理村庄居住环境益处、学习和掌握环境整治知识和措施，从而为其在农村人居环境整治出谋划策、监督他人不良环境行为上更为得心应手、游刃有余；另一方面，改革开放、

城镇化、市场化进程的快速推进诱发了更多营生、赚钱的机会和渠道，而新生代农村居民的体能明显强于老一代农村居民，在谋求工作岗位、实现自身收入水平提高上更具优势，从而增强了为农村人居环境整治投资、付费的能力。

表 7-12　　　　　外出务工、村庄认同对农村居民参与方式影响的
代际异质性回归结果

变量名称	回归 13（参与投资）			回归 14（参与建言）			回归 15（参与监督）		
	新生代	老一代	p-value	新生代	老一代	p-value	新生代	老一代	p-value
外出务工	0.339* (0.186)	0.375*** (0.065)	0.856	-0.055 (0.118)	0.13** (0.062)	0.160	-0.136 (0.138)	0.014 (0.072)	0.335
村庄认同	1.504*** (0.231)	0.354** (0.143)	0.000***	1.655*** (0.273)	0.921*** (0.143)	0.017**	1.011*** (0.240)	0.233 (0.150)	0.006***
控制变量	已控制	已控制		已控制	已控制		已控制	已控制	
观察值	102	675		102	675		102	675	
F	1.98	7.97		3.04	5.94		2.83	1.77	
R^2	0.368	0.220		0.473	0.173		0.455	0.059	

注：*、** 和 *** 分别表示在 10%、5% 和 1% 的水平上显著。括号内为稳健标准误。p-value 为运用 SUEST 检验外出务工、村庄认同在不同组间系数差异显著性而得。

（2）受教育程度异质性分析。

本章依据农村居民的受教育程度，将受教育年限高于均值的样本划为高受教育程度组，反之则为低受教育程度组，进行 SUEST 检验，以考察外出务工、村庄认同在影响农村居民参与人居环境整治方式中的受教育程度差异，结果如表 7-13 所示。可以看出，在参与投资模型中，高受教育程度组的村庄认同变量在 1% 的统计水平上正向显著，而低受教育程度组的村庄认同变量未通过显著性检验，且 p-value 在 10% 的统计水平上显著异于零，表明村庄认同对不同受教育程度农村居民参与人居环境整治方式的影响具有明显差异，村庄认同在推动高受教育程度农村居民以投资方式参与人居环境整治上的作用更强。可能的解释是，村庄认同本身有助于促使农村居民以投资方式参与人居环境整治，而高受教育程度农村居民不仅拥有更高的环境保护思维、理念和认知水平（李芬妮等，2020b；苏淑仪等，2020），同时还具备更强的营生赚钱能力、更高的经济实力、更强的负担环境治理费用能力，故而更易以投资方式参与农村人居环境整治。

表 7 – 13　　　　　　外出务工、村庄认同影响农村居民参与方式的
受教育程度异质性结果

变量名称	回归 16（参与投资）		
	高受教育程度	低受教育程度	p-value
外出务工	0.325 *** (0.090)	0.427 *** (0.078)	0.388
村庄认同	0.682 *** (0.190)	0.220 (0.178)	0.076 *
控制变量	已控制	已控制	
观察值	383	394	
F	4.46	6.01	
R²	0.222	0.272	

注：* 和 *** 分别表示在 10% 和 1% 的水平上显著。括号内为稳健标准误。

（3）宗族异质性分析。

参考郭云南等（2014）、仇焕广等（2017）、陶东杰等（2019）的做法，本章以村庄有无祠堂作为地方宗族的具体表征，将村中有祠堂的样本划为地方有宗族组，反之则为地方无宗族组，进行 SUEST 检验，以考察外出务工、村庄认同在影响农村居民参与人居环境整治方式中的宗族差异，结果如表 7 – 14 所示。由表 7 – 14 回归 17 可知，在参与投资模型中，地方有宗族组的村庄认同变量在 1% 的统计水平上正向显著，而地方无宗族组的村庄认同变量未通过显著性检验，且 p-value 在 1% 的统计水平上显著异于零；由表 7 – 14 回归 18 可知，在参与投劳模型中，地方有宗族组的村庄认同变量在 1% 的统计水平上正向显著，而地方无宗族组的村庄认同变量未通过显著性检验，且 p-value 在 10% 的统计水平上显著异于零；由表 7 – 14 回归 19 可知，在参与监督模型中，地方有宗族组的村庄认同变量在 1% 的统计水平上正向显著，而地方无宗族组的村庄认同变量未通过显著性检验，且 p-value 在 10% 的统计水平上显著异于零；上述结果表明村庄认同对地方有宗族和地方无宗族农村居民参与人居环境整治方式的影响具有明显差异，村庄认同在推动地方有宗族农村居民以投资、投劳、监督方式参与人居环境整治上的作用更大。可能的原因是，一方面，宗族的存在有助于降低农村居民的可支配收入基尼系数、缩小收入差距（郭云南等，2014），从而提升其为农村人居环境整治付费的能力；另一方面，地方有宗族的农

村居民往往从当地宗族所获的庇护与帮助较多，且宗族大多会宣扬"造福桑梓""回馈乡里"等观念，故而这类居民存在较大概率为农村人居环境整治投入人力、时间，加之村庄认同对农村居民参与人居环境整治方式的积极作用已被学者们所证实，因此，从这一角度来看，村庄认同更易推动地方有宗族农村居民以投资、投劳、监督方式参与人居环境整治。

表 7 – 14　　外出务工、村庄认同对农村居民参与方式影响的
宗族异质性回归结果

变量名称	回归 17（参与投资）			回归 18（参与投劳）			回归 19（参与监督）		
	地方有宗族	地方无宗族	p-value	地方有宗族	地方无宗族	p-value	地方有宗族	地方无宗族	p-value
外出务工	0.469*** (0.131)	0.399*** (0.066)	0.633	0.202 (0.142)	0.070 (0.080)	0.418	0.128 (0.103)	-0.014 (0.077)	0.270
村庄认同	0.942*** (0.235)	0.180 (0.159)	0.007***	0.732*** (0.251)	0.223 (0.173)	0.095*	0.650*** (0.230)	0.110 (0.160)	0.054*
控制变量	已控制	已控制		已控制	已控制		已控制	已控制	
观察值	210	567		210	567		210	567	
F	2.92	7.95		1.34	2.84		3.57	2.33	
R²	0.265	0.252		0.143	0.107		0.306	0.090	

注：* 和 *** 分别表示在 10% 和 1% 的水平上显著。括号内为稳健标准误。

外出务工、村庄认同对农村居民参与人居环境整治意愿和行为悖离的影响

基于第3章农村居民在参与人居环境整治中存在意愿和行为悖离这一现实情景，且第6章实证结果显示农村居民参与人居环境整治意愿在其行为响应（决策和方式）中未通过显著性检验，可见促使农村居民参与人居环境整治意愿向行为转化诚有必要。

为了剖析农村居民出现参与意愿和行为悖离这一现象的背后成因，学者们大多借助计划行为理论、态度—行为—情景理论，探寻出受教育程度（孙前路等，2020）、环保意识（申静，2021）、家庭收入水平（Johnson et al.，2010）、政府宣传（申静，2021）、村规民约（孙前路等，2020）、村庄人口密度（许增巍等，2016）、村组织支持力度（王博文等，2021）等内外部因素。

然而上述研究大多就影响农村居民参与意愿和行为悖离的因素泛泛而谈，较少针对农村居民当前所处的特定现实情景展开深入分析。事实上，随着改革开放和市场化、工业化、城镇化进程的推进，我国农村出现了劳动力大规模外出务工这一明显现象（李芬妮等，2020；邹杰玲等，2018），同时，农村居民的村庄认同度和归属感亦发生了较大改变（王博和朱玉春，2018）。而外出务工已被证实可以实现农村居民各维度能力的提升（李芬妮等，2020a；唐林等，2021），个体对于地方或群体的认同亦被指出能在一定程度上驱动其行为动机（王亚星等，2021；殷融和张菲菲，

2015；胡琎等，2017），从这一角度来看，外出务工和村庄认同恰巧契合了 E-MOA 理论框架中触发个体行为的环境因子和动机因子。但遗憾的是，自 E-MOA 理论框架提出以来，尚未有文献将其用于农村居民行为解释并予以实证检验，亦鲜有学者针对外出务工、村庄认同和农村居民参与人居环境整治意愿和行为悖离之间的关系展开细致讨论。

　　此外，少数针对农村人居环境整治的研究也侧重于农村居民在生活垃圾处理上的意愿和行为悖离（康佳宁等，2018），基于整体视角、关注多项环境整治措施的成果较为缺乏。事实上，依据《农村人居环境整治三年行动方案》《"十四五"推进农业农村现代化规划》，除了学者们广泛关注的生活垃圾处理外，农村人居环境整治还涉及使用或建造冲水式卫生厕所、合理排放生活污水、绿化村容村貌等任务，单项环境整治措施的参与不足以打造居住环境干净舒适整洁的村庄，而只有厘清农村居民在哪几项环境整治措施上存在参与意愿和行为的悖离、明晰引发这一现象出现的影响因素，方能"对症下药"，实现农村居民参与意愿向实际行为的高效转化和生态宜居乡村建设目标。另外，学者们大多测度个体在参与农村人居环境整治上的意愿与行为是否悖离，较少关注意愿和行为的悖离程度；亦多运用 ISM 模型分析影响意愿和行为悖离因素的层次关系（许增巍等，2016；申静，2021；王博文等，2021），未能明晰各个影响因素的重要性高低。

　　基于此，本章借助 E-MOA 理论框架、OLS 估计和优势分析法，试图揭示外出务工、村庄认同对农村居民参与人居环境整治意愿和行为悖离的影响，以期丰富相关领域的研究，并为我国村庄环境治理工作的顺利推进提供启示。

8.1　基于 E-MOA 理论框架的分析

　　现有文献试图从不同视角解释个体意愿和行为相悖离的问题。有观点指出，意愿与行为的差异源自意愿本身就不是真实想法，受访者会倾向于给出符合社会预期的答案而过分表达自身态度（Auger and Devinney，2007）。另有观点关注意愿向行为的转化过程，认为如果转化受到了限制，二者将出现较大差异。而关于农村居民意愿和行为出现悖离的原因,一项实地调查研究从个体能力的角度给出了解释(孙剑等,2015),指出生产状况、资金和收入等客观条件是引发悖离的原因所在(王格玲和陆迁,2013);还有学者从生产信息、社会化服务、补贴、政策等机会维度展开了讨论,指出农村居民在意愿向行为转化过程中获得的机会越多、实现转化的可能性越大(姜维军和颜廷武,2020);上述观点从理论和经验上说明能力和机会是实现一致意愿和行为的重要条件,这与 MOA 理论框架的思路是一致的。

MOA 理论框架最初是传播学和营销学领域的概念,被学者用于分析信息接收行为(张童朝等,2019b),包括动机、机会和能力三类因子。这一框架的贡献在于将客观可能性纳入个体行为发生的分析框架,从理论上为人们研究个体意愿行为问题提供了一个有效的分析框架,并在公共社会管理(Rothschild,1999)、知识管理(Gruen et al.,2007)和消费经济(陈可和涂平,2014)等领域得到了广泛应用并不断深化和发展。其核心观点在于:只有动机、机会和能力三者同时存在,方能引发个体行为的出现。进一步,薛嘉欣等(2019)认为个体行为的发生还深受经济社会发展等环境因子影响(Bamberg and Möser,2007),需要环境、动机、机会和能力因子的共同助力。基于此,本章从动机、机会、能力、环境四类因子,对影响农村居民参与人居环境整治意愿和行为悖离的因素展开剖析。

8.1.1 动机因子

动机指的是驱使农村居民做出行为决策的动力,学者们大多用价值认同、外部压力、情感特质等测度(张童朝等,2019b;吴雪莲等,2016;薛嘉欣等,2019)。知情行三维理论认为,个体行为的出现深受情感因素的支配(徐宁宁等,2021);行为经济学进一步指出,作为行为动机的重要组成部分(杨玉珍,2015),情感不仅能驱动个体的行为动机,同时能显著影响其亲环境行为(Kanchanapibul et al.,2014;刘霁瑶等,2021;赵和萍等,2021)。而在一系列情感因素中,村庄认同在推动农村居民参与村庄环境治理等集体行动上的作用格外突出(李芬妮等,2021),能够增加农村居民对村庄发展规划的重视和在意程度、减少以破坏村庄人居环境为代价的利己行为、引发对村庄环境更友好的态度、推动树立保护村庄环境的行为目标和态度，进而激发农村居民人居环境整治意愿和行为响应（李芬妮等，2020b）。由此，本章以村庄认同这一情感因素作为动机因子的表征。本书认为农村居民对村庄的认同程度越高，越容易产生整治农村人居环境动机并将这一念头付诸实践，即村庄认同将抑制农村居民在参与人居环境整治上出现悖离的意愿和行为。

8.1.2 机会因子

机会指的是农村居民行为产生所依靠的有利外部条件，一般包括技术获得性、政府支持等（张童朝等，2019b；姜维军和颜廷武，2020；吴雪莲等，2016）。由于农村人居环境整治不但关系着乡村振兴目标的实现、同时也是广大农村居民对美好生活的殷殷期望，为此，政府做了一系列努力以激励农村居民加入人居环境整治队伍，如大力推广和宣传村庄居住环境治理益处、必要性、迫切性和具体措施，投资建设垃圾桶、沼气池、排污管道等农村人居环境整治设施，为农村居民参与人居环境整治提供经济补贴或物资、荣誉称号奖励等，从而使得农村居民参与人居环境整治的效益内在化、参与成本和难度的降低以及参与便利性和可行性的增强。由此，本章用政府支持[①]来表征机会因子，认为政府支持同农村居民参与人居环境整治意愿和行为的悖离负相关（孙前路等，2020），政府支持力度越大、给予的帮助越多，越有助于推动农村居民在参与人居环境整治上表现出一致的意愿和行为。

8.1.3 能力因子

能力指的是农村居民践行某项行为需拥有的知识、技能条件，学者们大多从生态知识、操作能力等维度测度（张童朝等，2019b；姜维军和颜

---

① 参考黄晓慧等（2019），本书中的政府支持指政府为开展农村人居环境整治行动而提供的工具、资金、激励、信息等支持。

廷武，2020；吴雪莲等，2016）。农村人居环境整治参与离不开一定时间、财力、人力的付出，且部分环境整治措施的采用存在一定智力要求，如生活垃圾的分类处理、卫生厕所改造的类型选择等，这就需要农村居民能够有效应对和解决实施各项环境整治措施过程中所遭遇的困难与问题。类似研究亦指出，不论农村居民的行为动机强烈与否，一旦其不具备行为发生的能力，最终发生行为的概率亦不大（吴雪莲等，2016）。由此，本章以操作能力①作为能力因子的表征，认为农村居民具备的操作能力越强、学习成本越低，越有可能将参与农村人居环境整治意愿转化为实际行为，即操作能力对农村居民参与人居环境整治意愿和行为的悖离存在抑制作用。

8.1.4　环境因子

环境因子指的是同个体紧密联系的自然条件、经济发展背景、文化环境等（薛嘉欣等，2019）。在众多环境因子中，经济发展背景最引人关注。王等（Wang et al.，2011）发现，相较于十年前，发达国家居民对于环境问题重要性的认知水平有明显提升，但巴西和墨西哥等发展中国家则大不一样，身处工业化增长进程加快背景下的人们的环保态度并未同经济快速发展引致的环境压力相当，这类群体反而越发忽略环境（薛嘉欣等，2019）。而自改革开放政策提出以来，在农村发展环境出现的极大转变中，以农村劳动力大量外出务工最为深刻（邹杰玲等，2018）。外出务工是外部环境的一种独特表现（杜三峡等，2021），由此，本章以外出务工作为环境因子的表征。外出务工导致农村居民在参与人居环境整治上产生悖离的意愿和行为的原因或在于：作为理性经济人，农村居民权衡成本和收益后方决定是否将参与农村人居环境整治付诸实践。然而，外出务工一方面会引发农村居民生活面向由村内向村外的转变（李芬妮等，2020），生活和经济的重心逐渐远离村庄；另一方面，外出务工会提高农村居民参与村庄环境治理的机会成本（黄云凌，2020；闵继胜和刘玲，2015）以及在外

---

①　参考吴雪莲等（2016）、张童朝等（2019b）的研究，本书中的操作能力指农村居民所具备的能力能否应对环境整治措施操作中的难题。

务工难以享受环境改善等整治好处的消极认知（唐林等，2019b；伊庆山，2019；程志华，2016；朱凯宁等，2021），从而导致农村居民在参与人居环境整治上出现不一致的意愿和行为。

变量说明和模型方法

8.2.1　变量说明

本章的被解释变量为农村居民参与人居环境整治意愿和行为的悖离，参考畅情等（2021）、罗岚等（2020）研究，使用农村居民在参与使用或建造冲水式卫生厕所、合理排放生活污水、集中处理生活垃圾、绿化村容村貌这 4 项环境整治措施上出现意愿和行为悖离的个数来测度，包括未悖离、悖离 1 项、悖离 2 项、悖离 3 项、悖离 4 项 5 种情况，依次赋值为"0""1""2""3""4"。

依据 E-MOA 模型，本章的解释变量包括动机因子——村庄认同、环境因子——外出务工、机会因子——政府支持和能力因子——操作能力。外出务工和村庄认同的变量设置详见 5.1.2 节和 4.3 节。政府支持的变量设定参考了孙前路等（2020）、黄晓慧等（2019）、杨柳等（2018）、胡德胜等（2021）文献，操作能力的变量设定参考了胡德胜等（2021）、吴雪莲等（2016）、郭清卉等（2021）研究，具体如表 8 - 1 所示。

表 8 - 1　　　　　　　　　政府支持和操作能力的指标

维度	指标	赋值	均值	标准差
政府支持	政府为整治村庄人居环境开展过宣传活动	几乎没有 = 1；比较小 = 2；一般 = 3；比较大 = 4；非常大 = 5	3.43	1.04
	政府为本村农村人居环境整治提供资金支持		3.05	1.11
	政府为整治村庄人居环境提供过垃圾与污水处理设施		3.47	1.08
	政府对实施农村人居环境整治措施者进行补贴		2.31	1.15
	政府对实施农村人居环境整治措施者进行荣誉表彰		2.55	1.24
	在参与村庄人居环境整治中遇到困难时，政府会提供关心和帮助		3.62	0.90

续表

维度	指标	赋值	均值	标准差
操作能力	参与农村人居环境整治对我来说很容易	完全不同意 =1； 不太同意 =2； 一般 =3； 比较同意 =4； 完全同意 =5	3.44	0.97
	我有充足的时间参与农村人居环境整治		3.40	0.98
	我有能力承担参与农村人居环境整治的成本		3.26	1.02
	我有能力参与本村的人居环境整治		3.49	0.97

本章先借助 SPSS 22.0 软件，采用 Cronbach's α 值和 KMO 值进行信度与效度检验，以验证政府支持和操作能力指标设置的合理性；在此基础上，借助熵值法，求得各具体指标的权重，进而实现政府支持变量和操作能力变量的降维加总，结果如表 8 - 2 所示。

表 8 - 2　　政府支持和操作能力指标的信度与效度检验及权重计算结果

维度	指标	Cronbach's α 值	KMO 值	权重
政府支持	政府为整治村庄人居环境开展过宣传活动	0.748	0.812	0.168
	政府为本村人居环境整治提供资金支持			0.167
	政府为整治村庄人居环境提供过垃圾与污水处理设施			0.167
	政府对实施农村人居环境整治措施者进行补贴			0.165
	政府对实施农村人居环境整治措施者进行荣誉表彰			0.165
	在参与村庄人居环境整治中遇到困难时，政府会提供关心和帮助			0.168
操作能力	参与农村人居环境整治对我来说很容易	0.881	0.779	0.250
	我有充足的时间参与农村人居环境整治			0.250
	我有能力承担参与农村人居环境整治的成本			0.250
	我有能力参与本村的人居环境整治			0.250

为了消除各指标的量纲和单位差异以方便比较，本章进一步对降维后的政府支持变量和操作能力变量进行 Min-max 标准化处理，结果如表 8 - 3 所示。

表 8 - 3   变量的赋值与说明

变量名称	含义与赋值	均值	标准差
被解释变量			
农村居民参与人居环境整治意愿和行为的悖离程度	未悖离 = 0，悖离 1 项 = 1，悖离 2 项 = 2，悖离 3 项 = 3，悖离 4 项 = 4	0.71	0.81
动机因子			
村庄认同	详见 4.3 节	0.75	0.14
环境因子			
外出务工	外出务工人数在家庭总人口中所占的比重（%）	0.30	0.25
机会因子			
政府支持	按上述方法计算所得	0.52	0.20
能力因子			
操作能力	按上述方法计算所得	0.60	0.21
控制变量			
性别	女 = 0，男 = 1	0.59	0.49
年龄	农村居民的实际年龄（岁）	58.68	11.58
受教育程度	农村居民的实际受教育年限（年）	6.55	3.94
健康程度	很差 = 1，较差 = 2，一般 = 3，较好 = 4，很好 = 5	3.62	1.00
接受相关专业培训	否 = 0，是 = 1	0.19	0.39
耕地规模	2020 年家庭经营耕地面积（亩）	17.98	90.28
家庭总收入	2020 年家庭年总收入（万元）	12.16	25.28
家庭规模	2020 年家庭总人口数量（人）	4.28	1.73
家中有人当过村组以上干部	否 = 0，是 = 1	0.16	0.37
亲友参与村庄人居环境治理	否 = 0，是 = 1	0.65	0.48
村庄地形	平原 = 1，丘陵 = 2，山地 = 3	1.58	0.53
住处到村委会的距离	农村居民住处到村委会的距离（km）	1.36	10.91
村规民约	无 = 0，有 = 1	0.92	0.28
乡镇驻地	否 = 0，是 = 1	0.18	0.39
地方宗族	无 = 0，村庄有宗族祠堂 = 1	0.27	0.44
地区虚拟变量	黄石市 = 1，其他 = 0	0.21	0.41
	潜江市 = 1，其他 = 0	0.23	0.42
	襄阳市 = 1，其他 = 0	0.23	0.42
	荆门市 = 1，其他 = 0	0.17	0.38
	武汉市 = 1，其他 = 0	0.10	0.30

本章的控制变量设置同第5、第6、第7章一样。个体特征变量包括性别、年龄、受教育程度、健康程度和培训接受情况等5个变量。性别方面，女性居民往往因爱干净、讲卫生、在意生活品质和细节而对农村人居环境整治行动欣然向往，但因传统性别观念的存在，女性居民在家中事务决策上或不能完全做到"说话算话"，故而较易在参与农村人居环境整治上出现悖离的意愿和行为；但也有研究显示，较之于女性，男性表现出不一致环境责任行为与意愿的概率高出2.77倍（段正梁等，2021），由此性别和农村居民参与人居环境整治意愿和行为悖离之间的关系还有待讨论。此外，年纪大的居民往往因体力、精力桎梏而在参与农村人居环境整治上"心有余而力不足"；类似地，虽然健康程度越差的农村居民更为在意环境质量，但因其体力不支，故而较难将参与农村人居环境整治意愿转化为实际行为。通常来说，农村居民的受教育程度越高、接受相关专业培训越多，越了解保护村庄环境的重要性与必要性，环境保护和责任意识越强烈，从而越可能落实农村人居环境整治参与。

家庭特征变量包括耕地规模、家庭总收入、家庭规模、家中有人当过村组以上干部和亲友参与村庄人居环境整治等5个变量。通常来说，家庭收入水平越高的农村居民不仅具备追求较好生活品质的强烈诉求（张童朝等，2019a），同时还拥有支付环境治理费用的经济实力（李芬妮等，2021），因此更易在参与农村人居环境整治上"言行一致"（许增巍等，2016）；同样地，耕地作为农村居民的一种非货币化财富，面积越大意味着财富水平越高，因此，大规模耕地的农村居民更可能表现出一致的参与人居环境整治意愿和行为。农村人居环境整治参与在一定程度上需要投入劳动力，而大规模家庭往往标志着充足劳动力（汪红梅等，2018），由此，家庭规模越大的农村居民越能满足实施环境整治措施的劳动力要求，进而将参与意愿向实际行为转化。此外，已有研究证实，受从众心理影响，农村居民将选择同亲友一致的行为实践；类似地，农村居民行为还易受当过村干部家庭成员的辐射和带头示范效应影响，因此，亲友参与村庄人居环境整治和家中有人当过村组以上干部同农村居民参与人居环境整治意愿和行为悖离之间或呈现出负相关关系。

地区特征变量包括村庄地形、住处到村委会的距离、村规民约、乡镇驻地和地方宗族等 5 个变量。研究发现，地形越平坦的村庄建设环境治理设施的难度越低（李芬妮等，2021）、操作性越强，农村居民参与的成本也越小，从而越可能产生一致的参与人居环境整治意愿和行为。一般而言，农村居民住处到村委会的距离越近、居住在乡镇驻地村庄，越易受当地部门的积极引导、号召与监督，从而越易将参与农村人居环境整治意愿向实际行为转化。此外，研究表明，村规民约作为一种非正式制度，通过在村庄范围内形成强制性社会压力以及监督约束、称号引导、人际互动等方式，而在抑制农村居民参与人居环境整治意愿和行为悖离上发挥了重要作用（孙前路等，2020）；地方宗族扮演了同村规民约类似的角色，能够作为正式制度的补充，强化农村居民的集体行动能力（伍骏骞等，2016），从而促使农村居民在参与人居环境整治上表现出一致的意愿和行为。所有变量的含义与赋值如表 8 - 3 所示。

8.2.2　研究思路与模型方法

参考已有研究（李芬妮和张俊飚，2021；黄炜虹等，2017），本章首先运用 Stata SE 15.0 进行 OLS 估计，以揭示外出务工、村庄认同是否影响农村居民参与人居环境整治意愿和行为的悖离；其次，在采用逐步回归法、确定最佳回归模型基础上，使用优势分析法，明晰外出务工和村庄认同在影响农村居民参与人居环境整治意愿和行为悖离上的相对重要性；再次，构建交互项，探讨外出务工和村庄认同在影响农村居民参与人居环境整治意愿和行为悖离中的交互作用；最后，从不同环境整治措施、代际、收入、培训接受 4 个方面展开异质性分析。

本章的模型设定如下：

$$Paradox = \alpha_0 + \alpha_1 LM + \alpha_2 VI + \alpha_3 GS + \alpha_4 OA + \alpha_5 Control + \varepsilon \quad (8-1)$$

在式（8-1）中，Paradox 表示农村居民参与人居环境整治意愿和行为的悖离程度，LM 表示外出务工变量，VI 表示村庄认同变量，GS 表示政府支持变量，OA 表示操作能力变量，Control 代表控制变量，α_0 是截距项，α_1、α_2、α_3、α_4、α_5 代表估计系数，ε 是随机误差项。

为了检验外出务工、村庄认同在影响农村居民参与人居环境整治意愿和行为悖离中的相对重要性，本章选取优势分析方法进行分析。优势分析方法由 Budescu（1993）提出，因有效避免自变量间的相关性影响而得到了广泛运用（黄炜虹等，2017；李芬妮和张俊飚，2021）。优势分析方法的基本步骤是：

第一步，利用逐步回归法确定最佳回归模型，并得出子模型个数，即 $2^n - 1$，n 为最佳回归模型中的自变量个数；

第二步，将自变量依次纳入不含自变量自身的子模型中，得出 R^2 增量，结果如表 8 - 4 所示。

表 8 - 4　　　　　　　　　　　　　R^2 增量的计算结果

子模型	R^2	x_1	增量	x_2	增量	x_3	增量	x_4	增量
纳入 x_1	R_1			R_{21}	$\Delta_4 = R_{21} - R_1$	R_{31}	$\Delta_7 = R_{31} - R_1$	R_{41}	$\Delta_{10} = R_{41} - R_1$
纳入 x_2	R_2	R_{12}	$\Delta_1 = R_{12} - R_2$			R_{32}	$\Delta_8 = R_{32} - R_2$	R_{42}	$\Delta_{11} = R_{42} - R_2$
纳入 x_3	R_3	R_{13}	$\Delta_2 = R_{13} - R_3$	R_{23}	$\Delta_5 = R_{23} - R_3$			R_{43}	$\Delta_{12} = R_{43} - R_3$
纳入 x_4	R_4	R_{14}	$\Delta_3 = R_{14} - R_4$	R_{24}	$\Delta_6 = R_{24} - R_4$	R_{34}	$\Delta_9 = R_{34} - R_4$		
纳入 x_1、x_2	R_{12}					R_{123}	$\Delta_{19} = R_{123} - R_{12}$	R_{124}	$\Delta_{22} = R_{124} - R_{12}$
纳入 x_1、x_3	R_{13}			R_{213}	$\Delta_{16} = R_{213} - R_{13}$			R_{134}	$\Delta_{23} = R_{134} - R_{13}$
纳入 x_1、x_4	R_{14}			R_{214}	$\Delta_{17} = R_{214} - R_{14}$	R_{314}	$\Delta_{20} = R_{314} - R_{14}$		
纳入 x_2、x_3	R_{23}	R_{123}	$\Delta_{13} = R_{123} - R_{23}$					R_{234}	$\Delta_{24} = R_{234} - R_{23}$
纳入 x_2、x_4	R_{24}	R_{124}	$\Delta_{14} = R_{124} - R_{24}$			R_{324}	$\Delta_{21} = R_{324} - R_{24}$		
纳入 x_3、x_4	R_{34}	R_{134}	$\Delta_{15} = R_{134} - R_{34}$	R_{234}	$\Delta_{18} = R_{234} - R_{34}$				
纳入 x_1、x_2、x_3	R_{123}							R_{1234}	$\Delta_{28} = R_{1234} - R_{123}$
纳入 x_1、x_2、x_4	R_{124}					R_{1234}	$\Delta_{27} = R_{1234} - R_{124}$		
纳入 x_1、x_3、x_4	R_{134}			R_{1234}	$\Delta_{26} = R_{1234} - R_{134}$				
纳入 x_1、x_2、x_3、x_4	R_{1234}								
纳入 x_2、x_3、x_4	R_{234}	R_{1234}	$\Delta_{25} = R_{1234} - R_{234}$						

第三步，测算每个自变量对于解释因变量的平均贡献量结果如表 8 - 5 所示，公式如下所示：

$$D_{x_i}^{(k)} = \Sigma (R_{yx_ix_j}^2 - R_{yx_j}^2) / \binom{n-1}{k} \qquad (8-2)$$

在式（8 - 2）中，y 为因变量，$D_{x_i}^{(k)}$ 为自变量 x_i 加入到含有 k 个自变量的子模型中后对解释因变量的平均贡献，x_j 为除 x_i 外 k 个变量的任何子集，$k \in (0, n-1)$。

表 8 - 5　　　　　　　　自变量对解释因变量的平均贡献量的计算结果

子模型	R^2	x_1	x_2	x_3	x_4
K = 0，平均增量		R_1	R_2	R_3	R_4
纳入 x_1	R_1		Δ_4	Δ_7	Δ_{10}
纳入 x_2	R_2	Δ_1		Δ_8	Δ_{11}
纳入 x_3	R_3	Δ_2	Δ_5		Δ_{12}
x_4	R_4	Δ_3	Δ_6	Δ_9	
K = 1，平均增量		$(\Delta_1+\Delta_2+\Delta_3)/3$	$(\Delta_4+\Delta_5+\Delta_6)/3$	$(\Delta_7+\Delta_8+\Delta_9)/3$	$(\Delta_{10}+\Delta_{11}+\Delta_{12})/3$
纳入 x_1、x_2	R_{12}			Δ_{19}	Δ_{22}
纳入 x_1、x_3	R_{13}		Δ_{16}		Δ_{23}
纳入 x_1、x_4	R_{14}		Δ_{17}	Δ_{20}	
纳入 x_2、x_3	R_{23}	Δ_{13}			Δ_{24}
纳入 x_2、x_4	R_{24}	Δ_{14}		Δ_{21}	
纳入 x_3、x_4	R_{34}	Δ_{15}	Δ_{18}		
K = 2，平均增量		$(\Delta_{13}+\Delta_{14}+\Delta_{15})/3$	$(\Delta_{16}+\Delta_{17}+\Delta_{18})/3$	$(\Delta_{19}+\Delta_{20}+\Delta_{21})/3$	$(\Delta_{22}+\Delta_{23}+\Delta_{24})/3$
纳入 x_1、x_2、x_3	R_{123}				Δ_{28}
纳入 x_1、x_2、x_4	R_{124}			Δ_{27}	
纳入 x_1、x_3、x_4	R_{134}		Δ_{26}		
纳入 x_2、x_3、x_4	R_{234}	Δ_{25}			
K = 3，平均增量		Δ_{25}	Δ_{26}	Δ_{27}	Δ_{28}
纳入 x_1、x_2、x_3、x_4	R_{1234}				

　　第四步，测算自变量解释因变量的总平均贡献量结果如表 8 - 6 所示，公式如下所示：

$$D_{x_i} = \sum_{k=0}^{n-1} D_{x_i}^{(k)}/n \tag{8-3}$$

表 8 - 6　　　　　　　　自变量解释因变量的总平均贡献量的计算结果

贡献值	已知方差	x_1	x_2	x_3	x_4
总平均贡献	R_{1234}	$[R_1+(\Delta_1+\Delta_2+\Delta_3)/3+(\Delta_{13}+\Delta_{14}+\Delta_{15})/3+\Delta_{25}]/4$	$[R_2+(\Delta_4+\Delta_5+\Delta_6)/3+(\Delta_{16}+\Delta_{17}+\Delta_{18})/3+\Delta_{26}]/4$	$[R_3+(\Delta_7+\Delta_8+\Delta_9)/3+(\Delta_{19}+\Delta_{20}+\Delta_{21})/3+\Delta_{27}]/4$	$[R_4+(\Delta_{10}+\Delta_{11}+\Delta_{12})/3+(\Delta_{22}+\Delta_{23}+\Delta_{24})/3+\Delta_{28}]/4$
重要性百分比/%		$\{[R_1+(\Delta_1+\Delta_2+\Delta_3)/3+(\Delta_{13}+\Delta_{14}+\Delta_{15})/3+\Delta_{25}]/4\}/R_{1234}$	$\{[R_2+(\Delta_4+\Delta_5+\Delta_6)/3+(\Delta_{16}+\Delta_{17}+\Delta_{18})/3+\Delta_{26}]/4\}/R_{1234}$	$\{[R_3+(\Delta_7+\Delta_8+\Delta_9)/3+(\Delta_{19}+\Delta_{20}+\Delta_{21})/3+\Delta_{27}]/4\}/R_{1234}$	$\{[R_4+(\Delta_{10}+\Delta_{11}+\Delta_{12})/3+(\Delta_{22}+\Delta_{23}+\Delta_{24})/3+\Delta_{28}]/4\}/R_{1234}$

8.3 实证结果与分析

8.3.1 模型回归结果

本章运用 StataSE 15.0 软件，通过逐步引入解释变量进行 OLS 估计，即回归 1 是控制变量对农村居民参与人居环境整治意愿和行为悖离的回归结果，回归 2 是在回归 1 基础上纳入核心变量的回归结果，具体如表 8 - 7 所示。不难看出，随着变量的纳入，F 值从回归 1 的 4.71 增加至回归 2 的 6.12，R^2 从回归 1 的 0.057 增加至回归 2 的 0.106，表明回归结果的解释力逐步增加。下述分析主要围绕回归 2 展开。

表 8 - 7　　　　　　　　　　模型回归结果

变量名称	回归 1		回归 2	
	系数	边际效应	系数	边际效应
外出务工			0.484 *** (0.127)	0.484
村庄认同			- 0.552 ** (0.273)	- 0.552
政府支持			- 0.353 ** (0.175)	- 0.353
操作能力			- 0.296 * (0.153)	- 0.296
性别	0.005 (0.065)	0.005	0.028 (0.064)	0.028
年龄	- 0.001 (0.003)	- 0.001	- 0.002 (0.003)	- 0.002
受教育程度	0.011 (0.008)	0.011	0.010 (0.008)	0.010
健康程度	- 0.002 (0.031)	- 0.002	0.002 (0.032)	0.002
接受相关专业培训	- 0.076 (0.077)	- 0.076	- 0.044 (0.076)	- 0.044
耕地规模	0.000 (0.000)	0.000	0.001 (0.000)	0.001
家庭总收入	- 0.001 (0.002)	- 0.001	- 0.002 (0.002)	- 0.002
家庭规模	- 0.015 (0.016)	- 0.015	- 0.018 (0.015)	- 0.018
家中有人当过村组以上干部	- 0.032 (0.080)	- 0.032	0.020 (0.081)	0.020

续表

变量名称	回归 1		回归 2	
	系数	边际效应	系数	边际效应
亲友参与村庄人居环境治理	− 0.129 * (0.069)	− 0.129	− 0.031(0.070)	− 0.031
村庄地形	− 0.153(0.104)	− 0.153	− 0.114(0.098)	− 0.114
住处到村委会的距离	0.004 *** (0.001)	0.004	0.004 *** (0.001)	0.004
村规民约	− 0.014(0.114)	− 0.014	0.018(0.111)	0.018
乡镇驻地	− 0.116(0.084)	− 0.116	− 0.119(0.084)	− 0.119
地方宗族	− 0.143(0.137)	− 0.143	− 0.183(0.135)	− 0.183
地区虚拟变量	已控制		已控制	
观察值	777		777	
F	4.71		6.12	
R^2	0.057		0.106	

注：*、** 和 *** 分别表示在 10%、5% 和 1% 的水平上显著。括号内为稳健标准误。

从表 8 - 7 回归 2 中不难看出，外出务工在 1% 的统计水平上正向显著，且边际效应值为 0.484，表明外出务工引发农村居民在参与人居环境整治上出现悖离的意愿和行为。原因或在于，外出务工因导致农村居民生活面向和重心的转移、利益感知的降低、参与村庄环境治理机会成本的提高，而使其较难将参与农村人居环境整治意愿转化为实际行动。

表 8 - 7 回归 2 结果显示，村庄认同在 5% 的统计水平上负向显著，且边际效应值为 − 0.552，意味着村庄认同抑制农村居民在参与人居环境整治上出现意愿和行为的悖离。可能的解释是，村庄认同不仅降低了农村居民参与村庄事务的心理成本和利己心态，同时增强了对村庄发展规划的关注度、对村庄环境的友好态度、参与环境整治的预期收益，从而促使农村居民在参与人居环境整治上表现出一致的意愿和行为。

由表 8 - 7 回归 2 可知，政府支持在 5% 的统计水平上负向显著，且边际效应值为 − 0.353，说明政府支持抑制农村居民在参与人居环境整治上出现悖离的意愿和行为。这或许是因为，政府支持通过大力推广和宣传农村人居环境整治知识、提供环境治理设施、发放环境整治参与补贴，提高了农村居民的环境治理认知、降低了参与成本和难度、增强了收益预期，从而推动农村居民做出同意愿一致的人居环境整治参与行为响应。

从表 8 - 7 回归 2 中可以发现，操作能力在 10% 的统计水平上负向显著，且边际效应值为 - 0.296，表明操作能力抑制农村居民在参与人居环境整治上出现意愿和行为的悖离，这与已有研究发现一致（张童朝等，2019b；姜维军和颜廷武，2020；吴雪莲等，2016）。可能的原因是，操作能力的具备不仅让农村居民满足人居环境整治参与的基本门槛要求，同时能帮助农村居民有效应对参与人居环境整治过程中的困难和问题，从而促使农村居民表现出一致的参与人居环境整治意愿和行为。

由表 8 - 7 中回归 2 可知，住处到村委会的距离在 1% 的统计水平上正向显著，且边际效应值为 0.004，意味着农村居民住处到村委会的距离越远、越可能在参与人居环境整治上出现悖离的意愿和行为，这与预期一致。这或许是因为，农村居民住处离村委会越近，越易接收村委会对农村人居环境整治的宣传、引导、教育与监督，从而越易将参与农村人居环境整治意愿向实际行为转化。

8.3.2　影响因素的相对重要性分析

依据优势分析法的第二步计算步骤，R^2 增量的计算结果如表 8 - 8 所示。

依据优势分析法的第三步计算步骤，自变量对于解释因变量的平均贡献量的计算结果如表 8 - 9 所示。

依据优势分析法的第四步计算步骤，自变量解释因变量的总平均贡献量的计算结果如表 8 - 10 所示。不难看出，在影响农村居民参与人居环境整治意愿和行为悖离上，因素的重要性排序依次为：外出务工（32.20%）、政府支持（24.69%）、村庄认同（19.39%）、操作能力（17.87%）及住处到村委会的距离（5.85%）。换而言之，外出务工是影响农村居民参与人居环境整治意愿和行为悖离的首要因素，政府支持、村庄认同、操作能力对农村居民参与人居环境整治意愿和行为悖离的影响亦不容小觑，同时，住处到村委会的距离亦发挥重要作用。

表 8-8　优势分析方法的第二步计算结果

子模型	R^2	村庄认同	增量	外出务工	增量	政府支持	增量	操作能力	增量	住处到村委会的距离	增量
纳入村庄认同	0.022			0.044	0.022	0.037	0.016	0.032	0.010	0.025	0.004
纳入外出务工	0.022	0.044	0.022			0.046	0.024	0.043	0.021	0.027	0.005
纳入政府支持	0.025	0.037	0.012	0.046	0.021			0.036	0.011	0.029	0.004
纳入操作能力	0.021	0.032	0.011	0.043	0.022	0.036	0.015			0.025	0.003
纳入住处到村委会的距离	0.004	0.025	0.021	0.027	0.023	0.029	0.025	0.025	0.021		
纳入村庄认同、外出务工	0.044					0.059	0.015	0.054	0.010	0.048	0.004
纳入村庄认同、政府支持	0.037			0.059	0.022			0.043	0.006	0.041	0.004
纳入村庄认同、操作能力	0.032			0.054	0.022	0.043	0.011			0.035	0.003
纳入村庄认同、住处到村委会的距离	0.025			0.048	0.023	0.041	0.016	0.035	0.010		
纳入外出务工、政府支持	0.046	0.059	0.013					0.057	0.011	0.051	0.005
纳入外出务工、操作能力	0.043	0.054	0.011			0.057	0.014			0.047	0.004
纳入外出务工、住处到村委会的距离	0.027	0.048	0.021			0.051	0.024	0.047	0.020		
纳入政府支持、操作能力	0.036	0.043	0.007	0.057	0.021					0.040	0.004
纳入政府支持、住处到村委会的距离	0.029	0.041	0.012	0.051	0.022			0.040	0.010		
纳入操作能力、住处到村委会的距离	0.025	0.035	0.010	0.047	0.022	0.040	0.015				
纳入村庄认同、外出务工、政府支持	0.059							0.065	0.006	0.063	0.004

续表

子模型	R^2	村庄认同	增量	外出务工	增量	政府支持	增量	操作能力	增量	住处到村委会的距离	增量
纳入村庄认同、外出务工、操作能力	0.054					0.065	0.011			0.058	0.004
纳入村庄认同、外出务工、住处到村委会的距离	0.048					0.063	0.015	0.058	0.010		
纳入村庄认同、政府支持、操作能力	0.043			0.065	0.022					0.046	0.003
纳入村庄认同、政府支持、住处到村委会的距离	0.041			0.063	0.022			0.046	0.005		
纳入村庄认同、操作能力、住处到村委会的距离	0.035			0.058	0.022	0.046	0.011				
纳入外出务工、政府支持、操作能力	0.057	0.065	0.007							0.061	0.004
纳入外出务工、政府支持、住处到村委会的距离	0.051	0.063	0.012					0.061	0.010		
纳入外出务工、操作能力、住处到村委会的距离	0.047	0.058	0.011			0.061	0.015				
纳入政府支持、操作能力、住处到村委会的距离	0.040	0.046	0.007	0.061	0.022						
纳入村庄认同、外出务工、政府支持、操作能力	0.065									0.068	0.004
纳入村庄认同、外出务工、政府支持、住处到村委会的距离	0.063							0.068	0.005		
纳入村庄认同、外出务工、操作能力、住处到村委会的距离	0.058					0.068	0.011				
纳入村庄认同、政府支持、操作能力、住处到村委会的距离	0.046			0.068	0.022						
纳入外出务工、政府支持、操作能力、住处到村委会的距离	0.061	0.068	0.007								
纳入村庄认同、外出务工、政府支持、操作能力、住处到村委会的距离	0.068										

表 8 - 9　　　　　　　　　优势分析方法的第三步计算结果

子模型	R^2	村庄认同	外出务工	政府支持	操作能力	住处到村委会的距离
K = 0		0.022	0.022	0.025	0.021	0.004
纳入村庄认同	0.022	—	0.022	0.016	0.010	0.004
纳入外出务工	0.022	0.022	—	0.024	0.021	0.005
纳入政府支持	0.025	0.012	0.021	—	0.011	0.004
纳入操作能力	0.021	0.011	0.022	0.015	—	0.003
纳入住处到村委会的距离	0.004	0.021	0.023	0.025	0.021	—
K = 1		0.016	0.022	0.020	0.016	0.004
纳入村庄认同、外出务工	0.044	—	—	0.015	0.010	0.004
纳入村庄认同、政府支持	0.037	—	0.022	—	0.006	0.004
纳入村庄认同、操作能力	0.032	—	0.022	0.011	—	0.003
纳入村庄认同、住处到村委会的距离	0.025	—	0.023	0.016	0.010	—
纳入外出务工、政府支持	0.046	0.013	—	—	0.011	0.005
纳入外出务工、操作能力	0.043	0.011	—	0.014	—	0.004
纳入外出务工、住处到村委会的距离	0.027	0.021	—	0.024	0.020	—
纳入政府支持、操作能力	0.036	0.007	0.021	—	—	0.004
纳入政府支持、住处到村委会的距离	0.029	0.012	0.022	—	0.010	—
纳入操作能力、住处到村委会的距离	0.025	0.010	0.022	0.015	—	—
K = 2		0.012	0.022	0.016	0.011	0.004
纳入村庄认同、外出务工、政府支持	0.059	—	—	—	0.006	0.004
纳入村庄认同、外出务工、操作能力	0.054	—	—	0.011	—	0.004
纳入村庄认同、外出务工、住处到村委会的距离	0.048	—	—	0.015	0.010	—
纳入村庄认同、政府支持、操作能力	0.043	—	0.022	—	—	0.003
纳入村庄认同、政府支持、住处到村委会的距离	0.041	—	0.022	—	0.005	—
纳入村庄认同、操作能力、住处到村委会的距离	0.035	—	0.022	0.011	—	—
纳入外出务工、政府支持、操作能力	0.057	0.007	—	—	—	0.004
纳入外出务工、政府支持、住处到村委会的距离	0.051	0.012	—	—	0.010	—
纳入外出务工、操作能力、住处到村委会的距离	0.047	0.011	—	0.015	—	—
纳入政府支持、操作能力、住处到村委会的距离	0.040	0.007	0.022	—	—	—
K = 3		0.009	0.022	0.013	0.008	0.004
纳入村庄认同、外出务工、政府支持、操作能力	0.065	—	—	—	—	0.004

续表

子模型	R^2	村庄认同	外出务工	政府支持	操作能力	住处到村委会的距离
纳入村庄认同、外出务工、政府支持、住处到村委会的距离	0.063	—	—	—	0.005	—
纳入村庄认同、外出务工、操作能力、住处到村委会的距离	0.058	—	—	0.011	—	—
纳入村庄认同、政府支持、操作能力、住处到村委会的距离	0.046	—	0.022	—	—	—
纳入外出务工、政府支持、操作能力、住处到村委会的距离	0.061	0.007	—	—	—	—
K = 4		0.007	0.022	0.011	0.005	0.004
纳入村庄认同、外出务工、政府支持、操作能力、住处到村委会的距离	0.068	—	—	—	—	—

表 8-10　　　　　　　　　　优势分析方法的第四步计算结果

贡献值	已知方差	自变量				
		外出务工	村庄认同	政府支持	操作能力	住处到村委会的距离
总平均贡献	0.068	0.022	0.013	0.017	0.012	0.004
重要性百分比（%）		32.20	19.39	24.69	17.87	5.85

8.3.3　稳健性检验

为了验证上述结果的可信性，本章运用 Winsorize 方法对样本上下 5% 的特异值进行平滑处理（回归 3）以及"外出务工收入占比"替换原有外出务工变量（回归 4）2 种方法进行稳健性检验（模型均为 OLS 估计），结果如表 8-11 所示。不难发现，外出务工在农村居民参与人居环境整治意愿和行为悖离模型中的系数为正且通过了显著性检验，村庄认同在农村居民参与人居环境整治意愿和行为悖离模型中的系数为负且通过了显著性检验，这一发现同表 8-7 大体一致，从而证明了本章结果的稳健性。

表 8 - 11　　　　　　　　　　　　稳健性检验结果

变量名称	回归 3（平滑样本奇异值）	回归 4（替换变量）
外出务工	0.490 *** （0.128）	0.215 *** （0.081）
村庄认同	- 0.577 ** （0.288）	- 0.574 ** （0.281）
政府支持	- 0.336 * （0.176）	- 0.341 * （0.175）
操作能力	- 0.333 ** （0.157）	- 0.302 * （0.155）
控制变量	已控制	已控制
观察值	777	777
F	3.80	6.16
R^2	0.105	0.095

注：* 、** 和 *** 分别表示在10% 、5% 和1% 的水平上显著。括号内为稳健标准误。

8.3.4　交互效应检验

进一步，本章引入外出务工、村庄认同、政府支持和操作能力的交互项，以重点考察动机因子、环境因子、机会因子和能力因子在影响农村居民参与人居环境整治意愿和行为悖离中的互动关系。考虑交互项与原变量之间可能存在较高的相关性，在构建交互项之前，本章对原变量进行中心化处理，即将原变量分别减去其均值，结果如表8 - 12 所示。

表 8 - 12　　　　　　　　　　　　交互效应检验结果

变量名称	回归 5	回归 6	回归 7	回归 8	回归 9	回归 10
外出务工	0.472 *** （0.124）	0.483 *** （0.126）	0.486 *** （0.127）	0.494 *** （0.129）	0.484 *** （0.127）	0.476 *** （0.126）
村庄认同	- 0.449 （0.274）	- 0.576 ** （0.273）	- 0.554 ** （0.274）	- 0.563 ** （0.276）	- 0.540 ** （0.272）	- 0.608 ** （0.279）
政府支持	- 0.374 ** （0.173）	- 0.359 ** （0.177）	- 0.356 ** （0.173）	- 0.362 ** （0.173）	- 0.357 ** （0.175）	- 0.356 ** （0.175）
操作能力	- 0.356 ** （0.156）	- 0.286 * （0.153）	- 0.300 * （0.153）	- 0.296 * （0.153）	- 0.297 * （0.153）	- 0.274 * （0.151）
外出务工×村庄认同	- 1.970 ** （0.900）					

续表

变量名称	回归5	回归6	回归7	回归8	回归9	回归10
外出务工×政府支持		-1.373** (0.633)				
外出务工×操作能力			0.372 (1.068)			
村庄认同×政府支持				0.631 (0.783)		
村庄认同×操作能力					-0.240 (0.556)	
政府支持×操作能力						-0.725 (0.501)
控制变量	已控制	已控制	已控制	已控制	已控制	已控制
观察值	777	777	777	777	777	777
F	5.67	5.99	5.90	5.99	5.88	5.76
R^2	0.115	0.113	0.106	0.107	0.106	0.109

注：*、**和***分别表示在10%、5%和1%的水平上显著。括号内为稳健标准误。

由表8-12回归5可以看出，外出务工和村庄认同的交互项在5%的统计水平上负向显著；由表8-12回归6不难发现，外出务工和政府支持的交互项在5%的统计水平上负向显著；这一结果表明村庄认同、政府支持在外出务工影响农村居民参与人居环境整治意愿和行为悖离中起到显著的负向调节作用，即外出务工推动农村居民出现参与人居环境整治意愿和行为悖离的可能性会随着村庄认同、政府支持的增强而降低。农村居民在参与人居环境整治上出现意愿和行为悖离的原因或在于其担心他人在公共事务上的"搭便车"行为会降低自身收益、增加参与成本、"吃亏"，而随着村庄认同度的增强和政府支持力度的加大，农村居民不仅对村庄事务参与的心理成本得以降低、集体行动目标和预期收益有所增加，同时农村人居环境整治参与成本和难度亦有所降低、参与环境整治效益得以内在化，从而降低了外出务工引发农村居民在参与人居环境整治上表现出不一致意愿和行为的可能性。

8.4 异质性分析

8.4.1 不同环境整治措施的异质性分析

考虑到影响农村居民参与不同环境整治措施意愿和行为悖离的因素或有所差别，本章分别以农村居民参与冲水式卫生厕所的使用或改造、生活垃圾的集中处理、生活污水的合理排放、绿化村容村貌这 4 项环境整治措施的意愿和行为悖离情况为被解释变量，构建 Binary Probit 模型，以检验影响因素的异质性，结果如表 8 - 13 所示。不难看出，影响农村居民参与不同环境整治措施意愿和行为悖离的因素不尽相同。

表 8 - 13　　　　　　不同农村人居环境整治措施的回归结果

变量名称	回归 11（冲水式卫生厕所的使用或改造）	回归 12（生活垃圾的集中处理）	回归 13（生活污水的合理排放）	回归 14（绿化村容村貌）
外出务工	0.397 * (0.231)	0.344 (0.306)	0.668 *** (0.212)	0.527 *** (0.200)
村庄认同	0.234 (0.508)	-0.255 (0.641)	-0.869 ** (0.442)	-1.078 *** (0.413)
政府支持	-0.764 ** (0.368)	0.454 (0.421)	-0.788 ** (0.314)	-0.119 (0.284)
操作能力	0.180 (0.316)	0.073 (0.386)	-0.477 * (0.285)	-0.596 ** (0.259)
性别	0.008 (0.138)	-0.149 (0.152)	0.057 (0.119)	0.099 (0.111)
年龄	0.005 (0.006)	-0.004 (0.006)	-0.001 (0.006)	-0.009 * (0.005)
受教育程度	0.019 (0.015)	0.017 (0.019)	0.003 (0.016)	0.008 (0.015)

续表

变量名称	回归11（冲水式卫生厕所的使用或改造）	回归12（生活垃圾的集中处理）	回归13（生活污水的合理排放）	回归14（绿化村容村貌）
健康程度	0.026 (0.063)	-0.052 (0.085)	-0.038 (0.061)	0.036 (0.055)
接受相关专业培训	-0.379* (0.198)	0.124 (0.197)	0.204 (0.151)	-0.091 (0.143)
耕地规模	-0.001 (0.002)	-0.000 (0.001)	0.001 (0.001)	0.002* (0.001)
家庭总收入	-0.004 (0.004)	0.002 (0.004)	-0.002 (0.004)	-0.005 (0.004)
家庭规模	-0.093*** (0.036)	0.003 (0.038)	0.023 (0.030)	-0.018 (0.029)
家中有人当过村组以上干部	0.014 (0.170)	0.211 (0.188)	-0.028 (0.153)	0.042 (0.138)
亲友参与村庄人居环境治理	-0.066 (0.137)	-0.185 (0.187)	0.035 (0.125)	-0.037 (0.119)
村庄地形	0.120 (0.179)	-0.358 (0.235)	0.019 (0.184)	-0.281 (0.183)
住处到村委会的距离	0.003 (0.004)	-0.003 (0.004)	0.014 (0.021)	0.006* (0.003)
村规民约	0.154 (0.231)	0.048 (0.272)	0.142 (0.199)	-0.175 (0.182)
乡镇驻地	-0.218 (0.226)	-0.246 (0.256)	-0.585*** (0.189)	0.239 (0.146)
地方宗族	-0.055 (0.224)	-0.062 (0.273)	-0.505** (0.253)	-0.101 (0.201)
地区虚拟变量	已控制	已控制	已控制	已控制
观察值	777	777	777	777
Wald chi^2	50.89	1753.97	54.62	85.71
Log pseudolikelihood	-269.272	-154.344	-368.327	-441.944
Pseudo R^2	0.086	0.072	0.086	0.089

注：*、**和***分别表示在10%、5%和1%的水平上显著。括号内为稳健标准误。

由表 8-13 回归 11 可知，在影响农村居民参与使用或改造冲水式卫生厕所的意愿和行为悖离模型中，外出务工在 10% 的统计水平上正向显著，政府支持在 5% 的统计水平上负向显著，接受相关专业培训在 10% 的统计水平上负向显著，家庭规模在 1% 的统计水平上负向显著，表明外出务工人数占比越小、政府支持力度越大、接受相关专业培训越大、家庭规模越大，农村居民越不易在参与使用或改造冲水式卫生厕所上出现意愿和行为的悖离。由表 8-13 回归 13 可知，在影响农村居民参与合理排放生活污水的意愿和行为悖离模型中，外出务工在 1% 的统计水平上正向显著，村庄认同在 5% 的统计水平上负向显著，政府支持在 5% 的统计水平上负向显著，乡镇驻地在 1% 的统计水平上负向显著，地方宗族在 5% 的统计水平上负向显著，意味着外出务工人数占比越小、村庄认同度越高、政府支持力度越大、居住在地方有宗族和乡镇所在地的村庄，农村居民在参与合理排放生活污水上出现意愿和行为悖离的概率越小。由表 8-13 回归 14 可知，在影响农村居民参与绿化村容村貌的意愿和行为悖离模型中，外出务工在 1% 的统计水平上正向显著，村庄认同在 1% 的统计水平上负向显著，操作能力在 5% 的统计水平上负向显著，年龄在 10% 的统计水平上负向显著，耕地规模在 10% 的统计水平上正向显著，住处到村委会的距离在 10% 的统计水平上正向显著，说明外出务工人数占比越小、经营小规模耕地、住处到村委会的距离越短、村庄认同度越高、年龄越小、操作能力越强，农村居民越不易在参与绿化村容村貌上出现意愿和行为的悖离。

8.4.2　代际异质性分析

参考李芬妮和张俊飚（2021）的做法，本章以 1975 年为界，将出生在此节点之前的样本划为老一代组，反之则为新生代组，进行 SUEST 检验，以考察外出务工、村庄认同在影响农村居民参与人居环境整治意愿和行为悖离中的代际差异，结果如表 8-14 所示。不难发现，老一代组的村庄认同变量在 5% 的统计水平上负向显著，而新生代组的村庄认同变量未通过显著性检验，且 p-value 在 10% 的统计水平上显著异于零，表明村庄认同对新老两代农村居民参与人居环境整治意愿和行为悖离的影响具有明显差异，村庄认同在抑制老一代农村居民出现参与人居环境整治意愿和行为悖离上的作用更大。可能的原因是，村庄认同有助于降低农村居民参与村庄事务的心理成本、提高参与收益预期，而老一代农村居民受"叶落归根""离土不离乡""安土重迁"等观念熏陶较深（李芬妮等，2020b），拥有更强的村庄责任感和主人翁意识，因此，村庄认同更易推动老一代农村居民在参与人居环境整治上表现出一致的参与意愿和行为。

表 8 - 14 代际异质性回归结果

变量名称	新生代	老一代	p-value
外出务工	0.909 *** （0.323）	0.446 *** （0.137）	0.187
村庄认同	0.606 （0.693）	- 0.729 ** （0.292）	0.076 *
政府支持	- 0.761 （0.599）	- 0.319 * （0.179）	0.480
操作能力	- 0.372 （0.459）	- 0.262 （0.160）	0.820
控制变量	已控制	已控制	
观察值	102	675	
F	1.69	3.09	
R^2	0.333	0.098	

注：*、** 和 *** 分别表示在10%、5%和1%的水平上显著。括号内为稳健标准误。p-value 为运用 SUEST 检验外出务工、村庄认同在不同组间系数差异显著性而得。

8.4.3 培训接受异质性分析

本章将参与相关培训样本划为参与组，反之则为未参与组，进行 SUEST 检验，以检验外出务工、村庄认同在影响农村居民参与人居环境整治意愿和行为悖离中的培训接受差异，结果如表 8 - 15 所示。不难发现，接受培训组的外出务工变量未通过显著性检验，而未接受培训组的外出务工变量在1%的统计水平上正向显著，且 p-value 在5%的统计水平上显著异于零，表明外出务工对接受培训与未接受培训农村居民参与人居环境整治意愿和行为悖离的影响具有明显差异，外出务工在引发未接受培训农村居民出现参与人居环境整治意愿和行为悖离上的作用更大。可能的原因是，较之于接受过培训的农村居民，未接受培训的农村居民本身就相对缺乏对于参与人居环境整治益处、知识等信息的获取和掌握，加之外出务工还将引发农村居民出现自身及家人难以享受到同未外出居民相当的居住环境改善等整治利益的消极想法,从而越发导致这类居民对环境整治的认知偏差和水平不足、难以将参与农村人居环境整治意愿向实际行为转化。

表 8 – 15　　　　　　　　　培训接受异质性回归结果

变量名称	接受培训	未接受培训	p-value
外出务工	− 0.177（0.305）	0.624 *** （0.142）	0.018 **
村庄认同	− 0.787（0.576）	− 0.500（0.305）	0.660
政府支持	− 0.341（0.462）	− 0.365 * （0.190）	0.962
操作能力	− 0.479（0.330）	− 0.284 * （0.164）	0.596
控制变量	已控制	已控制	
观察值	149	628	
F	0.82	3.47	
R^2	0.131	0.117	

注:*、**和***分别表示在10%、5%和1%的水平上显著。括号内为稳健标准误。

8.4.4　收入异质性分析

本章将家庭总收入高于均值的样本划为高收入组,反之则为低收入组,进行 SUEST 检验,以考察外出务工、村庄认同在影响农村居民参与人居环境整治意愿和行为悖离中的收入差异,结果如表 8 – 16 所示。可以看出,高收入组的政府支持变量在1%的统计水平上负向显著,而低收入组的政府支持变量未通过显著性检验,且 p-value 在1%的统计水平上显著异于零,表明政府支持在抑制高收入农村居民出现参与人居环境整治意愿和行为悖离上的作用更大。原因或在于,相较于低收入农村居民,高收入农村居民出于对干净、品质居住环境的强烈需求以及具备较强的经济实力而不易产生悖离的参与意愿和行为,加之其接收村庄环境治理信息的渠道更多、理解和学习环境整治措施的能力更强,因此,政府支持更易降低高收入农村居民在参与人居环境整治上出现意愿和行为悖离的可能性。

表 8 - 16　　　　　　　　收入异质性回归结果

变量名称	高收入	低收入	p-value
外出务工	0.478 * （0.275）	0.467 *** （0.151）	0.971
村庄认同	-0.293 （0.337）	-0.597 （0.367）	0.542
政府支持	-0.998 *** （0.268）	-0.107 （0.209）	0.009 ***
操作能力	-0.158 （0.238）	-0.320 （0.195）	0.599
控制变量	已控制	已控制	
观察值	237	540	
F	2.22	2.78	
R^2	0.193	0.110	

注：＊和＊＊＊分别表示在10%和1%的水平上显著。括号内为稳健标准误。

第9章

研究结论与政策启示

考虑到农村人居环境整治关系着乡村振兴目标的达成，本书从外出务工和村庄认同的双重视角，重新审视了外出务工在农村居民参与人居环境整治等乡村公共事务治理中的作用，并揭示了村庄认同的重要功效。本章将对前述章节的研究发现进行概括，并给出相应的政策启示、不足之处与未来展望。

9.1 主要研究结论

（1）农村居民对参与人居环境整治持有较高的积极认知和消极认知，存在一定认知冲突。大多数农村居民愿意参与人居环境整治并做出了实际参与决策，但仍存在一定程度的意愿和行为悖离。

61.13%的农村居民对农村人居环境整治行动的了解程度为一般及以下；农村居民对参与人居环境整治持有较高的积极认知和消极认知，亦存在一定水平的认知冲突。94.34%的农村居民对人居环境整治表现出较强参与意愿，生活垃圾的集中处理是农村居民最愿意参与的环境整治措施。仅有0.90%的农村居民未做出实际参与决策，参与1项、2项、3项、4项环境整治措施的农村居民分别占4.89%、17.76%、37.45%、39.00%，生活垃圾的集中处理是实际参与农村居民数量最多的环境整治措施。农村居民参与人居环境整治方式包括投资、投劳、建言和监督，监督是最受农村居民青睐的参与方式。52.25%的农村居民在参与人居环境整治上存在意愿和行为的悖离，悖离1项、2项、3项、4项环境整治措施的农村居民分别占36.81%、12.35%、2.70%、0.39%，绿化村容村貌是农村居民悖离最多的环境整治措施。

（2）外出务工、村庄认同显著影响农村居民对参与人居环境整治的积极认知、消极认知和认知冲突，且对于不同受教育程度、外出务工时长、乡镇驻地特征的农村居民，二者的影响呈现出一定异质性。

外出务工强化农村居民对参与人居环境整治的积极认知和消极认知、引发认知冲突；村庄认同增强农村居民对参与人居环境整治的积极认知、抑制消极认知和认知冲突。同时，农村居民的年龄越小、住处到村委会的距离越近、身边有越多亲友参与村庄人居环境整治、居住在平原地形村庄，越易对参与农村人居环境整治持有较高积极认知；男性、较少接受相关专业培训、身边较少有亲友参与村庄人居环境整治、住处到村委会的距离越远的农村居民，越易增强对参与农村人居环境整治的消极认知；农村居民住处到村委会的距离越远、住在地方有宗族的村庄，越易对参与农村人居环境整治产生认知冲突。此外，对于不同特征的农村居民，外出务工、村庄认同对其参与农村人居环境整治认知的影响存在差异：村庄认同在抑制高受教育程度农村居民出现认知冲突上的作用更大，在降低短期外出务工农村居民参与人居环境整治消极认知上的影响强于长期外出务工农村居民，在抑制短期外出务工农村居民出现认知冲突上的作用更大。外出务工在引发村庄非乡镇驻地农村居民对参与人居环境整治产生消极认知和认知冲突上的影响更强。

（3）外出务工、村庄认同对农村居民参与人居环境整治意愿具有显著影响，不同村庄认同度下外出务工对农村居民参与人居环境整治意愿的影响有所差别，且二者对不同性别、代际、宗族特征农村居民参与人居环境整治意愿的影响存在异质性。

外出务工抑制农村居民参与人居环境整治意愿，村庄认同则发挥激发作用；同时，农村居民经营的耕地规模越小、接受的相关专业培训越多、家庭总收入越多、家庭规模越大、对参与农村人居环境整治的积极认知越多，越愿意参与农村人居环境整治；此外，农村居民参与人居环境整治的积极认知在外出务工和村庄认同影响农村居民参与人居环境整治意愿中发挥了中介作用。进一步，村庄认同在外出务工影响农村居民参与人居环境整治意愿中起到显著的负向调节作用，当农村居民的村庄认同度增强至一定阈值时，外出务工的正向作用得以强化并显著激发其参与人居环境整治意愿。外出务工、村庄认同在不同特征农村居民参与人居环境整治意愿中的作用有所差别：外出务工在抑制女性、新生代、地方有宗族农村居民参与人居环境整治意愿上的影响更强，村庄认同在激发地方有宗族农村居民参与人居环境整治意愿上的作用更大。

（4）外出务工、村庄认同显著影响农村居民参与人居环境整治行为响应，并在不同性别、代际、受教育程度、培训接受、宗族特征农村居民中发挥异质性影响。

外出务工阻碍农村居民做出人居环境整治参与决策，村庄认同则发挥推动作用；同时，农村居民接受的相关专业培训越多、家庭规模越大、耕地规模越小、年纪越轻、健康状况越差、居住在乡镇驻地，做出农村人居环境整治参与决策的可能性越大。此外，对于不同特征的农村居民，外出务工、村庄认同对其农村人居环境整治参与决策的影响有所差别：村庄认同在推动男性、接受培训农村居民做出人居环境整治参与决策上的作用更大，外出务工在阻碍新生代、地方有宗族、村庄非乡镇驻地农村居民做出人居环境整治参与决策上的影响更强。

外出务工推动农村居民以投资、建言方式参与人居环境整治，村庄认同促使农村居民以投资、投劳、建言、监督方式参与人居环境整治；同时，男性、接受过相关专业培训的农村居民更可能以建言方式参与人居环境整治，身边有越多亲友参与村庄人居环境治理、居住在平原地形村庄的农村居民更倾向于以投资方式参与人居环境整治，耕地规模越小、村庄非乡镇驻地的农村居民更可能以投劳方式参与人居环境整治。此外，村庄认同在外出务工影响农村居民参与人居环境整治方式中发挥显著的正向调节作用，即外出务工推动农村居民以投资、建言方式参与人居环境整治的作用会随着村庄认同的增强而增强。村庄认同在不同特征农村居民参与人居环境整治方式中的作用存在差异：村庄认同在推动新生代农村居民以投资、建言、监督方式参与人居环境整治上的作用大于老一代农村居民，在推动高受教育程度农村居民以投资方式参与人居环境整治上的影响更强，在推动地方有宗族农村居民以投资、投劳、监督方式参与人居环境整治上的作用更大。

（5）外出务工、村庄认同对农村居民参与人居环境整治意愿和行为悖离具有显著影响，其中，外出务工是首要影响因素，村庄认同的影响程度居第三位，且二者在不同代际、培训接受特征农村居民中的影响存在差异。

外出务工促使农村居民在参与人居环境整治上出现意愿和行为的悖离，村庄认同则发挥抑制作用；同时，政府支持力度越大、操作能力越强、住处到村委会的距离越近，农村居民越不易表现出悖离的参与人居环境整治意愿和行为。优势分析法结果表明，影响农村居民参与人居环境整治意愿和行为悖离的首要因素是外出务工，第三位因素是村庄认同。村庄认同在外出务工影响农村居民参与人居环境整治意愿和行为悖离中起到显著的负向调节作用，即外出务工推动农村居民出现参与人居环境整治意愿和行为悖离的可能性会随着村庄认同的增强而降低。就不同环境整治措施而言，影响农村居民参与人居环境整治意愿和行为悖离的因素不尽相同。此外，对于不同特征的农村居民，外出务工、村庄认同对其参与人居环境整治意愿和行为悖离的影响不同：村庄认同在抑制老一代农村居民出现参与人居环境整治意愿和行为悖离上的作用更大，外出务工在促使未接受培训农村居民出现参与人居环境整治意愿和行为悖离上的影响更强。

9.2　政策启示

基于上述研究发现，本书给出如下政策启示，希望能对政府更好开展农村环境整治工作、实施乡村振兴战略有所裨益。

9.2.1　正视并科学把握农村劳动力外出务工现象

虽然学术界针对外出务工引发的乡村事务"治理性困境"，提出了

"劳动力大量外流削弱了乡村振兴的社会基础""劳动力外流之殇"等观点，但本书的研究发现却在一定程度上回应了上述观点。实证分析结果表明，外出务工并不必然引起农村的衰败，相反，以外出务工为纽带，以农村居民为媒介，资本、知识、技术等要素得以较快地由城市流向乡村；此外，外出务工还实现了农村居民经济实力、认知水平和学习能力的增强，从而在一定程度上为其在参与农村人居环境整治上展现英姿提供助力，使得农村居民逐渐成为乡村振兴的重要力量。因此，对于以农村人居环境整治为重要任务的乡村振兴战略而言，劳动力外出务工在一定意义上为其顺利实施注入一剂强心针，既衍生出挑战，又提供了机会，故而应正视并科学把握农村劳动力外出务工现象。

一是继续加大农村的经济发展。相关部门应促使更多的人才、资金、技术等要素流入乡村，如号召企业、工厂在当地建设园区，为村镇企业提供土地优惠、税收减免、设备供给等福利政策，为农村居民提供更多就近、就地工作职位的同时，增强农村居民对村庄的经济认同。二是推进外出务工的良性发展。以"出得去""回得来"为主旨，相关部门应搭建农村劳动力就业平台，为农村居民外出务工提供可靠招聘资讯、提高工作质量的同时，加大对农村居民专业技能培训和职业教育力度，提高农村居民的操作和劳动能力，为村庄未来发展积蓄后备军。三是树立并广泛宣传"造福桑梓""回馈乡里"等理念。鼓励外出务工农村居民以返乡创业、捐款捐物、购买或推销地方特色农副产品等方式直接或间接地参与家乡经济建设，并重点宣传典型人物和事迹，从而构建人人为家乡发展做好事的良好氛围。四是切实完善农村社会保障制度。推动村镇医疗卫生设施的更新升级，提高基层医务工作者的服务和技能水平，同时，构建疾病预防体系，为农村居民定期提供免费的身体检查和必要的健康知识讲座，及时关注与疏导农村居民的心理问题，确保农村居民的身心健康、解决其后顾之忧。

9.2.2　培育并不断增强农村居民的村庄认同

虽然外出务工实现了人才、资金、信息等要素自由流通于城市和农村之间，但实证结果表明，只有触发村庄认同这一关键机制，方能实现其在农村环境治理中发挥"扬长避短"的效果，即在村庄认同的驱动下，外出务工将在农村居民参与人居环境整治中发挥积极作用。因此，如何培育与增强农村居民的村庄认同，成为建设美丽乡村、实现乡村生态振兴及宜居宜业的关键所在。

一是发掘村庄特有的历史记忆，增强农村居民的文化和情感认同。祠堂、寺庙、牌坊、礼堂等传统建筑物是村庄文化传承及认同的重要载体，维系着居民的家乡记忆与情感归属，在村庄规划与建设改造过程中，必须加以保护，以发挥其在基层治理中的积极作用。与此同时，挖掘和传承村庄特有的风俗习惯、社会礼仪等非物质文化遗产，合理、有序地开展祭祀宗族、舞龙舞狮舞灯等节庆民俗与趣味运动会、歌舞比赛等集体文娱活动，为居民提供丰富多彩的公共生活，唤醒其乡土情结和家园意识。二是优化村庄治理模式，增强农村居民的自治认同。大力建设村庄公众号、小组微信群、村情通 App 等互联网平台，采取电子村务、网络参政等形式，减少信息的不对称，实现互相监督，同时，帮助当地居民及在外务工人员及时、便捷地知晓村庄动态和发展现状，如村庄事务决策、工作任务进展、人员和资金使用明细等，从而增强农村居民对村域事务的参与感、责任感和主人翁观念；村干部和党员等基层工作人员除了同在村居民积极走动、访谈，也应主动加强与在外务工人员的联系互动，始终把居民的意愿、诉求记在心上，使其时刻体会到家乡的关怀、记挂与温暖，强化居民对村庄的认同意识；此外，还应定期在村内发起事项的小组讨论、召开行动动员会议等，促使居民畅所欲言、与人沟通，强化共同利益意识，营造良好村务参与氛围，同时，接收居民对于人居环境整治等村庄建设和管理的意见反馈，提高为群众服务的办事水平。三是提高村庄基础设施的完整度，增强农村居民的生活认同和居住舒适度。村委会可以考虑通过号召居民集资、邀请地方企业投资、与当地公交公司或相关部门协商等方式，优化村庄对外交通的条件，包括拓宽车道、延长硬化道路的里程数、增设公交车站点等，提高居民出入村庄以及对外联系的便利度；同时，村委会应完善路旁绿化与配套设施建设，如增加道路两旁、会车路口的路灯设置数量以满足居民夜间通行需要，并种植花果共赏类、净化力强的行道树，以实现观赏、生态和经济三重效益和美化村容村貌目标；此外，除了为居民提供必需的道路、电力、通信等经济性基础设施外，还应加大对阅览室、健身器材、文化中心和公园广场、影音室、卫生站等社会性基础设施的建设和维护，丰富村庄服务设施种类，提高居民的生活质量和对农村组织的认可程度。

9.2.3　加大政府支持力度

第 8 章实证分析结果表明，政府支持不仅能直接推动农村居民参与人居环境整治意愿向实际行为转化，同时还能降低外出务工引发农村居民出现参与人居环境整治意愿和行为悖离的可能性，可见加大政府支持力度对于农村人居环境整治目标达成至为重要。

一是大力普及农村人居环境整治，深化农村居民的认知水平。除了继续在村级宣传栏、文化墙等线下宣传阵地，利用墙画、标语、海报等图文并茂的传统方式向农村居民传播村庄环境治理知识，培养农村居民尊重和爱护村庄居住环境的习惯和理念，村委会还应对农村人居环境整治宣传手段予以创新，借助微信公众号、MicroBlog、TikTok、快手等线上媒体平台，以科普动画、短视频等生动形象、通俗易懂的方式，向农村居民普及人居环境"脏乱差"的危害性及其可能引发的健康、经济损害，增强农村居民对参与人居环境整治在促进村庄长远发展、减少疾病传播、提升生活品质、收获良好声誉以改善村庄居住环境等经济、生态、社会效益上的充分认识，从而提升居民对村庄环境治理的认知水平。二是增加对环境治理设施的修建投入。在经费允许的情况下，相关部门应增加垃圾、污水和粪污处理设施的资金支持力度和修建数量，包括根据农村居民住处密集度的分布情况，每隔一定距离配以足够设施，又或是在当地建立废弃物资源化利用中心，确保农村居民可以及时、便捷地处理生活废弃物，从而降低农村居民参与人居环境整治的物质成本、提高农村人居环境整治效率；此外，村委会既可以指定专人定期清理、维护与检修农村人居环境整治设施以为当地居民创造就业岗位，又可以采取轮流"清洁值周"的形式，以户为单位，引导农村居民义务打扫道路、收集和清运生活废弃物、监督和爱护设施的使用，从而延长整治设施的使用寿命、降低农村居民参与的活动成本。三是提高农村居民人居环境整治参与补贴额度。村委会应不断完善村庄环境治理激励政策，采用物化补贴、经济补助等多种方式对参与农村人居环境治理的居民提供必要补偿，同时，扩大补贴的发放范围，既在农村居民前期参与建设、中期使用与后续维护等环节给予一定补偿，还可将补贴对象扩展至乡镇污水处理厂、村庄物业服务公司等主体，以降低农村居民的参与成本、实现外部性内部化。四是加大对农村人居环境整治的荣誉表彰力度。村委会应积极开展"五星示范户""环境整治模范家庭"等村庄评选或"农村人居环境整治知识问答竞赛""周六庭院打扫日""我为村庄提意见"等活动，将评选结果张贴于村级公示栏，并于工作总结大会、村民代表大会等场合对获评居民进行事迹宣传和当众表彰，将积极参与者树立为典型榜样，满足农村居民对好评、荣誉的需求，营造全民参与的良好氛围。此外，构建积分奖励兑换机制。以积分为媒介，获得村庄公开表彰及荣誉称号的居民将得到一定的积分奖励，当积分累积到一定额度时，获评居民可凭此兑换洗衣粉、米面油、化肥农药等日常生活生产中所不可或缺的物资，同时，对于积分位居村域年度排名前列的居民，给予一定数额的现金奖励，从而充分调动农村居民的参与积极性。

9.2.4　制定并采取差异化的农村人居环境整治推广措施

此外，考虑到外出务工、村庄认同对不同特征农村居民参与人居环境整治的影响存在明显差异，由此，应根据村庄居民特点、制定和采取差异化的推广措施。具体来说，对于男性、新生代、接受培训次数较多居民占据多数且地方有宗族的村庄，应从外出务工和村庄认同的双重视角采取措施，如强化农村居民对村庄的认同度、大力宣扬农村人居环境整治知识、提高农村经济发展速度、增加本地就业机会等，以促使农村居民愿意加入村庄居住环境治理队伍、做出积极的行为响应、表现出一致的参与意愿和行为。对于非乡镇驻地的村庄，应考虑通过培育和强化村庄认同、加快农村经济建设、增强政府支持力度、提高农村居民的知识和技能培训力度等方式，缓解外出务工对当地居民参与农村人居环境整治认知的不利影响。

此外，对于受教育程度较高、短期外出务工居民占据多数的村庄，则可考虑着重通过大力发展村庄经济、发掘村庄特有的历史记忆、优化村庄治理模式、完善村庄的基础设施建设等方式，增强农村居民对当地经济、文化、自治、生活等认同感，从而提升农村居民对参与人居环境整治的积极认知、促使其做出积极行为响应。

9.3　研究不足与展望

（1）拓展研究区域的必要性。受时间、人力、财力的限制，本书仅针对湖北省展开了探讨，未能调查全国不同区域居民的农村人居环境整治参与情况。虽然湖北省在治理村庄人居环境上成效显著，且调研地的选择亦考虑了环境、经济、外出务工、地形、区域等特征，以确保研究数据的代表性，但我国东西南北跨度大，不同地区的自然条件、经济社会发展状况和人文特征不同，因此，即便本书基于湖北省的分析结果同预期一致，但若能扩大研究区域、获取全国层面的样本数据，或许能挖掘出因地区异质性而引发的农村人居环境整治参与差异等有趣现象。

（2）获取面板数据的必要性。受客观条件所限，本书所用数据为一年截面数据。但农村人居环境整治行动是国家针对乡村振兴、农村经济社会高质量发展的长期布局，如若不对农村居民进行长期的跟踪监测，不仅无法掌握农村居民在参与农村人居环境整治上的动态变化，而且难以较好观测外出务工、村庄认同对农村居民参与人居环境整治的长期影响。因此，未来或可通过设立固定观测点、对农村居民进行动态跟踪，以获取长时间序列、连续性、多阶段的面板数据，从而深入解析外出务工、村庄认同对农村居民参与人居环境整治的动态影响。

参 考 文 献

［1］蔡起华，朱玉春．社会信任、收入水平与农村公共产品农户参与供给［J］．南京农业大学学报（社会科学版），2015，15（1）：41－50，124．

［2］蔡颖萍，周克．农户发展家庭农场的意愿及其影响因素——基于浙江省德清县300余户的截面数据［J］．农村经济，2015（12）：25－29．

［3］曹慧，赵凯．代际差异视角下粮农保护性耕作投入意愿的影响因素分析［J］．西北农林科技大学学报（社会科学版），2018，18（1）：115－123．

［4］查建平，周玉玺．农户参与生活污水治理意愿的影响因素研究［J］．科技与经济，2021，34（3）：41－45．

［5］常烃，牛桂敏．农村人居环境整治满意度及支付意愿的影响因素分析——基于天津市问卷的调查数据［J］．干旱区资源与环境，2021，35（1）：36－42．

［6］畅倩，颜俨，李晓平，等．为何"说一套做一套"——农户生态生产意愿与行为的悖离研究［J］．农业技术经济，2021（4）：85－97．

［7］陈俊，李志春，高绪芳，等．农村改厕影响因素及效果分析［J］．中国农村卫生事业管理，2013，33（2）：181－183．

［8］陈可，涂平．顾客参与服务补救：基于MOA模型的实证研究［J］．管理科学，2014（3）：105－113．

［9］陈梦琦，李晓广．我国农村基层协商民主制度化研究述评［J］．南京航空航天大学学报（社会科学版），2018，20（1）：29－34，51．

［10］陈秋红．美丽乡村建设的困境摆脱：三省例证［J］．改革，2017（11）：100－113．

［11］陈媛媛，傅伟．土地承包经营权流转、劳动力流动与农业生产［J］．管理世界，2017（11）：79－93．

［12］程志华．农户生活垃圾处理的行为选择和支付意愿研究［D］．

西安：西北大学，2016.

[13] 仇焕广，陆岐楠，张崇尚，等．风险规避、社会资本对农民工务工距离的影响 [J]．中国农村观察，2017（3）：42 - 56.

[14] 褚家佳．农户参与农村生活污水治理意愿的影响因素分析——基于大别山区的调研数据 [J]．山西农业大学学报（社会科学版），2021，20（3）：58 - 67.

[15] 崔亚飞，Bluemling B．农户生活垃圾处理行为的影响因素及其效应研究——基于拓展的计划行为理论框架 [J]．干旱区资源与环境，2018，32（4）：37 - 42.

[16] 崔元培，齐国，万蕾，等．认知冲突下农民参与培训的影响因素分析——基于化学农药科学使用的实证 [J]．江苏农业科学，2020，48（5）：45 - 49.

[17] 戴旭俊，刘爱利．地方认同的内涵维度及影响因素研究进展 [J]．地理科学进展，2019，38（5）：662 - 674.

[18] 单菁菁．从社区归属感看中国城市社区建设 [J]．中国社会科学院研究生院学报，2006（6）：125 - 131.

[19] 党亚飞．社会资本对农民环保行为的影响研究——基于全国263个村庄3844户农民的调查数据 [J]．山西农业大学学报（社会科学版），2019，18（6）：62 - 69.

[20] 邓梦麒，陈佳，温馨，等．农户感知视角下乡村旅游效应及社区归属感影响因素研究——以延安市为例 [J]．中国农业资源与区划，2019，40（12）：283 - 292.

[21] 邓正华，张俊飚，许志祥，等．农村生活环境整治中农户认知与行为响应研究——以洞庭湖湿地保护区水稻主产区为例 [J]．农业技术经济，2013（2）：72 - 79.

[22] 杜三峡，罗小锋，黄炎忠，等．外出务工促进了农户采纳绿色防控技术吗？[J]．中国人口·资源与环境，2021，31（10）：167 - 176.

[23] 杜焱强．农村环境治理70年：历史演变、转换逻辑与未来走向 [J]．中国农业大学学报（社会科学版），2019，36（5）：82 - 89.

[24] 段正梁，彭振，杨左，等．情理整合视角下旅游者环境责任行

为与意愿悖离研究——基于 Logistic-ISM 模型 [J]. 热带地理, 2021, 41 (1): 104 – 113.

[25] 鄂施璇. 韧性视角下农村人居环境整治绩效评估 [J]. 资源开发与市场, 2021, 37 (9): 1053 – 1058.

[26] 范钧, 邱宏亮, 吴雪飞. 旅游地意象、地方依恋与旅游者环境责任行为——以浙江省旅游度假区为例 [J]. 旅游学刊, 2014, 29 (1): 55 – 66.

[27] 方凯, 王厚俊, 单初. "公司 + 合作社 + 农户" 模式下农户参与质量可追溯体系的意愿分析 [J]. 农业技术经济, 2013 (6): 63 – 72.

[28] 方正, 李莉, 严金凤. 农村生活污水治理农户出资意愿的影响因素研究——以新疆玛纳斯县为例 [J]. 资源开发与市场, 2020, 36 (5): 522 – 525.

[29] 冯婧. 隐性因子对农民工归属感影响的实证研究 [J]. 农业经济问题, 2016, 37 (1): 53 – 61, 111.

[30] 冯庆, 钱春萍, 赵峥, 等. 基于农户认知的污水处理设施建设与管理对策 [J]. 云南农业大学学报 (社会科学版), 2013, 7 (4): 35 – 39.

[31] 付文凤, 姜海, 房娟娟. 农村水污染治理的农户参与意愿及其影响因素分析 [J]. 南京农业大学学报 (社会科学版), 2018, 18 (4): 119 – 126, 159 – 160.

[32] 高电玻. 农村生活污染的影响因素: 农户行为的视角——基于全国 275 村 5948 户农民的分析 [J]. 云南行政学院学报, 2017, 19 (6): 116 – 121.

[33] 高瑞, 王亚华, 陈春良. 劳动力外流与农村公共事务治理 [J]. 中国人口·资源与环境, 2016, 26 (2): 84 – 92.

[34] 郭利京, 赵瑾. 认知冲突视角下农户生物农药施用意愿研究——基于江苏 639 户稻农的实证 [J]. 南京农业大学学报 (社会科学版), 2017, 17 (2): 123 – 133, 154.

[35] 郭清卉, 李昊, 李世平, 等. 基于行为与意愿悖离视角的农户亲环境行为研究——以有机肥施用为例 [J]. 长江流域资源与环境, 2021, 30 (1): 212 – 224.

［36］郭云南，姚洋，Jeremy Foltz . 宗族网络与村庄收入分配［J］. 管理世界，2014（1）：73－89，188.

［37］韩锦玉，马云凤，马聘，等 . 乡村振兴战略下农户对农村水污染治理支付意愿及其影响因素研究——以西安市长安区片村为例［J］. 现代商贸工业，2020，41（21）：113－117.

［38］韩智勇，梅自力，孔垂雪，等 . 西南地区农村生活垃圾特征与群众环保意识［J］. 生态与农村环境学报，2015，31（3）：314－319.

［39］何可 . 农业废弃物资源化的价值评估及其生态补偿机制研究［D］. 武汉：华中农业大学，2016.

［40］何可，张俊飚，张露，等 . 人际信任、制度信任与农民环境治理参与意愿——以农业废弃物资源化为例［J］. 管理世界，2015（5）：75－88.

［41］何悦，漆雁斌 . 农户过量施肥风险认知及环境友好型技术采纳行为的影响因素分析——基于四川省 380 个柑橘种植户的调查［J］. 中国农业资源与区划，2020，41（5）：8－15.

［42］贺雪峰 . 新乡土中国 . 修订版［M］. 北京：北京大学出版社，2013.

［43］胡德胜，王雅楠，王帆，等 . 农户认知、制度环境与农户人居环境整治参与意愿研究——信息信任的中介效应［J］. 干旱区资源与环境，2021，35（6）：15－23.

［44］胡珺，宋献中，王红建 . 非正式制度、家乡认同与企业环境治理［J］. 管理世界，2017（3）：76－94，187－188.

［45］胡书芝，王立娜 . 流动经历与农村女性政治参与研究——基于湖南省 5 县（市）529 名农村女性的实证研究［J］. 社会主义研究，2012（6）：76－79.

［46］胡卫卫 . 主观感知、制度约束与农村环境治理参与意愿［J］. 山西农业大学学报（社会科学版），2019，18（1）：40－46.

［47］黄方 . 乡村治理中的文化认同危机及其重构［J］. 决策探索（下），2019（7）：17－18.

［48］黄华，姚顺波 . 生态认知、政府补贴与农户参与农村人居环境

整治意愿 [J]. 统计与信息论坛, 2021, 36 (12): 80-91.

[49] 黄婧轩, 陈美球, 邝佛缘, 等. 农户农业生态环境认知的影响因素分析——基于江西省 2068 户农户的调查 [J]. 生态经济, 2019, 35 (1): 97-101.

[50] 黄森慰, 唐丹, 郑逸芳. 农村环境污染治理中的公众参与研究 [J]. 中国行政管理, 2017 (3): 55-60.

[51] 黄炜虹, 齐振宏, 邬兰娅, 等. 农户从事生态循环农业意愿与行为的决定: 市场收益还是政策激励? [J]. 中国人口·资源与环境, 2017, 27 (8): 69-77.

[52] 黄晓慧, 王礼力, 陆迁. 农户认知、政府支持与农户水土保持技术采用行为研究——基于黄土高原 1152 户农户的调查研究 [J]. 干旱区资源与环境, 2019, 33 (3): 21-25.

[53] 黄云凌. 农村人居环境整治中的村民参与度研究——基于社区能力视角 [J]. 农村经济, 2020 (9): 123-129.

[54] 贾蕊, 陆迁. 外出务工、女性决策对农户集体行动参与程度的影响——以陕西、甘肃、宁夏 3 个省份农户调研数据为例 [J]. 农业技术经济, 2019 (2): 122-134.

[55] 贾亚娟, 赵敏娟. 环境关心和制度信任对农户参与农村生活垃圾治理意愿的影响 [J]. 资源科学, 2019, 41 (8): 1500-1512.

[56] 姜长云. 当前农民收入增长趋势的变化及启示 [J]. 人民论坛·学术前沿, 2016 (14): 46-57, 79.

[57] 姜维军, 颜廷武. 能力和机会双轮驱动下农户秸秆还田意愿与行为一致性研究——以湖北省为例 [J]. 华中农业大学学报 (社会科学版), 2020 (1): 47-55, 163-164.

[58] 金书秦, 韩冬梅. 我国农村环境保护四十年: 问题演进、政策应对及机构变迁 [J]. 南京工业大学学报 (社会科学版), 2015, 14 (2): 71-78.

[59] 晋荣荣, 李世平, 南灵. 农户清洁取暖采纳意愿的影响因素分析——基于汾渭平原微观调查数据 [J]. 干旱区资源与环境, 2021, 35 (5): 41-47.

［60］康佳宁，王成军，沈政，等．农民对生活垃圾分类处理的意愿与行为差异研究——以浙江省为例［J］．资源开发与市场，2018，34（12）：1726－1730，1755．

［61］邝佛缘，陈美球，李志朋，等．农户生态环境认知与保护行为的差异分析——以农药化肥使用为例［J］．水土保持研究，2018，25（1）：321－326．

［62］李彬倩，张梦茹，毕梦歌，等．新时代农村厕所革命发展研究——基于河南省部分农村厕所革命的调查报告［J］．农村经济与科技，2021，32（20）：16－18．

［63］李冰冰，王曙光．社会资本、乡村公共品供给与乡村治理——基于10省17村农户调查［J］．经济科学，2013（3）：61－71．

［64］李波．农村环境治理［D］．南京：南京农业大学，2018．

［65］李冬青，侯玲玲，闵师，等．农村人居环境整治效果评估——基于全国7省农户面板数据的实证研究［J］．管理世界，2021，37（10）：182－195，249－251．

［66］李芬妮，张俊飚，何可，等．归属感对农户参与村域环境治理的影响分析——基于湖北省1007个农户调研数据［J］．长江流域资源与环境，2020b，29（4）：1027－1039．

［67］李芬妮，张俊飚，何可．非正式制度、环境规制对农户绿色生产行为的影响——基于湖北1105份农户调查数据［J］．资源科学，2019a，41（7）：1227－1239．

［68］李芬妮，张俊飚，何可，等．农户异质性会影响绿色非正式制度效力吗？——来自湖北省799个农户数据的实证分析［J］．中南大学学报（社会科学版），2019c，25（6）：118－127．

［69］李芬妮，张俊飚，何可．农户外出务工、村庄认同对其参与人居环境整治的影响［J］．中国人口·资源与环境，2020a，30（12）：185－192．

［70］李芬妮，张俊飚，何可．替代与互补：农民绿色生产中的非正式制度与正式制度［J］．华中科技大学学报（社会科学版），2019b，33（6）：51－60，94．

［71］李芬妮，张俊飚，何可．资本禀赋、归属感对农户参与村域环

境治理的影响 [J]. 华中农业大学学报（社会科学版），2021 (4)：100 -107，182 -183.

[72] 李芬妮，张俊飚. "面子"还是"里子"：声誉激励、经济激励对外出务工农户参与村庄环境治理的影响 [J]. 农村经济，2021 (12)：90 -98.

[73] 李根丽，魏凤，赵敏娟. 农户气候变化认知及其影响因素分析——基于陕西省关中地区 544 份农户调查数据 [J]. 湖南农业大学学报（社会科学版），2016，17 (4)：15 -21.

[74] 李梦婷. 农村"厕所革命"中的农户意愿研究——以河南省信阳市洋河镇为例 [J]. 农村经济与科技，2021，32 (11)：242 -244.

[75] 李心萍. 整治农村人居环境 打好第一场硬仗 [N]. 人民日报，2018 -09 -30.

[76] 李星颖. 基于农户满意视角的成都市农村户厕所改造调查及改进对策研究 [J]. 西南农业学报，2020，33 (12)：2962 -2966.

[77] 李秀清，李亚洪，肖黎明. 个人价值观、农户意愿与亲环境行为决策——基于山西省安泽县农户调查问卷的实证研究 [J]. 林业经济，2021，43 (4)：17 -29.

[78] 李煜阳，陆迁，贾彬，等. 劳动力外出务工对农户水土保持技术采用的影响——基于集体行动参与的中介效应 [J]. 资源科学，2021，43 (6)：1088 -1098.

[79] 李志军. 务工经历差异对村级民主决策参与的影响 [J]. 韶关学院学报，2013，34 (7)：59 -66.

[80] 廖冰. 农户家庭生计资本、人居环境整治付费认知与人居环境整治付费行为——以江西省 873 个农户为例 [J]. 农林经济管理学报，2021，20 (5)：598 -609.

[81] 林丽梅，刘振滨，黄森慰，等. 农村生活垃圾集中处理的农户认知与行为响应：以治理情境为调节变量 [J]. 生态与农村环境学报，2017，33 (2)：127 -134.

[82] 林丽梅，郑逸芳，孙小霞，等. 闽北农村生活污水处理设施建设和管护分析——以西芹水厂水源地周边农村为例 [J]. 福建农林大学学

报（哲学社会科学版），2012，15（6）：15-20.

[83] 林绚，罗必良. 农户分化、禀赋效应与农地流转契约选择 [J].
新疆农垦经济，2021（5）：1-16.

[84] 刘霁瑶，贾亚娟，池书瑶，等. 污染认知、村庄情感对农户生
活垃圾分类意愿的影响研究 [J]. 干旱区资源与环境，2021，35（10）：
48-52.

[85] 刘蕾. 人口空心化、居民参与意愿与农村公共品供给——来自
山东省758位农村居民的调查 [J]. 农业经济问题，2016，37（2）：67-
72，111-112.

[86] 刘妮娜，黄雷，何忠伟. 北京农户对农村生态环境治理的认知
差异研究 [J]. 科技和产业，2021，21（3）：117-121.

[87] 刘文郡，温婧，岳永婕. 认同理论视角下自组织的符号建构路
径——以北京市海淀区新型社区治理实践为例 [J]. 学习与探索，2021
（8）：56-61.

[88] 刘延涛，荆胤淇. 农村居民改厕意愿影响因素探析——对山东
省无棣县C镇的调查 [J]. 中国农村卫生，2017（9）：10-13.

[89] 刘莹，黄季焜. 农村环境可持续发展的实证分析：以农户有机
垃圾还田为例 [J]. 农业技术经济，2013（7）：4-10.

[90] 刘子飞，刘龙腾. 农户对乡村振兴战略的认知、基础评价及其
影响因素 [J]. 贵州农业科学，2019，47（10）：151-157.

[91] 卢秋佳，徐龙顺，黄森慰，等. 社会信任与农户参与环境治理
意愿——以农村生活垃圾处理为例 [J]. 资源开发与市场，2019，35
（5）：654-659.

[92] 马春霞. 甘肃省坡耕地水土流失综合治理工程建设的成效与做
法 [J]. 农业科技与信息，2019（17）：37-38，42.

[93] 马文生，方方，李荣，等. 农村人居环境整治现状、问题与展
望 [J]. 建设科技，2021（11）：81-84.

[94] 苗艳青，杨振波，周和宇. 农村居民环境卫生改善支付意愿及
影响因素研究——以改厕为例 [J]. 管理世界，2012（9）：89-99.

[95] 闵继胜，刘玲. 机会成本、政府行为与农户农村生活污染治理

意愿——基于安徽省的实地调查 [J]. 山西农业大学学报（社会科学版），2015，14（12）：1189-1194.

[96] 闵师，王晓兵，侯玲玲，等. 农户参与人居环境整治的影响因素——基于西南山区的调查数据 [J]. 中国农村观察，2019（4）：94-110.

[97] 潘丹，孔凡斌. 养殖户环境友好型畜禽粪便处理方式选择行为分析——以生猪养殖为例 [J]. 中国农村经济，2015（9）：17-29.

[98] 皮埃尔·布迪厄，华康德. 实践与反思：反思社会学导引 [M]. 北京：中央编译出版社，2004.

[99] 齐振宏，汪熙琮，何坪华. 外出务工经历对农户稻虾共养技术采纳规模的影响研究——基于生计资本的中介效应 [J]. 农林经济管理学报，2021，20（4）：438-448.

[100] 钱龙，钱文荣. 外出务工对农户农业生产投资的影响——基于中国家庭动态跟踪调查的实证分析 [J]. 南京农业大学学报（社会科学版），2018，18（5）：109-121，158.

[101] 秦光远，程宝栋. 基于农户感知的北京市农户造林绿化与非林绿化意愿分析 [J]. 林业经济，2019，41（11）：65-73.

[102] 秦国庆，杜宝瑞，刘天军，等. 农民分化、规则变迁与小型农田水利集体治理参与度 [J]. 中国农村经济，2019（3）：111-127.

[103] 邱成梅，余平怀，曹诗文. 农村居民生活垃圾治理支付意愿及其影响因素研究 [J]. 湖南财政经济学院学报，2019，35（1）：49-57.

[104] 邱翔宇，赵普，高萌萌，等. 非农收入对农户能源选择的影响——基于 CFPS 的实证研究 [J]. 中国经贸导刊（中），2021（5）：103-106.

[105] 曲延春. 农村环境治理中的政府责任再论析：元治理视域 [J]. 中国人口·资源与环境，2021，31（2）：71-79.

[106] 任重，陈英华. 农户生活废弃物处置行为及其影响因素研究 [J]. 干旱区资源与环境，2018，32（10）：82-87.

[107] 石晶，郝振，崔丽娟. 群体认同对极端群体行为的影响：中介及调节效应的检验 [J]. 心理科学，2012，35（2）：401-407.

[108] 史恒通，睢党臣，徐涛，等. 生态价值认知对农民流域生态治

理参与意愿的影响——以陕西省渭河流域为例 [J]. 中国农村观察，2017 (2)：68－80.

[109] 宋言奇. 发达地区农民环境意识调查分析——以苏州市 714 个样本为例 [J]. 中国农村经济，2010 (1)：53－62，73.

[110] 苏淑仪，周玉玺，蔡威熙. 农村生活污水治理中农户参与意愿及其影响因素分析——基于山东 16 地市的调研数据 [J]. 干旱区资源与环境，2020，34 (10)：71－77.

[111] 孙炳彦. 我国四十年农业农村环境保护的回顾与思考 [J]. 环境与可持续发展，2020，45 (1)：104－109.

[112] 孙剑，李锦锦，杨晓茹. 消费者为何言行不一：绿色消费行为阻碍因素探究 [J]. 华中农业大学学报（社会科学版），2015 (5)：72－81.

[113] 孙前路，房可欣，刘天平. 社会规范、社会监督对农村人居环境整治参与意愿与行为的影响——基于广义连续比模型的实证分析 [J]. 资源科学，2020，42 (12)：2354－2369.

[114] 孙前路. 西藏农户参与农村人居环境整治意愿的影响因素研究 [J]. 生态与农村环境学报，2019，35 (8)：976－985.

[115] 唐洪松. 农村人居环境整治中居民垃圾分类行为研究——基于四川省的调查数据 [J]. 西南大学学报（自然科学版），2020，42 (11)：1－8.

[116] 唐胡浩，赵金宝. 重塑村落共同体：乡村治理视角下传统文化的现代价值研究——基于席赵村丧葬仪式的田野调查 [J]. 华中师范大学学报（人文社会科学版），2021，60 (5)：21－33.

[117] 唐林，罗小锋，黄炎忠，等. 劳动力流动抑制了农户参与村域环境治理吗？——基于湖北省的调查数据 [J]. 中国农村经济，2019c (9)：88－103.

[118] 唐林，罗小锋，黄炎忠，等. 主动参与还是被动选择：农户村域环境治理参与行为及效果差异分析 [J]. 长江流域资源与环境，2019a，28 (7)：1747－1756.

[119] 唐林，罗小锋，余威震. 外出务工经历、制度约束与农户环境治理支付意愿 [J]. 南京农业大学学报（社会科学版），2021，21 (1)：

121 – 132.

[120] 唐林, 罗小锋, 张俊飚. 环境规制如何影响农户村域环境治理参与意愿 [J]. 华中科技大学学报 (社会科学版), 2020, 34 (2): 64 – 74.

[121] 唐林, 罗小锋, 张俊飚. 社会监督、群体认同与农户生活垃圾集中处理行为——基于面子观念的中介和调节作用 [J]. 中国农村观察, 2019b (2): 18 – 33.

[122] 陶东杰, 王军鹏, 赵奎. 中国农村宗族网络对新农保参与的影响——基于 CFPS 的实证研究 [J]. 湖南农业大学学报 (社会科学版), 2019, 126 (3): 44 – 51.

[123] 田胡杰. 有序参与、社区认同与村庄共同体再造 [J]. 社会治理, 2018 (8): 25 – 33.

[124] 汪红梅, 代昌祺. 农村人居环境治理支付意愿的影响因素研究 [J]. 商学研究, 2020, 27 (1): 50 – 58.

[125] 汪红梅, 惠涛, 张倩. 信任和收入对农户参与村域环境治理的影响 [J]. 西北农林科技大学学报 (社会科学版), 2018, 18 (5): 94 – 103.

[126] 汪伟全, 赖天. 社区居民安全感影响因素的实证研究——基于上海的调查 [J]. 长白学刊, 2020 (6): 2, 69 – 77.

[127] 汪秀芬. 农户亲环境行为的影响因素研究 [D]. 武汉: 中南财经政法大学, 2019.

[128] 王宾, 于法稳. "十四五"时期推进农村人居环境整治提升的战略任务 [J]. 改革, 2021 (3): 111 – 120.

[129] 王博文, 杨馥玮, 王雅楠. 环境素养视角下的农户人居环境整治参与行为 [J]. 农林经济管理学报, 2021, 20 (6): 740 – 748.

[130] 王博, 朱玉春. 劳动力外流与农户参与村庄集体行动选择——以农户参与小型农田水利设施供给为例 [J]. 干旱区资源与环境, 2018, 32 (12): 49 – 54.

[131] 王峰. 社区治理应加强三方面制度体系构建 [J]. 国家治理, 2020 (26): 30 – 32.

[132] 王格玲, 陆迁. 意愿与行为的悖离: 农村社区小型水利设施农户合作意愿及合作行为的影响因素分析 [J]. 华中科技大学学报 (社会科

学版), 2013, 27 (3): 68-75.

[133] 王亮. 社区社会资本与社区归属感的形成 [J]. 求实, 2006 (9): 48-50.

[134] 王莽莽. 新时期农村人居环境整治中农民的认知、参与及评价情况研究——基于湖南省 484 个村庄 3655 个农民的调查与研究 [J]. 湖南行政学院学报, 2021 (4): 138-144.

[135] 王青文, 罗剑朝, 张珩. 产权抵押贷款下农户融资方式选择及其影响因素研究——来自宁夏同心 517 个样本的经验考察 [J]. 中国土地科学, 2016, 30 (7): 41-48.

[136] 王学婷, 张俊飚, 何可, 等. 农村居民生活垃圾合作治理参与行为研究: 基于心理感知和环境干预的分析 [J]. 长江流域资源与环境, 2019, 28 (2): 459-468.

[137] 王学婷, 张俊飚, 童庆蒙. 地方依恋有助于提高农户村庄环境治理参与意愿吗? ——基于湖北省调查数据的分析 [J]. 中国人口·资源与环境, 2020, 30 (4): 136-148.

[138] 王学渊, 孙婕妤. 邻里效应对农户饮水与环境卫生改善需求的影响——来自山区村庄实地调查的经验证据 [J]. 山西农业大学学报 (社会科学版), 2021, 20 (2): 83-94.

[139] 王亚华, 高瑞, 孟庆国. 中国农村公共事务治理的危机与响应 [J]. 清华大学学报 (哲学社会科学版), 2016, 31 (2): 23-29, 195.

[140] 王亚星, 杨安华, 杜焱强. 空间再造能促进农村环境善治吗? ——基于苏北 W 村的个案研究 [J]. 中国行政管理, 2021 (1): 114-121.

[141] 王瑛, 李世平, 谢凯宁. 农户生活垃圾分类处理行为影响因素研究——基于卢因行为模型 [J]. 生态经济, 2020, 36 (1): 186-190, 204.

[142] 王震, 辛贤. 为什么越来越多的农户选择跨村流转土地 [J]. 农业技术经济, 2022 (1): 19-33.

[143] 温忠麟, 张雷, 侯杰泰, 等. 中介效应检验程序及其应用 [J]. 心理学报, 2004 (5): 614-620.

[144] 吴春宝. 乡村振兴背景下青海农牧区人居环境整治: 成效、挑

战及其对策——基于微观调查数据的实证分析 [J]. 青海社会科学，2021 (4)：77 - 85.

[145] 吴大磊，赵细康，石宝雅，等. 农村居民参与垃圾治理环境行为的影响因素及作用机制 [J]. 生态经济，2020，36 (1)：191 - 197.

[146] 吴建. 农户对生活垃圾集中处理费用的支付意愿分析——基于山东省胶南市、菏泽市的实地调查 [J]. 青岛农业大学学报（社会科学版），2012，24 (2)：27 - 31，41.

[147] 吴理财. 农村社区认同与农民行为逻辑——对新农村建设的一些思考 [J]. 经济社会体制比较，2011 (3)：123 - 128.

[148] 吴晓燕. 从文化建设到社区认同：村改居社区的治理 [J]. 华中师范大学学报（人文社会科学版），2011，50 (5)：9 - 15.

[149] 吴雪莲，张俊飚，丰军辉. 农户绿色农业技术认知影响因素及其层级结构分解——基于 Probit-ISM 模型 [J]. 华中农业大学学报（社会科学版），2017 (5)：36 - 45，145.

[150] 伍骏骞，齐秀琳，范丹，等. 宗族网络与农村土地经营权流转 [J]. 农业技术经济，2016 (7)：29 - 38.

[151] 肖永添. 社会资本影响农村生态环境治理的机制与对策分析 [J]. 理论探讨，2018 (1)：113 - 119.

[152] 谢凯宁，李世平，王瑛. 农村居民生活垃圾集中处理支付意愿研究——基于拓展计划行为理论 [J]. 生态经济，2020，36 (2)：177 - 182.

[153] 谢治菊. 村民社区认同与社区参与——基于江苏和贵州农村的实证研究 [J]. 理论与改革，2012 (4)：150 - 155.

[154] 辛自强，凌喜欢. 城市居民的社区认同：概念、测量及相关因素 [J]. 心理研究，2015，8 (5)：64 - 72.

[155] 徐金红，张昕彤. 农村"厕所革命"实施意愿与影响因素分析——基于石家庄农户调研 [J]. 统计与管理，2019 (2)：99 - 101.

[156] 徐宁宁，郭英之，柳红波. 文化认同对游客环境责任行为的影响：一个链式中介模型 [J]. 干旱区资源与环境，2021，35 (8)：199 - 208.

[157] 徐细雄，淦未宇. 组织支持契合、心理授权与雇员组织承诺：一个新生代农民工雇佣关系管理的理论框架——基于海底捞的案例研究

[J]. 管理世界，2011 (12)：131 – 147，169.

[158] 徐小荣，孟里中. 农村人居环境治理之围与治理之道——基于湖北省某村的调查分析 [J]. 社科纵横，2018，33 (9)：74 – 78.

[159] 徐欣，胡俞越，韩杨，等. 农户对市场风险与农产品期货的认知及其影响因素分析——基于 5 省（市）328 份农户问卷调查 [J]. 中国农村经济，2010 (7)：47 – 55.

[160] 许骞骞，王成军，张书赫. 农户参与对农村生活垃圾分类处理效果的影响 [J]. 农业资源与环境学报，2021，38 (2)：223 – 231.

[161] 许增巍，姚顺波，苗珊珊. 意愿与行为的悖离：农村生活垃圾集中处理农户支付意愿与支付行为影响因素研究 [J]. 干旱区资源与环境，2016，30 (2)：1 – 6.

[162] 薛嘉欣，刘满芝，赵忠春，等. 亲环境行为的概念与形成机制：基于拓展的 MOA 模型 [J]. 心理研究，2019，12 (2)：144 – 153.

[163] 严奉枭，颜廷武. 认知冲突与农户保护性耕作技术采纳——基于农户信息获取的调节效应分析 [J]. 农业现代化研究，2020，41 (2)：265 – 274.

[164] 杨翠萍. 社会性别、比例政策与女性参与——以天津川村村委会选举为例 [J]. 华中师范大学学报（人文社会科学版），2006 (4)：12 – 18.

[165] 杨歌谣，周常春，杨光明. 西部地区农户禀赋对农户参与休闲农业行为及方式的影响——基于云南省国家休闲农业示范区域的调查 [J]. 中国农业大学学报，2020，25 (4)：205 – 220.

[166] 杨柳，朱玉春，任洋. 社会资本、组织支持对农户参与小农水管护绩效的影响 [J]. 中国人口·资源与环境，2018，28 (1)：148 – 156.

[167] 杨卫兵，丰景春，张可. 农村居民水环境治理支付意愿及影响因素研究——基于江苏省的问卷调查 [J]. 中南财经政法大学学报，2015 (4)：58 – 65.

[168] 杨晓英，袁晋，姚明星，等. 中国农村生活污水处理现状与发展对策——以苏南农村为例 [J]. 复旦学报（自然科学版），2016，55 (2)：183 – 188，198.

[169] 杨亚非，许凌志，程启原. 农村外出务工人员在“美丽广西·

清洁乡村"活动中的重要作用——广西大化县弄法村调研的思考 [J]. 学术论坛, 2013, 36 (10): 44 - 47, 96.

[170] 杨玉静. 生态女性主义视角下的中国妇女与环境关系评析 [J]. 妇女研究论丛, 2010 (4): 15 - 20.

[171] 杨玉珍. 农户缘何不愿意进行宅基地的有偿腾退 [J]. 经济学家, 2015, (5): 68 - 77.

[172] 杨振山, 吴笛, 杨定. 迁居意愿、地方依赖和社区认同——北京中关村地区居住选择调查分析 [J]. 地理科学进展, 2019, 38 (3): 417 - 427.

[173] 杨紫洪, 张洋, 龙昭宇, 等. 村规民约能否有效促进村民生活垃圾处置的出资意愿?——基于村民认知中介效应及环境满意度调节效应的分析 [J/OL]. 中国农业资源与区划, 2021 - 09 - 08.

[174] 伊庆山. 乡村振兴战略背景下农村生活垃圾分类治理问题研究——基于 s 省试点实践调查 [J]. 云南社会科学, 2019 (3): 62 - 70.

[175] 殷融, 张菲菲. 群体认同在集群行为中的作用机制 [J]. 心理科学进展, 2015, 23 (9): 1637 - 1646.

[176] 于法稳. "十四五"时期农村生态环境治理: 困境与对策 [J]. 中国特色社会主义研究, 2021 (1): 2, 44 - 51.

[177] 于涛. 组织起来, 发展壮大集体经济 (下) ——烟台市推行村党支部领办合作社、全面推动乡村振兴 [J]. 经济导刊, 2020 (1): 30 - 37.

[178] 袁振龙. 社区认同与社区治安——从社会资本理论视角出发的实证研究 [J]. 中国人民公安大学学报 (社会科学版), 2010, 26 (4): 110 - 116.

[179] 占敏露, 张江娜, 吴伟光, 等. 农村居民对垃圾分类的认知度及其影响因素分析 [J]. 农村经济与科技, 2018, 29 (7): 234 - 238.

[180] 张嘉琪, 颜廷武, 张童朝. 农户农村垃圾治理投资响应机理及决策因素分析 [J]. 长江流域资源与环境, 2021, 30 (10): 2521 - 2532.

[181] 张静, 吴丽丽. 互联网使用、非农就业与农户垃圾分类意愿 [J]. 生态经济, 2021, 37 (9): 201 - 207.

[182] 张宁宁, 赵微, 李娜. 江汉平原农户生活节水减排行为研究

[J]．资源开发与市场，2020，36（11）：1233－1238．

[183] 张睿，杨肖丽．城市务工经历对农业流动人口家乡情结的影响研究 [J]．农业经济，2018（11）：65－67．

[184] 张童朝，颜廷武，仇童伟．年龄对农民跨期绿色农业技术采纳的影响 [J]．资源科学，2020b，42（6）：1123－1134．

[185] 张童朝，颜廷武，何可，等．资本禀赋对农户绿色生产投资意愿的影响——以秸秆还田为例 [J]．中国人口·资源与环境，2017，27（8）：78－89．

[186] 张童朝，颜廷武，何可，等．利他倾向、有限理性与农民绿色农业技术采纳行为 [J]．西北农林科技大学学报（社会科学版），2019a，19（5）：115－124．

[187] 张童朝，颜廷武，何可，等．有意愿无行为：农民秸秆资源化意愿与行为相悖问题探究——基于MOA模型的实证 [J]．干旱区资源与环境，2019b，33（9）：30－35．

[188] 张童朝，颜廷武，王镇．社会网络、收入不确定与自雇佣妇女的保护性耕作技术采纳行为 [J]．农业技术经济，2020a（8）：101－116．

[189] 张童朝，颜廷武，张俊飚．德政何以善治：村域干群关系如何影响农民参与农业废弃物资源化？——来自四省1372份农户数据的验证 [J]．南京农业大学学报（社会科学版），2020c，20（1）：150－160．

[190] 张雁军，张华娜．社会资本视角下西藏农牧区乡村治理路径分析 [J]．西藏民族大学学报（哲学社会科学版），2020，41（2）：35－40，153．

[191] 张志华．我国中学生经济认同情况调研报告 [J]．上海教育科研，2012（2）：27－30．

[192] 赵和萍，苏向辉，马瑛，等．情理整合视域下干旱区农户亲环境行为与意愿悖离研究 [J]．干旱区资源与环境，2021，35（11）：89－96．

[193] 赵晓峰，付少平．通过组织的农村社区文化治理：何以可能，何以可为——以农村老年人协会为考察对象 [J]．华中农业大学学报（社会科学版），2013（5）：93－98．

[194] 赵新民，姜蔚，程文明．基于计划行为理论的农村居民参与人

居环境治理意愿研究：以新疆为例［J］．生态与农村环境学报，2021，37（4）：439-447．

［195］郑红娥，贺惠先．乡村治理的困境与新农村建设［J］．农村经济，2008（7）：52-55．

［196］郑纪刚，张日新．认知冲突、政策工具与秸秆还田技术采用决策——基于山东省892个农户样本的分析［J］．干旱区资源与环境，2021，35（1）：65-69．

［197］郑建君，马璇．村社认同如何影响政治信任？——公民参与和个人传统性的作用［J］．公共行政评论，2021，14（2）：135-153，231-232．

［198］郑庆杰，许龙飞．新生代农民工的"反哺"行为与乡土认同——基于赣南B乡的调查［J］．中国青年社会科学，2015，34（5）：30-37．

［199］周冲，黎红梅．村民感知与意愿响应视角下的后疫情时代乡村人居环境治理路径分析［J］．农林经济管理学报，2020，19（5）：654-662．

［200］周春霞．农村空心化背景下乡村治理的困境与路径选择——以默顿的结构功能论为研究视角［J］．南方农村，2012（3）：68-73．

［201］周玉玺，岳书铭，刘光俊．新农村建设中农民选择偏好与支付意愿调查研究——山东省东部地区的证据［J］．山东农业大学学报（社会科学版），2012，14（2）：18-23，125．

［202］朱凯宁，高清，靳乐山．西南贫困地区农户生活垃圾治理支付意愿研究［J］．干旱区资源与环境，2021，35（4）：54-62．

［203］庄春萍，张建新．地方认同：环境心理学视角下的分析［J］．心理科学进展，2011，19（9）：1387-1396．

［204］庄晋财，陈聪．乡土情结对农民创业者供给村庄公共品的影响研究［J］．西安财经学院学报，2018，31（2）：78-86．

［205］邹杰玲，董政祎，王玉斌．"同途殊归"：劳动力外出务工对农户采用可持续农业技术的影响［J］．中国农村经济，2018（8）：83-98．

［206］邹秀清，李致远，谢美辉．农民产权认知冲突对宅基地退出意愿的影响［J］．江西社会科学，2021，41（2）：228-239．

［207］Acey C, Kisiangani J, Ronoh P, et al. Cross-subsidies for improved sanitation in low income settlements: Assessing the willingness to pay of water utility customers in Kenyan cities [J]. World Development, 2019, 115: 160 - 177.

[208] Afroz R, Masud M M, Akhtar R, et al. Survey and analysis of public knowledge, awareness and willingness to pay in Kuala Lumpur, Malaysia-a case study on household WEEE management [J]. Journal of Cleaner Production, 2013, 52: 185 - 193.

[209] Amini F, Ahmad J, Ambali A R. The influence of reward and penalty on households' recycling intention [J]. Apcbee Procedia, 2014, 10: 187 - 192.

[210] Anton C E, Lawrence C. Home is where the heart is: The effect of place of residence on place attachment and community participation [J]. Journal of Environmental Psychology, 2014, 40: 451 - 461.

[211] Auger P, Devinney T M. Do what consumers say matter? The misalignment of preferences with unconstrained ethical intentions [J]. Journal of Business Ethics, 2007, 76 (4): 361 - 383.

[212] Bagozzi R P, Dholakia U M. Antecedents and purchase consequences of customer participation in small group brand communities [J]. International Journal of Research in Marketing 2006, 23 (1): 45 - 61.

[213] Bamberg S, Möser G. Twenty years after Hines, Hungerford, and Tomera: A new meta-analysis of psycho-social determinants of pro-environmental behavior [J]. Journal of Environmental Psychology, 2007, 27 (1): 14 - 25.

[214] Belanche D, Casalo L V, Flavian C. Understanding the cognitive, affective and evaluative components of social urban identity: Determinants, measurement, and practical consequences [J]. Journal of Environmental Psychology, 2017, 50 (1): 138 - 153.

[215] Bergami, M., Bagozzi, R. P. Self-categorization, affective commitment and group self-esteem as distinct aspects of social identity in the organization [J]. British Journal of Social Psychology, 2000, 39 (4): 555 - 577.

[216] Blocker T J, Eckberg D L. Gender and environmentalism. Results from the 1993 general social survey [J]. Social Science Quarterly, 1997, 78

(4): 841 - 858.

[217] Bonaiuto M. , Bilotta E. , Bonnes M. , et al. Local identity and the role of individual differences in the use of natural resources: The case of water consumption [J]. Journal of Applied Social Psychology, 2008, 38 (4): 947 - 967.

[218] Bonaiuto M. , Breakwell G. M. , Cano L. Identity processes and environmental threat: The effects of nationalism and local identity upon perception of beach pollution [J]. Journal of Community and Applied Social Psychology, 1996, 6: 157 - 175.

[219] Bricker K S, Kerstetter D L. Level of specialization and place attachment: An exploratory study of whitewater recreationists [J]. Leisure Sciences, 2000, 22 (4): 233 - 257.

[220] Budescu David V. Dominance analysis: A new approach to the problem of relative importance of predictors in multiple regression [J]. Psychological Bulletin, 1993, 114 (3): 542 - 551.

[221] Budruk M, Thomas H, Tyrrell T. Urban green spaces: A study of place attachment and environmental attitudes in India [J]. Society & Natural Resources, 2009, 22 (9): 824 - 839.

[222] Cacioppe R, Forster N, Fox M. A survey of managers' perceptions of corporate ethics and social responsibility and actions that may affect companies' success [J]. Journal of Business Ethics, 2008, 82 (3): 681 - 700.

[223] Carrus G, Bonaiuto M, Bonnes M. Environmental concern, regional identity, and support for protected areas in Italy [J]. Environment and behavior, 2005, 37 (2): 237 - 257.

[224] Carrus G. , Scopelliti M. , Fornara F. , et al. Place attachment, community identification, and pro-environmental engagement. In M. Lynne, & D. -W. Patrick (Eds.), Place attachment: Advances in theory, methods and applications [M]. London and New York: Routledge, 2013: 176 - 192.

[225] Cheng T M, Wu H C, Huang L M. The influence of place attachment on the relationship between destination attractiveness and environmentally

responsible behavior for island tourism in Penghu, Taiwan [J]. Journal of Sustainable Tourism, 2013, 21 (8): 1166 – 1187.

[226] Chen X P, Wasti S A, Triandis H C. When does group norm or group identity predict cooperation in a public goods dilemma? The moderating effects of idiocentrism and allocentrism [J]. International journal of intercultural relations, 2007, 31 (2): 259 – 276.

[227] Daniel Belanche, Luis V. Casaló, María ngeles Rubio. Local place identity: A comparison between residents of rural and urban communities [J]. Journal of Rural Studies, 2021, 82: 242 – 252.

[228] Darby L, Obara L. Household recycling behaviour and attitudes towards the disposal of small electrical and electronic equipment [J]. Resources Conservation & Recycling, 2005, 44 (1): 17 – 35.

[229] David U, Enric P, David B. Place identification social cohesion, and environmental sustainability [J]. Environment and Behavior, 2002 (2): 26 – 53.

[230] Devine-Wright P, Howes Y. Disruption to place attachment and the protection of restorative environments: A wind energy case study [J]. Journal of Environmental Psychology, 2010, 30 (3): 271 – 280.

[231] Devine-Wright P. Rethinking NIMBYism: The role of place attachment and place identity in explaining place-protective action [J]. Journal of Community & Applied Social Psychology, 2010, 19 (6): 426 – 441.

[232] Domina T, Koch K. Convenience and frequency of recycling: Implications for including textiles in curbside recycling programs [J]. Environment and Behavior, 2002, 34 (2): 216 – 238.

[233] Doss C R, Morris M L. How does gender affect the adoption of agricultural innovations? : The case of improved maize technology in Ghana [J]. Agricultural Economics, 2001, 25 (1): 27 – 39.

[234] Fenni Li, Junbiao Zhang, Chunbo Ma. Does family life cycle influence farm households' adoption decisions concerning sustainable agricultural technology? [J]. Journal of Applied Economics, 2022, 25 (1): 121 – 144.

［235］Forsyth D R, van Vugt M, Schlein G, et al. Identity and sustainability: Localized sense of community increases environ mental engagement ［J］. Analyses of Social Issues and Public Policy, 2015, 15 (1): 233 – 252.

［236］Fritsche I, Barth M, Jugert P, et al. A social identity model of pro-environmental action (SIMPEA) ［J］. Psychological Review, 2018, 125 (2): 245 – 269.

［237］Gerson Kathleen. Attachment to place. in Fischer Claude S. , Networks and Places ［J］. The Free Press, 1977 (42): 371 – 382.

［238］Giovanni D F, Sabino D G. Domestic separation and collection of municipal solid waste: Opinion and awareness of citizens and workers ［J］. Sustainability, 2010, 2 (5): 1297 – 1297.

［239］Goeldner C. R. , Ritchie J. R. B. Tourism principles: Practices and philosophies (11th ed.) ［D］. John Wiley & Sons, Hoboken, NJ, 2009.

［240］Gosling E, Williams K. Connectedness to nature, place attachment and conservation behaviour: Testing connectedness theory among farmers ［J］. Journal of Environmental Psychology, 2010, 30 (3): 298 – 304.

［241］Goudy W J. Community attachment in a rural region ［J］. Rural Sociology, 1990, 55 (2): 178 – 198.

［242］Gruen T W, Osmonbekov T, Czaplewski A J. Customer-to-customer exchange: Its MOA antecedents and its impact on value creation and loyalty ［J］. Journal of the Academy of Marketing Science, 2007, 35 (4): 537 – 549.

［243］Harter M, Inauen J, Mosler H. How does Community-Led Total Sanitation (CLTS) promote latrine construction, and can it be improved? A cluster-randomized controlled trial in Ghana ［J］. Social Science and Medicine, 2020, 245: 1 – 9.

［244］Hays R A, Kogl A M. Neighborhood Attachment, Social Capital Building, and Political Participation: A Case Study of Low- and Moderate-Income Residents of Waterloo, Iowa ［J］. Journal of Urban Affairs, 2007, 29 (2): 181 – 205.

［245］Hernandez B, Martin A M, Ruiz C, et al. The role of place identity and place attachment in breaking environmental protection laws [J]. Journal of Environmental Psychology, 2010, 30 (3): 281 - 288.

[246] Hoff K, Stiglitz J E. Striving for balance in economics: Towards a theory of the social determination of behavior [J]. Journal of economic behavior and organization, 2016, 126: 25 - 57.

[247] Jerry J V, Katherine C K. Place attachment and environmentally responsible behavior [J]. The Journal of Environmental Education, 2001, 32 (4): 16 - 21.

[248] Jones N, Evangelinos K, Halvadakis C P, et al. Social factors influencing perceptions and willingness to pay for a market-based policy aiming on solid waste management [J]. Resources Conservation & Recycling, 2010, 54 (9): 533 - 540.

[249] Junquera B, JD Brío, Muiz M . Citizens' attitude to reuse of municipal solid waste: A practical application [J]. Resources Conservation & Recycling, 2001, 33 (1): 51 - 60.

[250] Kanchanapibul M, Lacka E, Wang X, et al. An empirical investigation of green purchase behavior among the young generation [J]. Journal of Cleaner Production, 2014, 66: 528 - 536.

[251] Kasarda J D, Janowitz M. Community attachment in mass society [J]. American Sociological Review, 1974, 39 (3): 328 - 339.

[252] Kirakozian A. The determinants of household recycling: Social influence, public policies and environmental preferences [J]. Applied Economics, 2016, 48 (16): 1481 - 1503.

[253] Klandermans B. How group identification helps to overcome the dilemma of collective action [J]. American Behavioral Scientist, 2002, 45 (5): 887 - 900.

[254] Kohlbacher J, Reeger U, Schnell P. Place attachment and social ties-migrants and natives in three urban settings in Vienna [J]. Population Space & Place, 2015, 21 (5): 446 - 462.

[255] Kyle G, Graefe A, Manning R, et al. Effects of place attachment

on users' perceptions of social and environmental conditions in a natural setting [J]. Journal of Environmental Psychology, 2004, 24 (2): 213 – 225.

[256] Kyle G, Graefe A, Manning R. Testing the dimensionality of place attachment in recreational settings [J]. Environment and Behavior, 2005, 37: 153 – 177.

[257] Kyle G T, Absher J D, Graefe A R. The moderating role of place attachment on the relationship between attitudes toward fees and spending preferences [J]. Leisure Sciences, 2003, 25 (1): 33 – 50.

[258] Liu Y, Huang J. Rural domestic waste disposal: An empirical analysis in five provinces of China [J]. China Agricultural Economic Review, 2014, 6 (4): 558 – 573.

[259] Lombrano A. Cost efficiency in the management of solid urban waste [J]. Resources Conservation & Recycling, 2009, 53 (11): 601 – 611.

[260] Lu L. Culture, self, and subjective well-being: Cultural psychological and social change perspectives [J]. Psychologia, 2008, 51 (4): 290 – 303.

[261] Mael F, Ashforth B E. Alumni and their alma mater: A partial test of the reformulated model of organizational identification [J]. Journal of Organizational Behavior, 1992, 13 (2): 103 – 123.

[262] Marcouyeux A, Fleury-Bahi G. Place-identity in a school setting: Effects of the place image [J]. Environment & Behavior, 2011, 43 (3): 344 – 362.

[263] Martin M, Williams I D, Clark M. Social, cultural and structural influences on household waste recycling: A case study [J]. Resources, Conservation and Recycling, 2006, 48 (4): 357 – 395.

[264] Maslow A H, Green C D. A theory of human motivation [J]. Psychological review, 1943, 50 (1): 370 – 396.

[265] Miafodzyeva S, Brandt N. Recycling behaviour among householders: Synthesizing determinants via a Meta – analysis [J]. Waste and Biomass Valorization, 2012, 4 (2): 221 – 235.

[266] Moore R L, Graefe A R. Attachments to recreation settings: The

case of rail-trail users [J]. Leisure Science, 1994, 16 (1): 17 – 31.

[267] Moore R L. , Scott D. Place attachment and context: Comparing a park and a trail within [J]. Forest Science, 2003, 49 (6): 877 – 884.

[268] Moulay A, Ujang N, Maulan S, et al. Understanding the process of parks' attachment: Interrelation between place attachment, behavioural tendencies, and the use of public place [J]. City Culture & Society, 2018, 14: 28 – 36.

[269] Pan D, Ying R, Huang Z. Determinants of residential solid waste management services provision: A village-level analysis in rural China [J]. Sustainability, 2017, 9 (1): 110.

[270] Pei Z. Roles of neighborhood ties, community attachment and local identity in residents' household waste recycling intention [J]. Journal of Cleaner Production, 2019, 241: 118217.

[271] Perry G, Williams I D. The participation of ethnic minorities in kerbside recycling: A case study [J]. Resources Conservation & Recycling, 2007, 49 (3): 308 – 323.

[272] Pokhrel D, Viraraghavan T. Municipal solid waste management in Nepal: Practices and challenges [J]. Waste Management, 2005, 25 (5): 555 – 562.

[273] Proshansky H M, Fabian A K, Kaminoff R. Place-identity: Physical world socialization of the self [J]. Journal of Environmental Psychology, 1983, 3 (1): 57 – 83.

[274] Proshansky H M. The city and self-identity [J]. Environment & Behavior, 1978, 10 (2): 147 – 169.

[275] Ramkissoon H, Weiler B, Smith L D G. Place attachment and pro-environmental behaviour in national parks: The development of a conceptual framework [J]. Journal of Sustainable Tourism, 2012, 20 (2): 257 – 276.

[276] Refsgaard K, Magnussen K. Household behaviour and attitudes with respect to recycling food waste-experiences from focus groups [J]. Journal of Environmental Management, 2008, 90 (2): 760 – 771.

[277] Rothschild M L. Carrots, sticks, and promises: A conceptual framework for the management of public health and social issue behaviors [J]. Journal of Marketing, 1999, 63 (4): 24-37.

[278] Santos A C, Roberts J A, Barreto M L, et al. Demand for sanitation in Salvador, Brazil: A hybrid choice approach [J]. Social Science & Medicine, 2011, 72 (8): 1325-1332.

[279] Sauer U, Fischer A. Willingness to pay, attitudes and fundamental values: On the cognitive context of public preferences for diversity in agricultural landscapes [J]. Ecological Economics, 2010, 70 (1): 1-9.

[280] Scannell L, Gifford R. The relations between natural and civic place attachment and pro-environmental behavior [J]. Journal of Environmental Psychology, 2010, 30 (3): 289-297.

[281] Schultz P W, Oskamp S, Mainieri T. Who recycles and when? A review of personal and situational factors [J]. Journal of Environmental Psychology, 1995, 15 (2): 105-121.

[282] Sears D O, Lau R R. Inducing apparently self-interested political preferences [J]. American Journal of Political Science, 1983, 27: 223-252.

[283] Setälä H, Bardgett R, Birkhofer K, et al. Urban and agricultural soils: Conflicts and trade-offs in the optimization of ecosystem services [J]. Urban Ecosystems, 2014, 17 (1): 239-253.

[284] Shumaker S A, Taylor R B. Toward a clarification of people-place relationships: A model of attachment to place. In N. Feimer & E. S. Geller (Eds.) [J]. Environmental psychology: Directions and perspectives. New York, NY: Praeger, 1983: 219-251.

[285] Stedman R C. Toward a social psychology of place: Predicting behavior from place-based cognitions, attitude, and identity [J]. Environment and Behavior, 2002, 34 (5): 561-581.

[286] Steel B S. Thinking globally and acting locally?: Environmental attitudes, behaviour and activism [J]. Journal of Environmental Management, 1996, 47 (1): 27-36.

［287］ Tajfel H. Differentiation between social groups： Studies in the social psychology of intergroup relations ［M］. London： Academic Press, 1978： 61 － 76.

［288］ Tewodros T, A. Ruijs, Fitsum H. Household waste disposal in Mekelle city, Northern Ethiopia ［J］. Waste Management, 2008, 28 （10）： 2003 － 2012.

［289］ Tonge J, Ryan M M, Moore S A, et al. The effect of place attachment on pro-environment behavioral intentions of visitors to coastal natural area tourist destinations ［J］. Journal of Travel Research, 2015, 54 （6）： 1 － 4.

［290］ Van Minh H, Nguyen-Viet H, Thanh N H, et al. Assessing willingness to pay for improved sanitation in rural Vietnam ［J］. Environmental Health and Preventive Medicine, 2013, 18 （4）： 275 － 284.

［291］ Van Vugt M. Community identification moderating the impact of financial incentives in a natural social dilemma： Water conservation ［J］. Personality and Social Psychology Bulletin, 2001, 27 （11）： 1440 － 1449.

［292］ Vaske J J, Kobrin K C. Place Attachment and environmentally responsible behavior ［J］. The Journal of Environmental Education, 2001, 32 （4）： 16 － 21.

［293］ Volkow N D, Swanson J M, Evins A E, et al. Effects of cannabis use on human behavior, including cognition, motivation, and psychosis： A review ［J］. Jama Psychiatry, 2016, 73 （3）： 292 － 297.

［294］ Vorkinn M, Riese H. Environmental concern in a local context： The significance of place attachment ［J］. Environment & Behavior, 2001, 33 （2）： 249 － 263.

［295］ Walker A J, Ryan R L. Place attachment and landscape preservation in rural New England： A Maine case study ［J］. Landscape and Urban Planning, 2008, 86 （2）： 141 － 152.

［296］ Walker G J, Chapman R. Thinking like a park： The effects of sense of place, perspective-taking, and empathy on proenvironmental intentions ［J］. Journal of Park and Recreation Administration, 2003, 21 （4）： 71 － 86.

[297] Wang Y, Liu J, Hansson L, et al. Implementing stricter environmental regulation to enhance eco-efficiency and sustainability: A case study of Shandong Province's pulp and paper industry, China [J]. Journal of Cleaner Production, 2011, 19 (4): 303 – 310.

[298] Whittington D, Lauria D T, Wright A M, et al. Household demand for improved sanitation services in Kumasi, Ghana: A contingent valuation study [J]. Water Resources Research, 1993, 29 (6): 1539 – 1560.

[299] Williams D R, Patterson M E. Environmental psychology: Mapping landscape meanings for ecosystem management [A]. //Cordell H K, Bergstrom J C. Integrating Social Sciences and Ecosystem Management: Human Dimensions in Assessment, Policy and Management [C]. Champaign, IL: Sagamore, 1999.

[300] Williams D R, Patterson M E, Roggenbuck J W, et al. Beyond the commodity metaphor: Examining emotional and symbolic attachment to place [J]. Leisure Sciences, 1992, 14 (1): 29 – 46.

[301] Williams D R, Vaske J J. The measurement of place attachment: Validity and generalizability of a psychometric approach [J]. Forest Science, 2003, 49 (6): 830 – 840.

[302] Williamson D, Lynch-Wood G, Ramsay J. Drivers of Environmental Behaviour in Manufacturing SMEs and the Implications for CSR [J]. Journal of Business Ethics, 2006, 67 (3): 317 – 330.

[303] Woods M. Rural Geography: processes, responses and experiences in rural restructuring [R]. Sage Publications, London, 2004.

[304] Yang Z, Xin Z. Community identity increases urban residents' ingroup emergency helping intention [J]. Journal of Community & Applied Social Psychology, 2016, 26 (6): 467 – 480.

[305] Zeng C, Niu D J, Li H F, et al. Public perceptions and economic values of source-separated collection of rural solid waste: A pilot study in China [J]. Resources, Conservation and Recycling, 2016, 107: 166 – 173.

[306] Zhang S, Zhang M, Yu X, et al. What keeps Chinese from recy-

cling: Accessibility of recycling facilities and the behavior [J]. Resources Conservation & Recycling, 2016, 109: 176 – 186.

[307] Zhang X, Wang R, Wu T, et al. Would rural residents will to pay for environmental project? An evidence in China [J]. Modern Economy, 2015, 6 (5): 511 – 519.

[308] Zhang Y, Zhang H L, Zhang J, et al. Predicting residents' pro-environmental behaviors at tourist sites: The role of awareness of disaster's consequences, values, and place attachment [J]. Journal of Environmental Psychology, 2014, 40 (12): 131 – 146.